Otto Föllinger, Laplace- und Fourier-Transformation

Otto Föllinger

Laplace- und Fourier-Transformation

Dritte, um Aufgaben mit Lösungen erweiterte Auflage

CIP-Kurztitelaufnahme der Deutschen Bibliothek

Föllinger, Otto:
Laplace- und Fourier-Transformation / Otto Föllinger
3., erw. Aufl. – Frankfurt:
AEG-Telefunken [Abt. Verl.], 1982.
ISBN 3-87087-125-3

DK 517.512.2 : 517.942.82 : 517.63
312 Seiten, 107 Bilder, 5 Tabellen, 19 Quellen
Format 17 cm x 24 cm

Vorwort zur 1. Auflage

1 Ziel des Buches

Die Laplace-Transformation stellt eine sehr leistungsfähige Methode zur Untersuchung und Lösung von gewöhnlichen und partiellen Differentialgleichungen und anderen Funktionalbeziehungen dar. Darüber hinaus kann man mit ihrer Hilfe die grundlegenden Begriffe für das Übertragungsverhalten dynamischer Systeme herausarbeiten, wie sie unabhängig von der speziellen Natur der Systeme gültig sind, unabhängig davon also, ob es sich um Systeme der Nachrichtentechnik oder Energietechnik, des Maschinenbaus oder der Verfahrenstechnik oder auch um nichttechnische, z.B. ökonomische, Systeme handelt.

Die eng mit der Laplace-Transformation zusammenhängende Fourier-Transformation ist von grundlegender Bedeutung bei der Beschreibung der Signalübertragung, vor allem auch dann, wenn man mit statistischen Signalen zu tun hat. Sie wird daher besonders in der Nachrichtentechnik und Regelungstechnik benötigt.

Das Ziel des Buches besteht darin, den Leser in anwendungsnaher Weise mit der Laplace- und Fourier-Transformation vertraut zu machen.

2 Methodik des Buches

Es gibt eine ganze Reihe deutschsprachiger Bücher über Laplace-Transformation, die sich an Anwender richten. In einem Punkt stimmen sie sämtlich überein: Sie bringen zunächst die Rechenregeln der Laplace-Transformation, mit oder ohne Herleitung, und bearbeiten sodann mit diesem Handwerkszeug Anwendungsprobleme, wobei Aufgaben aus der Netzwerktheorie im Vordergrund stehen.

Im vorliegenden Bändchen wird ein anderer Weg eingeschlagen. Ausgangspunkt sind die zu lösenden Probleme. Aus ihrer Behandlung ergeben sich zwangsläufig die erforderlichen Rechenregeln. Die mathematischen Operationen erscheinen so nicht als vom Himmel gefallen, sondern sind durch die realen Gegebenheiten motiviert.

Als Beispiel sei die Faltungsoperation genannt. Es ist üblich, das Faltungsintegral hinzuschreiben und dann zu zeigen, daß es durch Laplace-Transformation in das gewöhnliche Produkt komplexer Funktionen übergeht. Der Leser fragt vergeblich, wieso man denn auf eine so eigenartige Bildung wie das Faltungsintegral kommt, und wird sich frustriert fühlen. Viel vernünftiger ist es doch, vom Produkt zweier komplexer Funktionen auszugehen, das bei der Lösung von Differentialgleichungen mit der Laplace-Transformation zwangsläufig auftritt, und dann durch Rücktransformation zu zeigen, daß zu diesem Produkt das Faltungsintegral gehört. Damit ist der Einführung des Faltungsintegrals alles Willkürliche genommen.

Bei einer solchen Vorgehensweise dürfte am ehesten eine Einstellung vermieden werden, die man nicht selten bei Anwendern der Mathematik findet und die darin besteht, die Mathematik als eine Trickkiste anzusehen, aus der man nur allzu leicht den falschen Trick greifen kann. Natürlich ist die Mathematik für den Anwender nur ein Hilfsmittel, aber ein wenig sollte er doch mit seinem Werkzeug vertraut werden, schon deshalb, um es sachgemäßer anwenden und im Notfall auch abwandeln zu können. Gerade das letztere wird im konkreten Fall öfters nötig sein und setzt ein gewisses Verständnis der Methoden voraus, das über die bloße Anwendung fester Rechenregeln hinausgeht.

Um ein solches Verständnis zu erzeugen, habe ich mich bemüht, neue Begriffsbildungen nach Möglichkeit zu motivieren und Rechenregeln in möglichst einsichtiger Weise herzuleiten. Dabei ist keine mathematische Strenge angestrebt. Wer sie sucht, sei auf das Standardwerk "Einführung in die Theorie und Anwendung der Laplace-Transformation" von G. DOETSCH verwiesen [2].

3 Voraussetzungen

Zum Lesen des vorliegenden Bändchens werden lediglich die wichtigsten Tatsachen der Differential- und Integralrechnung sowie einige Grundkenntnisse über komplexe Zahlen und Funktionen benötigt. Von Differentialgleichungen braucht man eigentlich nur den Begriff zu kennen. Lösungsmethoden werden nicht benötigt, abgesehen von einem einzigen Fall, in dem die Trennung der Veränderlichen angewandt wird. Falls der Leser mit Differentialgleichungen bereits vertraut ist, wird er die Leistungsfähigkeit der Laplace-Transformation um so besser einschätzen können.

4 Zum Inhalt des Buches

Die logische Abhängigkeit der einzelnen Kapitel ist aus der graphischen Darstellung zu ersehen, die sich an das Vorwort anschließt. Man erkennt einen "elementaren Block", der von den Kapiteln 1 bis 6 gebildet wird. Nachdem der Begriff der Laplace-Transformation im Kapitel 1 eingeführt wurde, wird er in den Kapiteln 2 bis 4 auf drei weitverbreitete Typen von Funktionalbeziehungen angewandt: Gewöhnliche Differentialgleichungen, Differenzengleichungen und Differenzendifferentialgleichungen (Tot- oder Laufzeitsysteme). Die sich dabei ergebenden Rechenregeln und häufigsten Korrespondenzen der Laplace-Transformation sind im Kapitel 5 zusammengestellt. Weiterhin ergeben sich aus diesen Untersuchungen die fundamentalen Begriffe für das Übertragungsverhalten dynamischer Systeme (Übertragungsfunktion, Gewichtsfunktion, Frequenzgang) sowie eine Klassifikation der

Übertragungsglieder. Hierauf wird im Kapitel 6 eingegangen.

Während die mathematischen Anforderungen in den ersten sechs Kapiteln gering sind und sich im wesentlichen auf die Partialbruchzerlegung rationaler Funktionen beschränken, benötigt man kräftigere Hilfsmittel, wenn man partielle Differentialgleichungen lösen oder die Fourier-Transformation benutzen will. Sie werden im Kapitel 7 bereitgestellt, das sich mit der Laurententwicklung komplexer Funktionen, dem Begriff des Residuums und mit der Ausdehnung der Partialbruchzerlegung auf allgemeinere Funktionen befaßt. Mit dieser Ausrüstung läßt sich im Kapitel 8 die komplexe Umkehrformel der Laplace-Transformation herleiten und anwenden. Sie ist für die Lösung partieller Differentialgleichungen unentbehrlich, die an einem typischen Beispiel im Kapitel 9 vorgeführt wird. Dabei wird auch der Zusammenhang mit den Übertragungsbegriffen im Kapitel 6 hergestellt, was für die Behandlung von Systemen mit örtlich verteilten Parametern von Interesse ist.

Über das Bindeglied der zweiseitigen Laplace-Transformation ($\mathcal{L}_{II}$-Transformation) ist die Fourier-Transformation zwanglos mit der Laplace-Transformation verknüpft. Wenn man das Fourier-Integral und seine Umkehrung als gegeben hinnimmt, kann man die Kapitel 10 bis 12 unabhängig von den vorhergehenden Kapiteln lesen. Während im Kapitel 10 die allgemeinen Eigenschaften und Rechenregeln der Fourier-Transformation behandelt werden, sind die beiden letzten Kapitel der Fourier-Transformation spezieller Funktionstypen gewidmet, die in den Anwendungen eine wichtige Rolle spielen. Im Kapitel 11 wird die Fourier-Transformation auf Funktionen begrenzter Breite angewandt, wodurch man zu den Abtasttheoremen gelangt. Kapitel 12 befaßt sich mit der Fourier-Transformation sogenannter "kausaler Zeitfunktionen" und führt so zur Hilbert-Transformation.

Nach dieser kurzen Inhaltsübersicht zwei Bemerkungen über Dinge, die nicht gebracht werden. Es ist vielfach üblich, das Laplace-Integral über Fourierreihe und Fourier-Integral plausibel zu machen. Auf diese Einführung habe ich verzichtet. Meines Erachtens lenkt sie vom sachgerechten Verständnis der Laplace-Transformation als einer Transformationsvorschrift ab und kann zu einem so zweifelhaften Begriff wie dem der "komplexen Frequenz" führen. Die zweite Möglichkeit, von einer allgemeinen Integraltransformation auszugehen und durch bestimmte Anforderungen zur Laplace-Transformation zu gelangen, dürfte wegen ihrer Abstraktheit für einen nicht stärker mathematisch interessierten Leser kaum ein geeigneter Zugang sein. Es scheint mir am besten, die Laplace-Transformation ohne weitere Umschweife als Zuordnung von komplexen Funktionen zu Zeitfunktionen zu definieren und dann so bald wie möglich den Nutzen dieser Transformation durch ihre Anwendung zu zeigen.

Ein weiterer Begriff, den der kundige Leser vielleicht vermissen wird, ist die z-Transformation - eine Variante der Laplace-Transformation für diskontinuierliche Systeme. In der Tat lassen sich ihre Eigenschaften und Rechenregeln ohne Schwierigkeit aus denen der Laplace-Transformation herleiten. Damit aber mehr entsteht als eine Rezeptsammlung, ist es erforderlich, das Rechenverfahren auf dem Hintergrund der Anwendungsprobleme zu sehen, aus denen es entstanden ist. Ein solches Vorhaben geht über den hier gesteckten Rahmen hinaus. Dafür sei auf einschlägige Bücher über Abtastsysteme (diskrete Systeme, digitale Filter) verwiesen.

5 Interessentenkreis

Das Buch macht keine speziellen Voraussetzungen und richtet sich daher an alle Anwender, ganz gleich, in welchem Fachgebiet sie tätig sind. Dabei ist sowohl an den bereits im Beruf stehenden Fachmann wie an Dozenten und Studenten von Universitäten, Fach- und Gesamthochschulen gedacht.

In diesem Zusammenhang wird vielleicht die Entstehung des Buches interessieren. Es ist aus einer Vorlesung an der Universität Karlsruhe hervorgegangen, die Pflichtfach für Studenten der Elektrotechnik ist und im 4. Studiensemester gehört wird. Sie umfaßt 2 Wochenstunden nebst einer zusätzlichen Übungsstunde und wird ohne die Kapitel 4, 9 und 11 gelesen. Die oben umrissene Methode, die Rechenregeln der Laplace-Transformation aus der Problemlösung zu entwickeln, hat sich dabei gut bewährt.

Herrn Dipl.-Ing. Ewald SCHRODI und Herrn Dipl.-Ing. Hans-Peter PREUSS danke ich herzlich für die Durchsicht des Manuskriptes und die Anfertigung des Sachverzeichnisses, dem Elitera-Verlag für die angenehme Zusammenarbeit.

Frühjahr 1977

O. Föllinger

Vorwort zur 3. verbesserten und erweiterten Auflage

Sie unterscheidet sich von der 1. Auflage durch die Berichtigung der inzwischen bekannt gewordenen Fehler und durch die Hinzufügung von 35 Übungsaufgaben mit ausführlicher Angabe des Lösungsweges.

März 1982 O. Föllinger

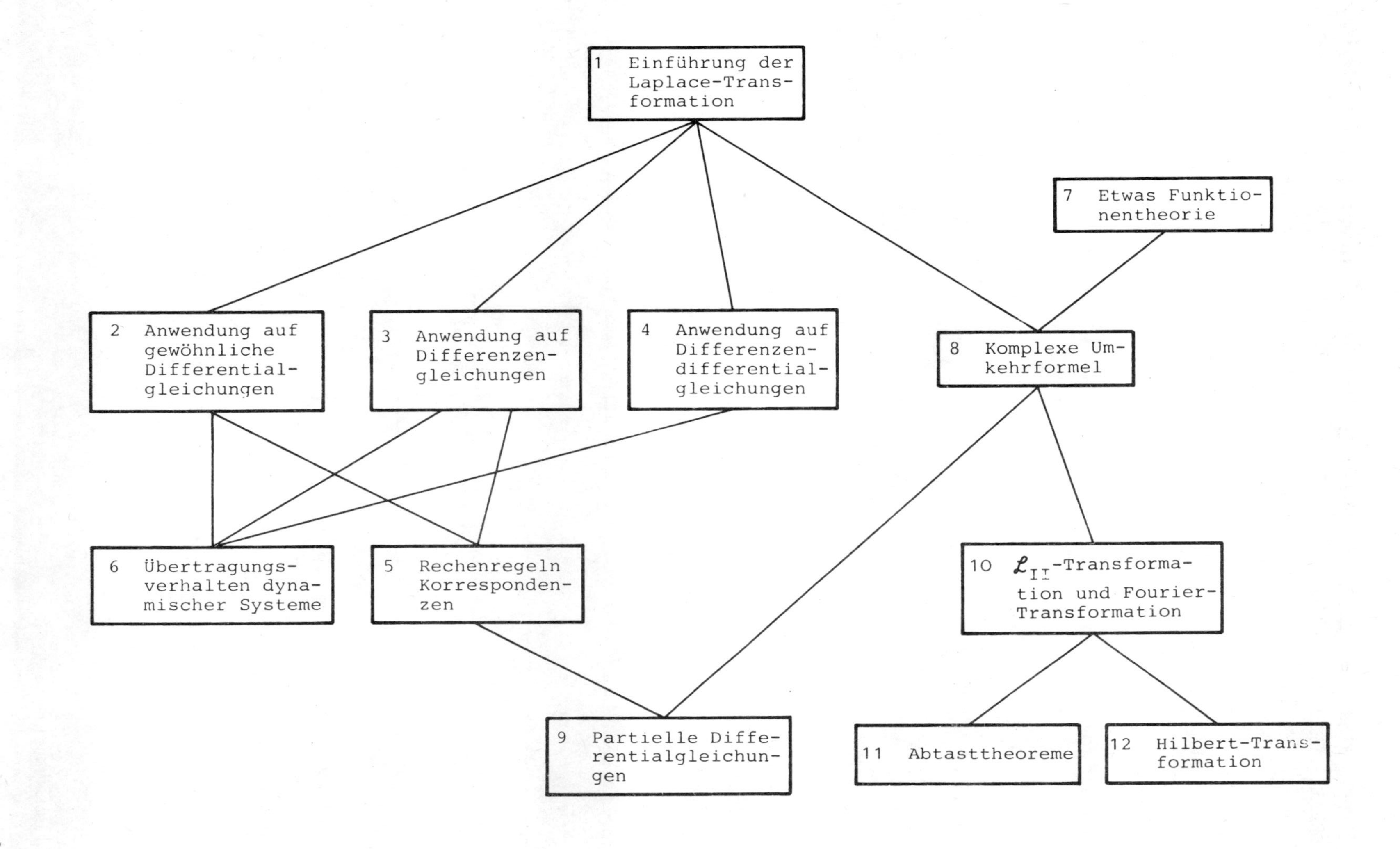
1 Einführung der Laplace-Transformation
7 Etwas Funktionentheorie
2 Anwendung auf gewöhnliche Differentialgleichungen
3 Anwendung auf Differenzengleichungen
4 Anwendung auf Differenzen-differentialgleichungen
8 Komplexe Umkehrformel
6 Übertragungsverhalten dynamischer Systeme
5 Rechenregeln Korrespondenzen
10 $\mathcal{L}_{II}$-Transformation und Fourier-Transformation
9 Partielle Differentialgleichungen
11 Abtasttheoreme
12 Hilbert-Transformation

Zusammenstellung einiger Rechenausdrücke, die im folgenden öfters benutzt werden.

(a) $A \sin \omega t + B \cos \omega t = \sqrt{A^2+B^2} \sin(\omega t+\varphi)$ mit

$$\sin \varphi = \frac{B}{\sqrt{A^2+B^2}}, \quad \cos \varphi = \frac{A}{\sqrt{A^2+B^2}}, \quad \tan \varphi = \frac{B}{A}.$$

(b) $e^{j\varphi} = \cos \varphi + j \sin \varphi$, $e^{-j\varphi} = \cos \varphi - j \sin \varphi$;

$$\sin \varphi = \frac{1}{2j}(e^{j\varphi}-e^{-j\varphi}), \quad \cos \varphi = \frac{1}{2}(e^{j\varphi}+e^{-j\varphi}).$$

(c) $\sinh x = \frac{1}{2}(e^x-e^{-x})$, $\cosh x = \frac{1}{2}(e^x+e^{-x})$.

(d) $\left|e^{j\omega t}\right| = 1$, $\frac{1}{j} = -j$,

$$e^{\frac{\pi}{2} j} = j, \quad e^{\pm j\pi} = -1, \quad e^{-\frac{\pi}{2} j} = -j, \quad e^{2\pi j} = 1,$$

$e^{(2k+1)\pi j} = -1$, $e^{2k\pi j} = 1$, k beliebig ganz.

(e) Ist $s = r e^{j\varphi} = r e^{j(\varphi+2k\pi)}$, so gilt

$$\sqrt{s} = \sqrt{r} e^{j(\frac{\varphi}{2}+k\pi)} = \begin{cases} \sqrt{r} e^{j\frac{\varphi}{2}} \\ \sqrt{r} e^{j(\frac{\varphi}{2}+\pi)} = -\sqrt{r} e^{j\frac{\varphi}{2}} \end{cases},$$

$\ln s = \ln r + j(\varphi+2k\pi)$, k beliebig ganz.

(f) Ist $s = re^{j\varphi} = \delta + j\omega$, so gilt

$$r = |s| = \sqrt{\delta^2+\omega^2},$$

$$\cos \varphi = \frac{\delta}{\sqrt{\delta^2+\omega^2}}, \quad \sin \varphi = \frac{\omega}{\sqrt{\delta^2+\omega^2}}, \quad \tan \varphi = \frac{\omega}{\delta}.$$

Inhaltsverzeichnis

1 Einführung der Laplace-Transformation

Bei der Untersuchung dynamischer Systeme treten häufig Zeitfunktionen $f(t)$ auf, die erst von einem gewissen Zeitpunkt ab interessieren, den man mit $t = 0$ bezeichnen kann. Man denke beispielsweise an Einschaltvorgänge der Elektrotechnik. Aber auch bei anderen Problemen, seien es nun technische, naturwissenschaftliche, ökonomische oder solche von anderer Art, ist das Verhalten eines Systems meist erst von einem bestimmten Zeitpunkt an von Interesse, der z.B. dadurch gegeben ist, daß ein bestimmter Eingriff in dem System vorgenommen wird.

Unseren Ausgangspunkt bilden solche Zeitfunktionen $f(t)$, die also nur für $t > 0$ interessieren. Oft sind sie Null für $t < 0$, wie etwa bei einem Einschaltvorgang, doch muß dies keineswegs der Fall sein.

Um das Verhalten dynamischer Systeme, das durch derartige Zeitfunktionen $f(t)$ beschrieben wird, besser berechnen zu können, ordnen wir der Zeitfunktion $f(t)$ durch die folgende Vorschrift eine komplexe Funktion zu:

Man multipliziert $f(t)$ mit dem Faktor e^{-st}. Dabei ist $s = \delta + j\omega$ eine komplexe Variable. Dann integriert man über t von $t = 0$ bis $t = +\infty$ und erhält so

$$\int_0^\infty f(t)e^{-st}dt \ .$$

Dabei ist also t die Integrationsvariable und s ein Parameter. Denkt man sich die Integration über t ausgeführt, so hängt das Integral nur noch von der komplexen Variablen s ab, ist also eine Funktion von s:

$$\int_0^\infty f(t)e^{-st}dt = F(s) \ . \qquad (1.1)$$

Dieses uneigentliche Integral heißt Laplace-Integral, die Zuordnung (oder Abbildung) der komplexen Funktion $F(s)$ zur Zeitfunktion $f(t)$ Laplace-Transformation.

Man kann an dieser Stelle fragen, welchen Nutzen diese Transformation einer Zeitfunktion in eine komplexe Funktion bringt und ob ein so komplizierter analytischer Ausdruck wie ein uneigentliches Integral wirklich zu Vereinfachungen der Rechnung führen kann. Es wird sich bald zeigen (ab Kapitel 2), daß dies in der Tat der Fall ist. Hier läßt sich nur ein allgemeiner Hinweis geben, nämlich darauf, daß Transformationen in vielen Fällen nützlich sind, um Rechnungen und überhaupt kompliziertere Untersuchungen zu vereinfachen. Als elementares Beispiel sei die Transformation y = log x angeführt, auf deren Anwendung Logarithmentafel und Rechenschieber beruhen. Um eine Transformation von entsprechendem Nutzen handelt es sich bei der Laplace-Transformation, nur daß es bei ihr nicht um die Vereinfachung des Zahlenrechnens, sondern um die Erleichterung komplizierterer Aufgaben, z.B. der Lösung von Differentialgleichungen und anderer Funktionalbeziehungen, geht.

Der Begriff der Laplace-Transformation soll nun an Beispielen erläutert werden, die zugleich Gelegenheit geben, einige allgemeine Eigenschaften des Laplace-Integrals kennenzulernen.

Beispiel 1: Laplace-Transformation des Einheitssprunges

Definition des Einheitssprunges $\sigma(t)$ [auch mit $u(t)$, $1(t)$, $\delta_{-1}(t)$ bezeichnet]:

$$\sigma(t) = \begin{cases} 0 & \text{für } t < 0 \\ 1 & \text{für } t > 0. \end{cases}$$

Der Wert in t = 0 ist für uns ohne Belang. Manchmal wird er zu 1/2 gewählt.

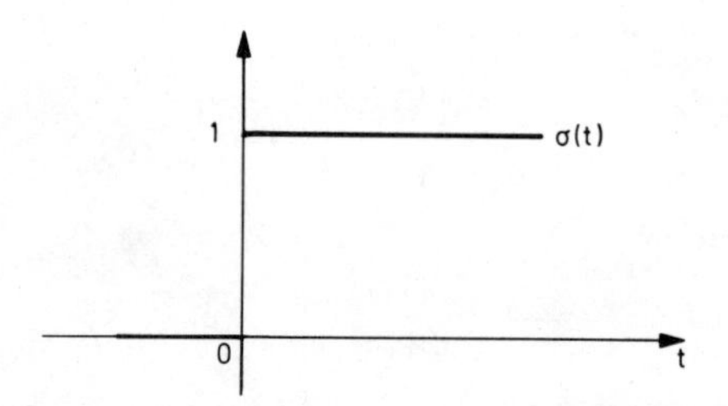

Bild 1/1 Einheitssprung

Wegen $\sigma(t) = 1$ für $t > 0$ gilt

$$\int_0^{\infty} \sigma(t) e^{-st} dt = \int_0^{\infty} 1 \cdot e^{-st} dt = \left[- \frac{1}{s} e^{-st} \right]_{t=0}^{t=+\infty} . \tag{1.2}$$

Hierin ist

$$e^{-st} = e^{-(\delta+j\omega)t} = e^{-\delta t} e^{-j\omega t} = e^{-\delta t}(\cos \omega t - j \sin \omega t) . \tag{1.3}$$

Es handelt sich also um die komplexe Darstellung einer Schwingung. Da für $t \to +\infty$

$$e^{-\delta t} \to \begin{cases} 0 & \text{für } \delta > 0 \\ 1 & \text{für } \delta = 0 \\ +\infty & \text{für } \delta < 0 \end{cases} ,$$

klingt diese Schwingung ab für $\delta > 0$, ist eine Dauerschwingung für $\delta = 0$ und eine aufklingende Schwingung für $\delta < 0$. Im ersten Fall strebt $e^{-st} \to 0$, während in den letzten beiden Fällen kein Grenzwert von e^{-st} existiert. Das bedeutet aber für das Integral (1.2): Es existiert nur für $\delta > 0$ oder Re $s > 0$, nicht jedoch für die restliche s-Ebene. Der Bereich Re $s > 0$ ist in Bild 1/2 schraffiert. In ihm ist gemäß (1.2)

$$\int_0^\infty \sigma(t)e^{-st}dt = \lim_{t \to +\infty} (-\frac{1}{s} e^{-st}) - (-\frac{1}{s} e^{-s0}) = \frac{1}{s} .$$

Die Laplace-Transformierte des Einheitssprunges $\sigma(t)$ ist also die komplexe Funktion $1/s$.

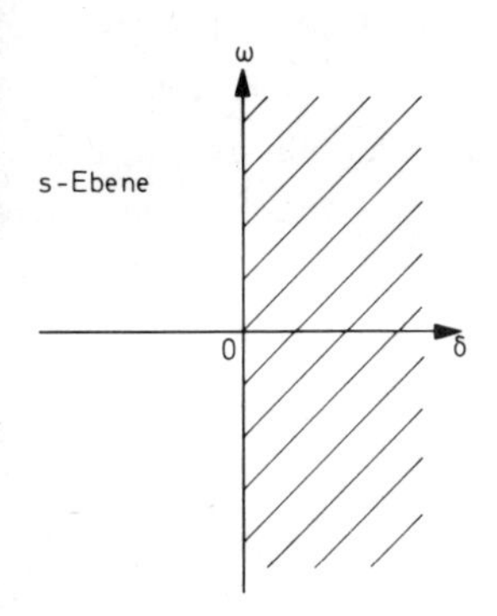

Bild 1/2 Bereich der s-Ebene, in dem das Laplace-Integral des Einheitssprunges existiert

Beispiel 2: Laplace-Transformation der e-Funktion

Ist $f(t) = e^{\alpha t}$, α beliebig komplex, so ist das Laplace-Integral

$$\int_0^\infty e^{\alpha t}e^{-st}dt = \int_0^\infty e^{-(s-\alpha)t}dt .$$

Das ist der gleiche Ausdruck wie das zweite Integral in (1.2), nur mit $s-\alpha$ an Stelle von s. Daher kann man das Ergebnis von Beispiel 1 übernehmen, nur mit $s-\alpha$ statt s:

$$\int_0^\infty e^{\alpha t}e^{-st}dt = \frac{1}{s-\alpha} , \qquad (1.4)$$

sofern $\mathrm{Re}(s-\alpha) > 0$, d.h. Re s - Re $\alpha > 0$ oder

$$\mathrm{Re}\, s > \mathrm{Re}\, \alpha . \qquad (1.5)$$

Dieser Bereich ist in Bild 1/3 schraffiert.

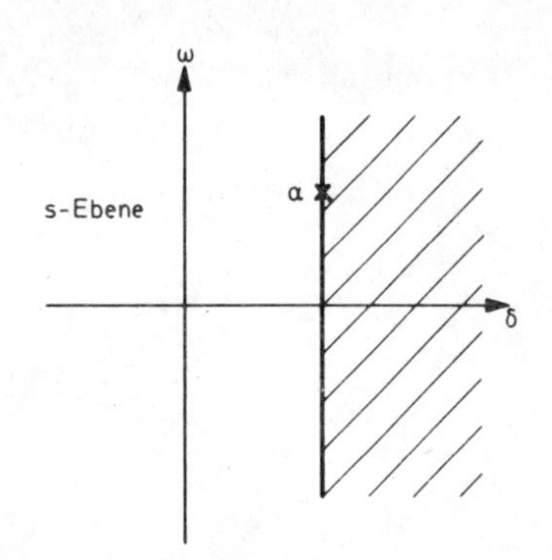

Bild 1/3 Bereich der s-Ebene, in dem das Laplace-Integral von $e^{\alpha t}$ existiert

In den beiden Beispielen ist das Laplace-Integral konvergent in einer rechten Halbebene, d.h. in einem Bereich der s-Ebene, der nach links von einer Parallelen zur j-Achse begrenzt wird (die auch mit der j-Achse zusammenfallen kann). Hierbei sei an den folgenden Sprachgebrauch erinnert:[1] Existiert ein uneigentliches Integral, d.h. ein Integral über ein unendliches Intervall oder über eine Funktion mit Unendlichkeitsstellen, so sagt man auch, es sei <u>konvergent</u>. Existiert sogar das Integral über den Betrag des Integranden, so nennt man es <u>absolut konvergent</u>. Diese Bezeichnungsweise rührt von einer gewissen Ähnlichkeit im Verhalten von uneigentlichen Integralen und unendlichen Reihen her.

In den bisherigen Beispielen sind die Laplace-Integrale sogar absolut konvergent. Betrachten wir etwa das Beispiel 1. Wir haben dann zu zeigen, daß

$$\int_0^\infty \left|e^{-st}\right| dt \quad \text{für} \quad \delta = \text{Re } s > 0 \text{ existiert.}$$

Nun ist nach (1.3)

$$\left|e^{-st}\right| = \left|e^{-\delta t}\right| \cdot \left|e^{-j\omega t}\right| = e^{-\delta t} \sqrt{\cos^2 \omega t + \sin^2 \omega t}\,, \text{ also}$$

$$\left|e^{-st}\right| = e^{-\delta t} \tag{1.6}$$

und damit

$$\int_0^\infty \left|e^{-st}\right| dt = \int_0^\infty e^{-\delta t} dt\,.$$

Wie sofort zu sehen, ist dieses Integral endlich, nämlich $1/\delta$, für $\delta > 0$, hingegen $+\infty$ für $\delta = 0$ oder $\delta < 0$.

---

1) Über uneigentliche Integrale kann man etwa in [14], Abschnitt 7.8, oder in [15], Teil IV/Kapitel III 11, nachlesen.

Aus den beiden Beispielen läßt sich so eine allgemeine Eigenschaft des Laplace-Integrals ablesen (Beweis in [2]):

Das Laplace-Integral ist absolut konvergent in einer rechten Halbebene der s-Ebene. D.h. für alle s aus dieser Halbebene gilt

$$\int_0^\infty \left| f(t)e^{-st} \right| dt = \int_0^\infty |f(t)| e^{-\delta t} dt < +\infty .$$

Im Grenzfall kann die Halbebene der absoluten Konvergenz in die gesamte s-Ebene übergehen, so daß ein solches Laplace-Integral für jedes s absolut konvergent ist. Das gilt beispielsweise für $f(t) = e^{-t^2}$. Es kann aber auch sein, daß die Halbebene der absoluten Konvergenz leer ist, das Laplace-Integral also für kein einziges s absolut konvergiert. Hierfür liefert $f(t) = e^{t^2}$ ein Beispiel.

Wir wollen uns im folgenden nicht unnötig mit mathematischen Untersuchungen belasten. Wir werden deshalb die Halbebene der absoluten Konvergenz nicht mehr im einzelnen feststellen. Wir dürfen für die in den Anwendungen vorkommenden Zeitfunktionen annehmen, daß die Halbebenen der absoluten Konvergenz nicht leer sind. Alle Betrachtungen mit Laplace-Integralen sollen sich dort abspielen, ohne daß es besonders gesagt wird.[1)]

Eine wichtige Eigenschaft der komplexen Funktion F(s) läßt sich ebenfalls aus den bisherigen Beispielen erkennen (Beweis in [2]):

$F(s) = \int_0^\infty f(t)e^{-st}dt$ ist in der Halbebene der absoluten Konvergenz

eine holomorphe (oder reguläre) Funktion.[2)] Sie kann in weitere Teile der s-Ebene analytisch fortgesetzt werden.

Betrachten wir hierzu etwa Beispiel 2.

$\int_0^\infty e^{\alpha t}e^{-st}dt$ ist absolut konvergent nur in der Halbebene Re s > Re α und

liefert dort die holomorphe Funktion $1/(s-\alpha)$. Hat man diese Funktion einmal

---

1) Neben der Halbebene der absoluten Konvergenz besitzt jedes Laplace-Integral auch eine rechte Halbebene der gewöhnlichen Konvergenz. Sie umfaßt die erstere (und kann speziell auch mit ihr zusammenfallen). Wir haben im vorhergehenden die Halbebene der absoluten Konvergenz in den Vordergrund gestellt, weil sie bei den in den technischen Anwendungen auftretenden Zeitfunktionen nicht leer sein wird und weil das Laplace-Integral dort einfachere Eigenschaften aufweist.

2) Eine Funktion heißt in einem Gebiet holomorph, wenn sie in jedem Punkt des Gebietes komplex differenzierbar ist. Sie ist dann um jeden solchen Punkt in eine Potenzreihe entwickelbar.

gefunden, so kann man sie in die restliche s-Ebene fortsetzen (mit einziger Ausnahme des Punktes $s = \alpha$). Es spielt dabei keine Rolle, daß das obige Integral dort nicht existiert. Die Funktion $1/(s-\alpha)$ ist wohldefiniert.

So wie in diesem Beispiel wird es in den technischen Anwendungen meist sein: Die durch das Laplace-Integral zunächst nur in einer rechten Halbebene gegebene Funktion F(s) läßt sich mit Ausnahme isolierter Singularitäten in die gesamte restliche s-Ebene fortsetzen.

Die Tatsache, daß das Laplace-Integral eine holomorphe Funktion liefert, ist von grundlegender Bedeutung. Aus Zeitfunktionen, deren Werte oft wenig inneren Zusammenhang haben, z.B. weil die Zeitfunktion auf Grund von Schaltvorgängen zusammengestückelt ist, werden durch das Laplace-Integral holomorphe Funktionen, deren Werte gesetzmäßig miteinander verknüpft sind. Auf diese lassen sich die leistungsfähigen Methoden der Funktionentheorie anwenden, durch die man tiefgehende Einblicke in das Verhalten der holomorphen Funktion gewinnt. Dadurch sind Rückschlüsse auf die Zeitfunktionen und damit auf das Verhalten technischer Systeme möglich, die anders kaum zu erhalten sind, weil es für die Zeitfunktionen keine derart allgemeinen und dabei relativ einfachen Methoden gibt. Hierin liegt der tiefere Grund, warum man vom Zeitbereich, dem allein physikalische Realität zukommt, mittels des Laplace-Integrals in den komplexen Bereich übergeht.

Durch das Laplace-Integral wird also einer Zeitfunktion f(t) in eindeutiger Weise eine komplexe Funktion F(s) zugeordnet. Diese Zuordnung, die Laplace-Transformation, schreibt man kurz in der Form

$$F(s) = \mathcal{L}\{f(t)\} \quad . \qquad (1.7)$$

Wie jede eindeutige Zuordnung kann man sie als Abbildung auffassen und nennt deshalb f(t) die Originalfunktion, F(s) die Bildfunktion.

Die Umkehrung ist nicht eindeutig. Ändert man beispielsweise f(t) an endlich vielen Stellen um endliche Beträge ab, so erhält man eine von f(t) verschiedene Funktion $f^*(t)$. Das Laplace-Integral wird durch diese Änderung aber nicht beeinflußt, so daß $F(s) = F^*(s)$ ist. Zur gleichen Bildfunktion gehören daher mehrere Originalfunktionen, sogar unendlich viele.[1] Man sieht aber, daß diese Vieldeutigkeit trivial ist und wegfällt, wenn man von f(t) Stetigkeit verlangt. Wir dürfen sie deshalb ignorieren und von der Originalfunk-

---

1) Allgemein gilt der Satz [2]: Sind zwei Bildfunktionen (in einer rechten Halbebene) gleich, so unterscheiden sich die zugehörigen Originalfunktionen nur um eine "Nullfunktion", d.h. eine Funktion n(t), für die gilt:
$$\int_0^t n(\tau)d\tau = 0 \quad \text{für alle } t \geqq 0.$$

tion f(t) zu einer gegebenen Bildfuntkion F(s) sprechen. Man schreibt dafür

$$f(t) = \mathcal{L}^{-1}\left\{F(s)\right\} . \qquad (1.8)$$

Ausdrücklich sei darauf hingewiesen, daß von der Originalfunktion f(t) zu einer gegebenen komplexen Funktion F(s) nur im Bereich $t \geqq 0$ die Rede sein kann. Die Originalfunktion f(t) zu F(s) ist ja dadurch definiert, daß das Laplace-Integral von f(t) gerade die gegebene Funktion F(s) liefert. Das Laplace-Integral erstreckt sich aber nur von $t = 0$ bis $t = +\infty$. Wenn man also z.B. sagt, daß $f(t) = e^{\alpha t}$ die Originalfunktion zu $F(s) = 1/(s-\alpha)$ sei, so ist damit nur die Funktion $e^{\alpha t}$ im Bereich $t \geqq 0$ gemeint. Das darf man nicht aus dem Auge verlieren, auch wenn nicht mehr besonders darauf hingewiesen wird.

Noch eine andere Symbolik ist gebräuchlich, um die gegenseitige Beziehung von Original- und Bildfunktion zum Ausdruck zu bringen:

$$f(t) \circ\!\!-\!\!\bullet F(s) \quad \text{oder} \quad F(s) \bullet\!\!-\!\!\circ f(t) .$$

Eine solche Beziehung wird auch als eine Korrespondenz bezeichnet.

So haben wir im vorhergehenden die Korrespondenzen

$$\sigma(t) \circ\!\!-\!\!\bullet \frac{1}{s} , \qquad (1.9)$$

$$e^{\alpha t} \circ\!\!-\!\!\bullet \frac{1}{s-\alpha} \qquad (1.10)$$

hergeleitet. Da der Bereich $t < 0$ für das Laplace-Integral keine Rolle spielt, kann man in (1.9) statt $\sigma(t)$ auch 1 schreiben und hat so die Korrespondenz

$$1 \circ\!\!-\!\!\bullet \frac{1}{s} . \qquad (1.11)$$

In anderer Schreibweise lautet beispielsweise (1.10)

$$\mathcal{L}\left\{e^{\alpha t}\right\} = \frac{1}{s-\alpha} , \qquad (1.12)$$

was man auch in der Form

$$\mathcal{L}^{-1}\left\{\frac{1}{s-\alpha}\right\} = e^{\alpha t}$$

ausdrücken könnte.

Eine fast selbstverständliche Eigenschaft der Laplace-Transformation sei sogleich angeschlossen: Sie ist eine lineare Transformation, d.h. es gilt:

$$c_1 f_1(t) + c_2 f_2(t) \circ\!\!-\!\!\bullet\; c_1 F_1(s) + c_2 F_2(s) \,, \qquad (1.13)$$

c_1, c_2 beliebig konstant.

Diese Linearitätsregel der Laplace-Transformation folgt sofort durch Ausrechnen des Laplace-Integrals:

$$\mathcal{L}\{c_1 f_1(t) + c_2 f_2(t)\} = \int_0^\infty [c_1 f_1(t) + c_2 f_2(t)] e^{-st} dt =$$

$$= c_1 \int_0^\infty f_1(t) e^{-st} dt + c_2 \int_0^\infty f_2(t) e^{-st} dt =$$

$$= c_1 F_1(s) + c_2 F_2(s) \;.$$

Beispiel: $f(t) = \sin \omega t$.

$$\mathcal{L}\{\sin \omega t\} = \mathcal{L}\left\{\frac{1}{2j} (e^{j\omega t} - e^{-j\omega t})\right\} = \frac{1}{2j}\mathcal{L}\{e^{j\omega t}\} - \frac{1}{2j}\mathcal{L}\{e^{-j\omega t}\} \,.$$

Wegen (1.12) ist dies gleich

$$\frac{1}{2j} \cdot \frac{1}{s-j\omega} - \frac{1}{2j} \cdot \frac{1}{s+j\omega} = \frac{1}{2j} \cdot \frac{2j\omega}{s^2+\omega^2} \,.$$

Also gilt:

$$\sin \omega t \circ\!\!-\!\!\bullet\; \frac{\omega}{s^2+\omega^2} \,. \qquad (1.14)$$

Entsprechend erhält man

$$\cos \omega t \circ\!\!-\!\!\bullet\; \frac{s}{s^2+\omega^2} \,. \qquad (1.15)$$

Um den Umgang mit dem Laplace-Integral etwas zu üben, seien zum Schluß dieses Kapitels noch einige Korrespondenzen berechnet. Dabei ist im Auge zu behalten daß für das Laplace-Integral nur der Funktionsverlauf für $t \geq 0$ interessant ist.

Beispiel 3: Rechteckimpuls (Bild 1/4)

$$\mathcal{L}\{r(t)\} = \int_0^T H\, e^{-st} dt = H \left[-\frac{1}{s} e^{-st} \right]_{t=0}^{t=T} = -\frac{H}{s} (e^{-sT} - 1) \,.$$

Somit gilt die Korrespondenz

$$r(t) \circ\!\!-\!\!\bullet\ H\,\frac{1-e^{-sT}}{s}\ . \tag{1.16}$$

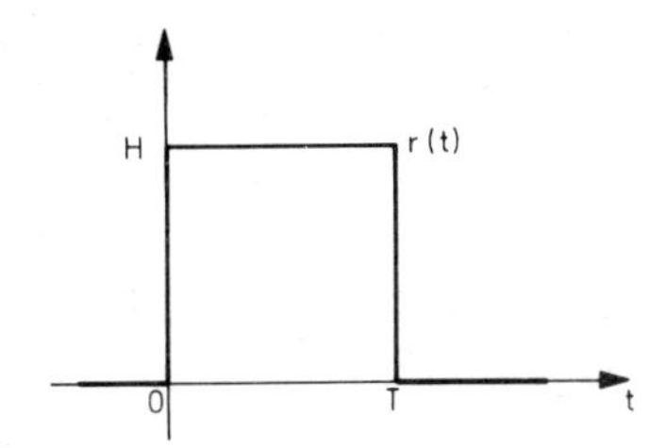

Bild 1/4 Rechteckimpuls

Übrigens hat man hier ein weiteres Beispiel eines Laplace-Integrals, das für <u>alle</u> s absolut konvergent ist. Wie man sieht, ist dies stets der Fall, wenn f(t) beschränkt ist und außerhalb eines endlichen t-Intervalles verschwindet.

<u>Beispiel 4:</u> <u>f(t) = t (Rampenfunktion)</u>

$$F(s) = \int_0^\infty t\, e^{-st} dt\ .$$

Partielle Integration mit $u = t$, $dv = e^{-st}dt$ führt zu

$$F(s) = \left[t(-\tfrac{1}{s})e^{-st} \right]_{t=0}^{t=+\infty} + \frac{1}{s}\int_0^\infty e^{-st}dt\ .$$

Für Re $s > 0$ wird der erste Term Null, entsprechend wie bei Beispiel 1. Mit der gleichen Voraussetzung folgt weiter für das verbleibende Integral

$$F(s) = \frac{1}{s}\left[-\frac{1}{s}\, e^{-st} \right]_{t=0}^{t=+\infty} = \frac{1}{s}\,(0 + \frac{1}{s})\ .$$

Daher gilt

$$t \circ\!\!-\!\!\bullet\ \frac{1}{s^2}\ . \tag{1.17}$$

<u>Beispiel 5:</u> <u>$f(t) = 1/\sqrt{t}$</u>

Das Beispiel unterscheidet sich von den bisherigen dadurch, daß f(t) in $t = 0$ singulär wird, nämlich $\rightarrow +\infty$ strebt für $t \rightarrow +0$. Um

$$F(s) = \int_0^\infty \frac{e^{-st}}{\sqrt{t}} dt \qquad (1.18)$$

zu berechnen, substituiert man

$st = v^2$, woraus

$$t = \frac{v^2}{s}, \quad dt = \frac{2vdv}{s}$$

folgt. Damit wird aus (1.18)

$$F(s) = \int_0^\infty \frac{e^{-v^2}}{\frac{v}{\sqrt{s}}} \cdot \frac{2v}{s} dv = \frac{2}{\sqrt{s}} \int_0^\infty e^{-v^2} dv .$$

Aus einer Integraltafel, z.B. [15], entnimmt man, daß das bestimmte Integral

$$\int_0^\infty e^{-v^2} dv = \frac{1}{2}\sqrt{\pi}$$

ist. Man hat so die Korrespondenz

$$\frac{1}{\sqrt{t}} \circ\!\!-\!\!\bullet \sqrt{\frac{\pi}{s}} . \qquad (1.19)$$

2 Anwendung der Laplace-Transformation auf gewöhnliche Differentialgleichungen

2.1 Häufig auftretender Typ von Differentialgleichungen

Das dynamische Verhalten technischer Systeme wird häufig, zumindest näherungsweise, durch lineare Differentialgleichungen mit konstanten Koeffizienten beschrieben. Eine wirksame mathematische Methode zu ihrer Lösung ist die Laplace-Transformation. Solche Differentialgleichungen treten z.B. in der Mechanik bei der Beschreibung von Feder-Masse-Dämpfungs-Systemen auf, in der Elektrotechnik bei Netzwerken, die aus Ohmschen Widerständen, Induktivitäten und Kapazitäten bestehen, aber auch sonst in unzähligen Anwendungsproblemen.

Ehe wir zur Anwendung der Laplace-Transformation übergehen, soll wenigstens an zwei Beispielen, die unter vielen herausgegriffen sind, die Entstehung und der Typ solcher Differentialgleichungen gezeigt werden.

Als erstes betrachten wir ein elektromechanisches System aus der Energietechnik, nämlich einen konstant erregten Gleichstrommotor, der eine Last, z.B. eine Arbeitsmaschine, antreibt. Bild 2/1 zeigt die grundsätzliche Anordnung. Der Widerstand R_A und die Induktivität L_A des Ankerkreises sind

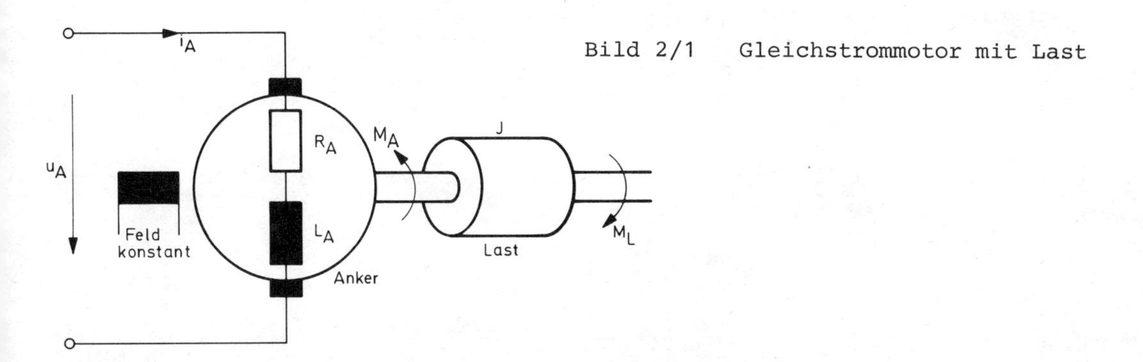

Bild 2/1 Gleichstrommotor mit Last

in den Motoranker eingezeichnet. Dieser sei starr mit der von ihm angetriebenen Last, etwa einer Arbeitsmaschine, gekoppelt. J sei ihr gemeinsames Trägheitsmoment. Da die zur Winkelgeschwindigkeit ω proportionale Gegen-EMK des Motors

$$e_M = k_M \omega$$

der von außen angelegten Ankerspannung entgegenwirkt, gilt die Maschengleichung

$$u_A - k_M \omega = R_A i_A + L_A i_A' \ .$$

Für die mechanische Seite gilt nach dem 2. Newtonschen Gesetz für Drehbewegungen

$$J\,\omega' = M_A - M_L \ ,$$

wobei $M_L(t)$ das Lastmoment und

$$M_A = k_A i_A$$

das zum Ankerstrom proportionale Antriebsmoment des Motors ist.

Damit hat man ein System von zwei Differentialgleichungen 1. Ordnung, welche das Verhalten des Motors beschreiben:

$$L_A i_A' + R_A i_A + k_M \omega = u_A(t) \quad \text{(Elektrische Gleichung)},$$

$$J\omega' - k_A i_A \qquad\qquad = -M_L(t) \quad \text{(Mechanische Gleichung)}.$$

Man kann mit diesem System von Differentialgleichungen weiterarbeiten. Man kann es aber auch in eine Differentialgleichung 2. Ordnung verwandeln. Da man sich meist für ω in Abhängigkeit von den äußeren Größen u_A und M_L interessiert, löst man die zweite Differentialgleichung nach i_A auf und setzt dann i_A in die erste Differentialgleichung ein. Wegen

$$i_A = \frac{J}{k_A}\,\omega' + \frac{1}{k_A}\,M_L \text{ , also}$$

$$i'_A = \frac{J}{k_A}\,\omega'' + \frac{1}{k_A}\,M'_L \text{ ,}$$

erhält man so:

$$\frac{JL_A}{k_A}\,\omega'' + \frac{JR_A}{k_A}\,\omega' + k_M\omega = u_A - \frac{R_A}{k_A}\,M_L - \frac{L_A}{k_A}\,M'_L \text{ .} \qquad (2.1)$$

Setzt man hierin $M_L = 0$ bzw. $u_A = 0$, so erhält man die Winkelgeschwindigkeit ω in Abhängigkeit von u_A bzw. M_L allein.

Als Beispiel aus der Nachrichtentechnik werde ein Operationsverstärker betrachtet, der dazu benutzt wird, bestimmte mathematische Operationen, z.B. die Integration, nachzubilden. Bild 2/2 zeigt die prinzipielle Anordnung. Dabei kommt es uns nicht auf die physikalischen Vorgänge im Verstärker an, sondern lediglich auf die Beziehung zwischen der Eingangsspannung $u_e(t)$ und der Ausgangsspannung $u_a(t)$ des beschalteten Verstärkers.

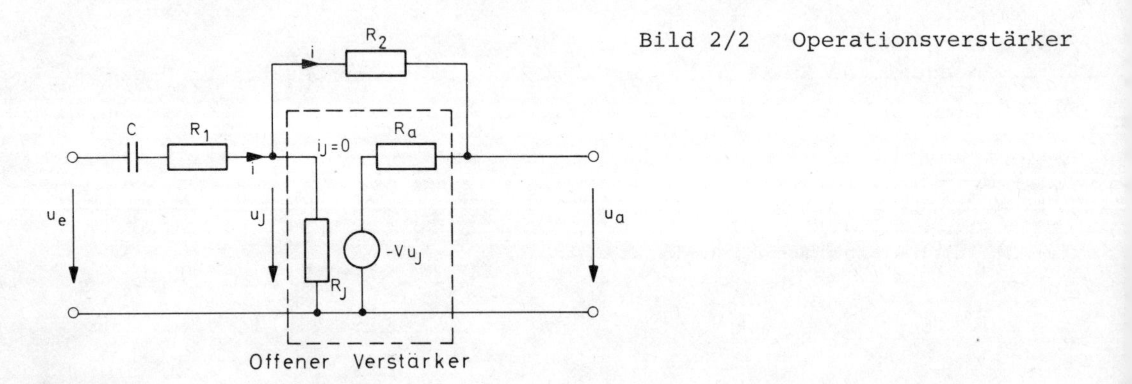

Bild 2/2 Operationsverstärker

Es handelt sich um einen Gleichspannungsverstärker mit großem negativem Verstärkungsfaktor -V, hohem Eingangswiderstand ($R_J = \infty$) und vernachlässigbarem Ausgangswiderstand ($R_A = 0$), der mit RC-Netzwerken beschaltet wird.

Im Bild 2/2 ist der unbeschaltete Verstärker durch eine unterbrochene Linie umgrenzt. Aus Bild 2/2 folgt:

$$u_e = \frac{1}{C}\int_0^t i\,d\tau + R_1 i + u_J \;; \tag{2.2}$$

$$u_J = R_2 i + u_a \;, \tag{2.3}$$

da $R_J = \infty$, also $i_J = 0$;

$$u_a = -Vu_J, \tag{2.4}$$

da $R_a = 0$.

Aus (2.4) folgt

$$u_J = -\frac{u_a}{V} \approx 0 \;,$$

da V sehr groß ist. Damit wird aus (2.2) und (2.3)

$$u_e = \frac{1}{C}\int_0^t i\,d\tau + R_1 i \;,$$

$$i = -\frac{u_a}{R_2} \;.$$

Setzt man die letzte Gleichung in die vorhergehende ein, so ergibt sich

$$u_e = -\frac{1}{R_2 C}\int_0^t u_a d\tau - \frac{R_1}{R_2} u_a \;.$$

Durch Differenzieren folgt hieraus

$$u'_e = -\frac{1}{R_2 C} u_a - \frac{R_1}{R_2} u'_a \quad \text{oder}$$

$$R_1 C u'_a + u_a = -R_2 C u'_e \;. \tag{2.5}$$

Wie man sieht, werden nicht nur RLC-Netzwerke, sondern auch Verstärkerschaltungen durch gewöhnliche Differentialgleichungen beschrieben, die allerdings nicht immer wie in diesem Fall linear zu sein brauchen.

Diese Beispiele, die sich beliebig vermehren ließen, zeigen den Typ der Differentialgleichung, durch die in vielen Fällen ein technisches System beschrieben werden kann. Es gibt eine zeitveränderliche Größe, die von außen auf das System einwirkt, ohne selbst von ihm beeinflußt zu sein: die Eingangsgröße (oder Anregung), die wir im allgemeinen Fall mit u(t) bezeichnen wollen. Es gibt eine weitere zeitveränderliche Größe des Systems, deren Zeitverhalten interessiert, z.B. deshalb, weil sie in einem übergeordneten System eine Rolle spielt: die Ausgangsgröße, die im allgemeinen Fall mit y(t) bezeichnet sei. Beide werden durch eine lineare Differentialgleichung mit konstanten Koeffizienten verknüpft, die folgendes Aussehen hat:

$$a_n y^{(n)} + a_{n-1} y^{(n-1)} + \ldots + a_1 y' + a_o y = b_o u + b_1 u' + \ldots + b_n u^{(n)} \quad . \quad (2.6)$$

Dabei sind die a_ν und b_ν reelle Zahlen, $a_n \neq 0$ und mindestens ein $b_\nu \neq 0$ (aber nicht unbedingt b_n).

Von den aus der Mathematik geläufigen linearen Differentialgleichungen mit konstanten Koeffizienten unterscheidet sich (2.6) dadurch, daß auf der rechten Seite nicht nur die Eingangsgröße u selbst auftritt, sondern zusätzlich deren Ableitungen vorkommen können. Das hat beträchtliche Auswirkungen auf die dynamischen Eigenschaften des Systems.

Gibt es mehrere Eingangsgrößen wie im Beispiel des Gleichstrommotors, so kann man alle bis auf eine Null setzen und hat dann die Gleichung (2.6). Zu jeder Eingangsgröße gehört so eine Differentialgleichung vom Typ (2.6) und damit eine Ausgangsgröße. Diejenige Ausgangsgröße, die sich bei gleichzeitiger Einwirkung mehrerer Eingangsgrößen ergibt, erhält man durch Überlagerung dieser einzelnen Lösungen.

Die Aufgabe besteht nun darin, aus der gegebenen Funktion u(t), $t > 0$, und gegebenen Anfangsbedingungen die Ausgangsgröße y(t) der Differentialgleichung (2.6) für $t > 0$ mittels der Laplace-Transformation zu berechnen.

Es liegt auf der Hand, daß wir zunächst einmal wissen müssen, was aus der Ableitung f'(t) einer Funktion f(t) bei der Laplace-Transformation wird. Dies wird durch eine Regel beschrieben, welche man als "Differentiationsregel für die Originalfunktion" bezeichnet und die wir nun herleiten wollen.

2.2 Differentiationsregel für die Originalfunktion

Wir betrachten eine Funktion f(t), die für $t > 0$ differenzierbar und damit auch stetig sein soll, aber in $t = 0$ eine Sprungstelle haben darf (Bild 2/3), die z.B. durch einen Einschaltvorgang verursacht ist. Im Bild 2/3 ist

$$f(-0) = \lim_{\substack{t \to 0 \\ t < 0}} f(t)$$

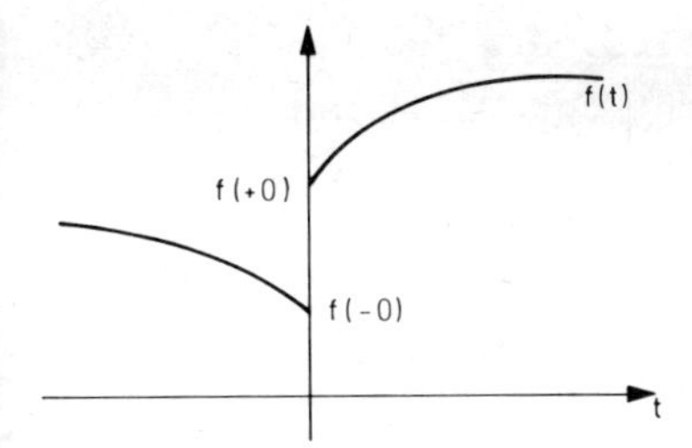

Bild 2/3 Sprungstelle in t = 0

der sogenannte <u>linksseitige Grenzwert</u> von f(t) in t = 0, der sich einstellt, wenn t von links gegen 0 strebt. Entsprechend ist

$$f(+0) = \lim_{\substack{t \to 0 \\ t > 0}} f(t)$$

der <u>rechtsseitige Grenzwert</u> von f(t) in t = 0, den man erhält, wenn t von rechts gegen 0 geht. Beispielsweise ist für den Einheitssprung (Bild 1/1)

$$\sigma(-0) = 0, \quad \sigma(+0) = 1 \; .$$

Es ist für die Berechnung dieser Grenzwerte gleichgültig, wie der Funktionswert f(0) von f(t) an der Stelle t = 0 erklärt ist oder ob er überhaupt erklärt ist. Falls die Funktion f(t) in t = 0 stetig ist, gilt $f(+0) = f(-0) = f(0)$. Bei vielen technischen Anwendungen ist $f(-0) = 0$; jedoch muß das nicht immer der Fall sein.

Nach dieser Vorbemerkung leiten wir die Differentiationsregel her, was ganz einfach dadurch geschieht, daß man das Laplace-Integral zu f'(t) berechnet, also

$$\mathcal{L}\{f'(t)\} = \int_0^{\infty} f'(t) e^{-st} dt \; .$$

Hier wird man partielle Integration anwenden, und zwar mit

$$u = e^{-st} \; , \quad dv = f'(t)dt \; , \quad \text{also}$$

$$du = -s\, e^{-st} dt, \quad v = f(t) \; :$$

$$\mathcal{L}\{f'(t)\} = \Big[e^{-st} f(t) \Big]_{t=0}^{t=+\infty} - \int_0^{\infty} f(t)(-se^{-st}) dt \; .$$

Für $t \to +\infty$ wird wegen des e-Faktors $e^{-st} f(t) \to 0$ gehen, wenn s in einer genügend weit rechts gelegenen s-Halbebene liegt und f(t) nicht zu stark anwächst. An der unteren Grenze $t = 0$ erhält man selbstverständlich $e^{-s \cdot 0} f(0) = f(0)$, sofern $f(t)$ stetig. Ist das nicht der Fall, hat man $f(+0)$ zu nehmen, also den rechtsseitigen Grenzwert, der $f(t)$ aus dem Inneren des Integrationsintervalls stetig nach $t = 0$ fortsetzt. Der Fall, daß $f(t)$ stetig in $t = 0$, ist hierin enthalten, da alsdann $f(+0) = f(0)$ gilt. Wir haben somit allgemein

$$\mathcal{L}\left\{f'(t)\right\} = 0 - f(+0) + s \int_0^\infty f(t) e^{-st} dt \quad \text{oder}$$

$$\mathcal{L}\left\{f'(t)\right\} = s\mathcal{L}\left\{f(t)\right\} - f(+0) \ . \qquad (2.7)$$

Damit ist die Bildfunktion zu $f'(t)$ berechnet, d.h. auf die Bildfunktion zu $f(t)$ zurückgeführt.[1)]

Für (2.7) können wir wegen $\mathcal{L}\left\{f(t)\right\} = F(s)$ auch schreiben

$$\mathcal{L}\left\{f'(t)\right\} = sF(s) - f(+0) \qquad (2.8)$$

oder auch

$$f'(t) \circ\!\!-\!\!\bullet \ s\mathcal{L}\left\{f(t)\right\} - f(+0) \ . \qquad (2.9)$$

Hiermit ist eine Eigenschaft der Laplace-Transformation hergeleitet, die zum ersten Mal zeigt, welche Vereinfachung der Rechnung die Laplace-Transformation bringen kann: Aus der komplizierten analytischen Operation des Differenzierens wird im Bildbereich die ganz elementare Operation der Multiplikation mit dem Faktor s. Der zusätzlich auftretende Anfangswert der Zeitfunktion, der im ersten Augenblick als Schönheitsfehler wirkt, wird sich bei der Lösung von Differentialgleichungen als sehr zweckmäßig erweisen.[2)]

Es ist nun ganz einfach, die Differentiationsregel auf höhere Ableitungen zu erweitern. Ersetzt man in (2.9) $f(t)$ durch $f'(t)$ und damit $f'(t)$ durch $f''(t)$, so wird daraus

---

1) Die exakte Voraussetzung für die Korrespondenz (2.7) lautet: $f(t)$ ist differenzierbar für $t > 0$ und $\mathcal{L}\{f'(t)\}$ existiert in einer rechten Halbebene. Entsprechendes gilt bei der Laplace-Transformation der höheren Ableitungen.

2) Ausdrücklich sei darauf hingewiesen, daß die Differentiationsregel nur dann gilt, wenn $f(t)$ im Bereich $t > 0$ keine Sprünge aufweist. Andernfalls ist nämlich die partielle Integration nicht in der obigen Weise durchführbar. Wir brauchen uns aber nicht um eine Verallgemeinerung zu bemühen, da später eine Regel angegeben wird, die den Fall einer für $t > 0$ unstetigen Funktion mitenthält.

$$f''(t) \circ\!\!-\!\!\bullet\; s\mathcal{L}\{f'(t)\} - f'(+0) \; .$$

Mit (2.8) folgt daraus

$$f''(t) \circ\!\!-\!\!\bullet\; s^2F(s) - sf(+0) - f'(+0) \; . \qquad (2.10)$$

Allgemein gilt

$$f^{(n)}(t) \circ\!\!-\!\!\bullet\; s^nF(s) - s^{n-1}f(+0) - s^{n-2}f'(+0) - \ldots - f^{(n-1)}(+0) \; . \qquad (2.11)$$

Wir sind nun bereits in der Lage, Differentialgleichungen mittels der Laplace-Transformation zu lösen. Das sei an einem einfachen Beispiel demonstriert, nämlich der Schaltung im Bild 2/4. Der Schalter wird zum Zeitpunkt $t = 0$ geschlossen, wodurch die konstante Spannung U_o aufgeschaltet wird. Eingangsgröße der Schaltung ist daher die Spannung

$$u(t) = U_o\sigma(t) \; .$$

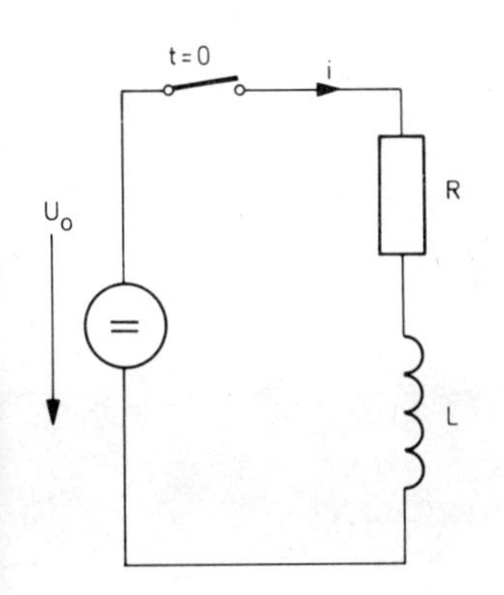

Bild 2/4 Einfaches Netzwerk

Gesucht ist der Stromverlauf $i(t)$. Nach der Maschenregel gilt die Differentialgleichung

$$u = Ri + Li' \qquad (2.12)$$

oder

$$Li' + Ri = U_o\sigma(t) \; .$$

Anwendung der Laplace-Transformation liefert

$$\mathcal{L}\{Li' + Ri\} = \mathcal{L}\{U_o\sigma(t)\} \; .$$

Wegen der Linearitätsregel (1.13) folgt daraus

$$L\,\mathcal{L}\{i'\} + R\mathcal{L}\{i\} = U_o\mathcal{L}\{\sigma(t)\} .$$

Benutzt man nun die Differentiationsregel (2.7) und schreibt $\mathcal{L}\{i\} = I(s)$, so erhält man

$$L[sI(s) - i(+0)] + RI(s) = U_o\mathcal{L}\{\sigma(t)\} . \qquad (2.13)$$

Man darf $i(+0) = 0$ annehmen, da in der Induktivität zunächst ein Feld aufgebaut wird und der Strom deshalb nicht sofort da sein kann. Berücksichtigt man noch die Korrespondenz (1.9), so wird aus (2.13)

$$LsI(s) + RI(s) = \frac{U_o}{s} .$$

Aus der Differentialgleichung wird somit durch die Laplace-Transformation eine erheblich einfachere Beziehung, nämlich eine algebraische Gleichung für $I(s)$. Löst man sie nach der Unbekannten $I(s)$ auf, so ergibt sich

$$I(s) = \frac{1}{Ls+R}\,\frac{U_o}{s} = \frac{U_o}{L}\,\frac{1}{s(s+\frac{R}{L})} . \qquad (2.14)$$

Nunmehr hat man die Rücktransformation vorzunehmen, d.h. die Originalfunktion aufzusuchen, welche zu der Bildfunktion (2.14) gehört. Hierzu zerlegt man die rationale Bildfunktion (2.14) in Partialbrüche und übersetzt diese einzeln in den Zeitbereich. Die Partialbruchzerlegung[1)] von (2.14) liefert, wie man in einem so einfachen Fall unmittelbar sehen kann:

$$I(s) = \frac{U_o}{L}\cdot\left[\frac{1}{s} - \frac{1}{s+\frac{R}{L}}\right]\frac{L}{R} = \frac{U_o}{R}\left[\frac{1}{s} - \frac{1}{s+\frac{R}{L}}\right].$$

Mit den Korrespondenzen

$$\frac{1}{s} \bullet\!\!-\!\!\circ\; 1 , \quad \frac{1}{s-\alpha} \bullet\!\!-\!\!\circ\; e^{\alpha t}$$

folgt beim Übergang in den Zeitbereich wegen $\alpha = -\frac{R}{L}$:

$$i(t) = \frac{U_o}{R}\left(1-e^{-\frac{R}{L}t}\right). \qquad (2.15)$$

Bild 2/5 zeigt diesen Einschaltvorgang des Stromes.

Selbstverständlich kann man die einfache Differentialgleichung (2.12) auch durch e-Ansatz lösen und braucht nicht die Laplace-Transformation zu be-

---

1) Allgemeine Behandlung der Partialbruchzerlegung in Abschnitt 2.5.

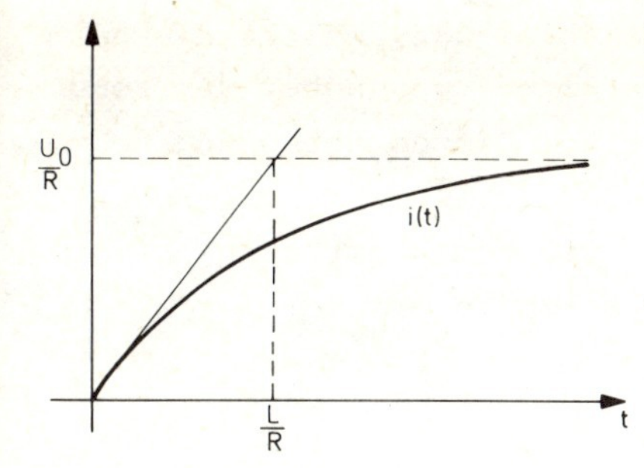

Bild 2/5 Stromverlauf zum Bild 2/4

nutzen. Hier kam es nur darauf an, das prinzipielle Vorgehen bei der Anwendung der Laplace-Transformation an einem einfachen Beispiel möglichst deutlich zu machen - ein Vorgehen, das auf Differentialgleichungen höherer Ordnung und Differentialgleichungssysteme ohne weiteres übertragen werden kann.

Ehe wir darauf eingehen, muß zuvor eine grundsätzliche Frage erörtert werden, nämlich nach der Art der Differentiation in einem technischen System.

2.3 Rechnen mit δ-Funktionen

Bei technischen Problemen, insbesondere der Elektrotechnik, spielen häufig Schaltvorgänge eine Rolle, bei denen Zeitfunktionen sprungartig geändert werden. So wird im Beispiel des letzten Abschnitts eine Sprungfunktion auf ein elektrisches Netzwerk geschaltet. Kommt eine solche unstetige Zeitfunktion auf ein differenzierendes technisches System, so steht man vor einer eigentümlichen Schwierigkeit. Beispiel eines solchen Systems ist der Operationsverstärker im Bild 2/2, wenn $R_1 = 0$ gesetzt wird. Dann ist der erste Term in der Differentialgleichung (2.5) Null, und aus ihr wird

$$u_a = -R_2C\,\frac{du_e}{dt}\ .$$

u_a ist also (bis auf den unwesentlichen Faktor $-R_2C$) die Ableitung von u_e.

Auf ein solches differenzierendes System werde nun der Einheitssprung $\sigma(t)$ (Bild 1/1) geschaltet. Im Sinne der konventionellen Analysis hat $\sigma(t)$ die Ableitung Null, mit Ausnahme der Stelle $t = 0$. Dort hat $\sigma(t)$ eine Sprungstelle und ist deshalb nicht differenzierbar. Was macht aber das differenzierende technische System, das ja in irgendeiner Weise auf den Einheitssprung reagieren muß?

Um das zu erkennen, gehen wir empirisch vor und betrachten die realen Verhältnisse etwas schärfer. Dann sehen wir, daß der im technischen System verwirklichte Einheitssprung von der idealen mathematischen Funktion insofern abweichen wird, als er in $t = 0$ nicht springt, sondern einen zwar sehr steilen, aber doch kontinuierlichen Übergang aufweist: Bild 2/6 deutet dies an und zeigt zugleich die hierdurch verursachte Ableitung, welche die Form eines hohen und schmalen Impulses hat, dessen Breite ε gegenüber dem sonstigen Zeitverhalten des Systems vernachlässigbar ist. Diesen hohen und schmalen Impuls wollen wir als δ-Funktion $\delta(t)$ bezeichnen (auch Diracsche δ-Funktion, δ-Impuls, δ-Stoß genannt). Auf die Gestalt im einzelnen kommt es nicht an. Wichtig ist nur, daß sich ein hoher und schmaler Impuls mit der Fläche 1 ergibt.

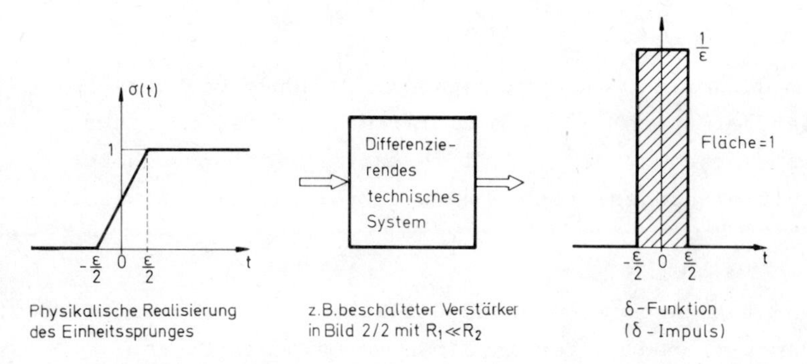

Bild 2/6 Differentiation des Einheitssprunges durch ein technisches System

Die beschriebene Einführung der δ-Funktion entspricht den Vorstellungen des Anwenders, kann aber natürlich keinerlei Anspruch auf Präzision erheben. Gleiches gilt für die späteren Ausführungen über das Rechnen mit δ-Funktionen. Es soll auch keine Scheinexaktheit vorgetäuscht werden, indem man etwa im Bild 2/6 $\varepsilon \rightarrow 0$ gehen läßt und dadurch zur "Definition"

$$\delta(t) = \begin{cases} \infty & \text{für } t = 0 \\ 0 & \text{für } t \neq 0 \end{cases}$$

gelangt, wie man sie manchmal findet. In Wahrheit existiert eine Grenzfunktion nicht, da ∞ keinen Zahlenwert darstellt. Man müßte dann schon Ernst machen und mit einer Folge von Zeitfunktionen arbeiten, die keine Grenzfunktion besitzt. Auf diese Weise kann man in der Tat zu einer exakten Theorie solcher verallgemeinerter Funktionen kommen. Sie gehört in den Rahmen der sogenannten Distributionentheorie. Der eben angedeutete Zugang zu ihr wird in dem Bändchen von DOBESCH-SULANKE [9] in dem Kapitel "Zeitdistributionen" beschrieben. Vor allem sei auf die "Anleitung zum praktischen Gebrauch der Laplace-Transformation und der Z-Transformation" von G. DOETSCH verwiesen, in der eine kurze, aber auch für den Ingenieur gut lesbare Einführung in die Distributionen gegeben wird [1]. Eine ebenfalls gut lesbare exakte Einführung in die Distributionen findet man bei M. THOMA [10].

Wir begnügen uns hier mit der naiven Auffassung der δ-Funktion als eines sehr hohen und schmalen Impulses der Fläche 1 und wollen damit jetzt das Rechnen mit δ-Funktionen verständlich machen.

Wir haben zwischen zwei Arten der Differentiation zu unterscheiden, nämlich

- der <u>gewöhnlichen Differentiation</u>, bei der man an Sprungstellen nicht differenzieren kann,
- und einer <u>verallgemeinerten Differentiation, wie sie ein differenzierendes technisches System ausführt</u> und bei der Sprungstellen Anlaß zur Entstehung von δ-Funktionen geben.

Da es sich um zwei verschiedene Operationen handelt, muß man sie mit verschiedenen Symbolen bezeichnen. Wir wollen im folgenden die gewöhnliche Differentiation durch einen ', die verallgemeinerte Differentiation durch einen ˙ kennzeichnen. In der Mathematik ist es üblich, die verallgemeinerte Differentiation durch das Symbol D zu charakterisieren (von "Derivierte = verallgemeinerte Ableitung"). Wir können also jetzt schreiben

$$\sigma'(t) = 0 \quad \text{für } t \neq 0, \tag{2.16}$$

$$\dot{\sigma}(t) = D\sigma(t) = \delta(t) \ . \tag{2.17}$$

Die Gleichung $\sigma'(t) = 0$ kann man auf <u>alle</u> t ausdehnen, wenn man festsetzt, daß an der Stelle $t = 0$, wo ja die gewöhnliche Ableitung nicht existiert, der linksseitige Grenzwert von $\sigma'(t)$ genommen wird.

Um zu sehen, wie eine beliebige Funktion $f(t)$ durch ein technisches System differenziert wird, denkt man sie sich in Sprungfunktionen und eine stetige Funktion zerlegt (Bild 2/7). τ_λ sind ihre Sprungstellen,

$$\Delta f_\lambda = f(\tau_\lambda+0)-f(\tau_\lambda-0)$$

die zugehörigen Sprunghöhen. Wie man aus diesem Bild abliest, kann man $f(t)$ als Summe einer stetigen Funktion $f_s(t)$ und von Sprungfunktionen darstellen:

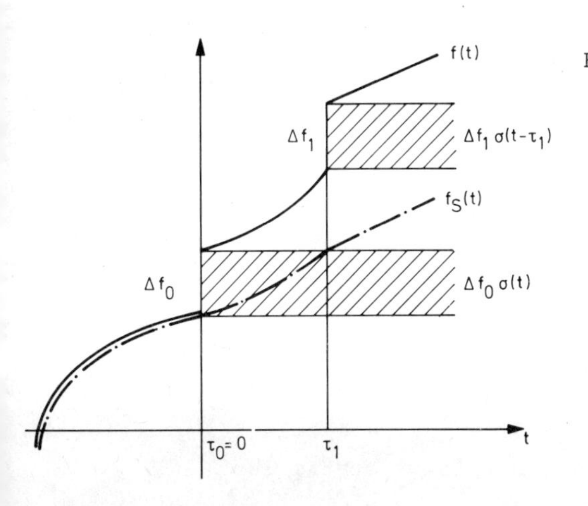

Bild 2/7 Zerlegung einer unstetigen Funktion

$$f(t) = f_s(t) + \sum_\lambda \Delta f_\lambda \sigma(t-\tau_\lambda).$$

Daraus folgt

$$\dot{f}(t) = \dot{f}_s(t) + \sum_\lambda \Delta f_\lambda \delta(t-\tau_\lambda) .$$

Da $f_s(t)$ stetig ist, stimmen gewöhnliche und verallgemeinerte Ableitung überein: $\dot{f}_s(t) = f_s'(t)$. Weiterhin ist die gewöhnliche Ableitung $f'(t)$ gleich $f_s'(t)$, da die beiden Funktionskurven $f(t)$ und $f_s(t)$ parallel sind. Damit ist:

$$\dot{f}(t) = f'(t) + \sum_\lambda \Delta f_\lambda \delta(t-\tau_\lambda) . \qquad (2.18)$$

An den Sprungstellen τ_λ existiert $f'(t)$ nicht. Das ist für das Folgende unwesentlich. Wenn man will, kann man $f'(t)$ dort durch den linksseitigen Grenzwert definieren.

Bild 2/8 zeigt als Beispiel die verallgemeinerte Differentiation einer Kippschwingung. Hier ist $\tau_\lambda = \lambda$, $\lambda = 1,2,\ldots$, und $f(\tau_\lambda+0)-f(\tau_\lambda-0) = 0-1 = -1$. Da $f'(t) = 1$, wird nach (2.18)

$$\dot{f}(t) = 1 - \sum_{\lambda=1}^{\infty} \delta(t-\lambda) .$$

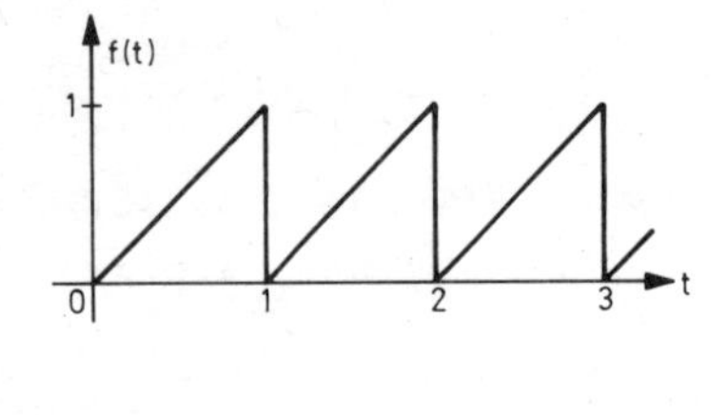

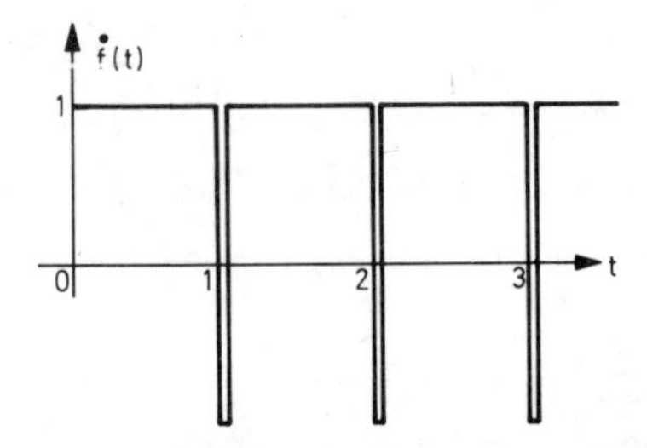

Bild 2/8 Verallgemeinerte Differentiation einer Kippschwingung (Fläche unter jeder δ-Funktion = 1)

Man kann sich den Verlauf von $\dot{f}(t)$ hier wie auch sonst ganz anschaulich entstanden denken, wenn man in $f(t)$ die Sprünge durch steile Übergänge ersetzt.

Wir interessieren uns in erster Linie dafür, wie die Differentiationsregel für die verallgemeinerte Differentiation lautet. Hierzu benötigen wir die Bildfunktion zur verschobenen δ-Funktion $\delta(t-t_0)$. Nach Bild 2/9 gilt für eine beliebige Funktion $f(t)$, wenn diese nur in t_0 stetig ist:

$$\int_a^b f(t)\delta(t-t_o)dt = \int_{t_o-\frac{\varepsilon}{2}}^{t_o+\frac{\varepsilon}{2}} f(t)\delta(t-t_o)dt = f(t_o)\int_{t_o-\frac{\varepsilon}{2}}^{t_o+\frac{\varepsilon}{2}} \delta(t-t_o)dt \; .$$

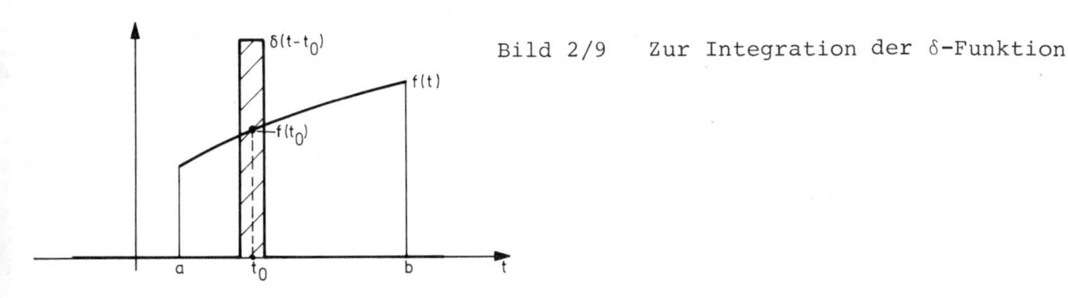

Bild 2/9 Zur Integration der δ-Funktion

Da die Fläche unter der δ-Funktion gleich 1 ist, hat man so die Beziehung

$$\int_a^b f(t)\delta(t-t_o)dt = f(t_o) \; , \tag{2.19}$$

sofern $a < t_o < b$ und $f(t)$ in t_o stetig.

Mit (2.19) wird

$$\mathcal{L}\left\{\delta(t-t_o)\right\} = \int_0^\infty \delta(t-t_o)e^{-st}dt = e^{-st_o} \; ,$$

da hier $f(t) = e^{-st}$ ist. Es gilt so die Korrespondenz

$$\delta(t-t_o) \circ\!\!-\!\!\bullet \; e^{-st_o} \; , \quad t_o > 0 \; . \tag{2.20}$$

Für $t_o \to 0$ folgt daraus

$$\delta(t) \circ\!\!-\!\!\bullet \; 1 \; . \tag{2.21}$$

Nun ist es möglich, die Differentiationsregel für die verallgemeinerte Differentiation herzuleiten, wobei wir einfachheitshalber voraussetzen wollen, daß $f(t)$ zwar in $t = 0$ einen Sprung haben darf, jedoch für $t > 0$ stetig sein soll. Nach (2.18) gilt dann

$$\dot{f}(t) = f'(t) + \Delta f_o\delta(t) = f'(t) + \left[f(+0)-f(-0)\right]\delta(t) \; , \text{ also}$$

$$\mathcal{L}\left\{\dot{f}(t)\right\} = \mathcal{L}\left\{f'(t)\right\} + \left[f(+0)-f(-0)\right]\mathcal{L}\left\{\delta(t)\right\} \; .$$

Nach (2.8) und (2.21) folgt daraus

$$\mathcal{L}\left\{\dot{f}(t)\right\} = sF(s) - f(+0) + [f(+0)-f(-0)]\cdot 1 \text{ , also}$$

$$Df(t) = \dot{f}(t) \circ\!\!-\!\!\bullet\ sF(s) - f(-0) \ . \qquad (2.22)$$

Diese Differentiationsregel stimmt mit der Regel (2.9) für die gewöhnliche Differentiation überein, nur daß an Stelle des rechtsseitigen Grenzwertes f(+0) jetzt der linksseitige Grenzwert oder "Vergangenheitswert" f(-0) steht.

Ausdrücklich sei bemerkt, daß die Differentiationsregel (2.22) für die verallgemeinerte Differentiation - im Unterschied zur Regel (2.9) für die gewöhnliche Differentiation - auch dann gilt, wenn f(t) für $t > 0$ Sprungstellen aufweist.

Was die Laplace-Transformation der höheren verallgemeinerten Ableitungen von f(t) betrifft, so ist sie genau wie bei der gewöhnlichen Differentiation zu bilden, nur mit den Anfangswerten bei -0:

$$D^2f(t) = \ddot{f}(t) \circ\!\!-\!\!\bullet\ s^2F(s) - sf(-0)-f'(-0) \qquad (2.23)$$

$$\vdots$$

$$D^nf(t) = \overset{(n)}{f}(t) \circ\!\!-\!\!\bullet\ s^nF(s) - s^{n-1}f(-0) - s^{n-2}f'(-0) -\ldots- f^{(n-1)}(-0) \ . \qquad (2.24)$$

Zu beachten ist, daß die Grenzwerte bei -0 mit den <u>gewöhnlichen</u> Ableitungen zu bilden sind. Die Formeln gelten auch dann, wenn f(t) samt seinen Ableitungen Sprünge für $t > 0$ aufweist.

Ein bei technischen Problemen häufig auftretender Sonderfall besteht darin, daß die Anfangswerte bei -0 sämtlich Null sind. Dann nimmt die Differentiationsregel für die verallgemeinerte Differentiation eine denkbar einfache Form an:

$$D^nf(t) = \overset{(n)}{f}(t) \circ\!\!-\!\!\bullet\ s^nF(s), \ n = 1,2,\ldots \qquad (2.25)$$

Zusammenfassend können wir feststellen, daß die Differentiationsregel (für die Originalfunktion) die Anfangswerte bei +0 enthält, wenn es sich um die gewöhnliche Differentiation handelt, hingegen die Anfangswerte bei -0, wenn sie sich auf die verallgemeinerte Differentiation bezieht. So geringfügig dieser Unterschied vielleicht scheinen mag, so wesentlich ist er für die Anwendung auf reale Probleme.

Daß zwei verschiedene Operationen im Zeitbereich, wie es die gewöhnliche und die verallgemeinerte Differentiation doch sind, auch verschiedene Operationen im Bildbereich ergeben können, ist nicht weiter verwunderlich. Schwierigkeiten können aber manchmal dadurch entstehen, daß in der technischen Literatur nicht klar gesagt wird, welche Art der Differentiation benutzt wird. Solange f(t) stetig (und genügend oft differenzierbar) ist, spielt das zwar keine Rolle. Aber, wie schon bemerkt, treten häufig Sprünge von f(t) (und seinen Ableitungen) auf, besonders bei t = 0, und zwar dadurch, daß zu diesem Zeitpunkt Schaltmaßnahmen durchgeführt werden.

Die Bezeichnungen D und ' sind in der mathematischen Literatur üblich, in der technischen aber selten. Unsere Bezeichnung $\dot{}$ und ' ist ebenfalls nicht allgemein gebräuchlich. Vielmehr wird normalerweise die Differentiation nach der Zeit unterschiedslos mit $\dot{}$ bezeichnet. In der Regel ist darunter in der Technik die verallgemeinerte Differentiation zu verstehen, ohne daß es besonders gesagt wird.

Bei der Anwendung der Laplace-Transformation macht sich der Unterschied nur in der Differentiationsregel, nicht aber in den später abzuleitenden Rechenregeln bemerkbar. Treten die Anfangswerte bei +0 auf, so benutzt der Autor die gewöhnliche Differentiation. Erscheinen aber die Anfangswerte bei -0, so wendet er die verallgemeinerte Differentiation an. Letztere Tatsache wird manchmal dadurch kenntlich gemacht, daß für die untere Grenze des Laplace-Integrals -0 oder 0^- geschrieben wird:

$$\mathcal{L}\left\{f(t)\right\} = \int_{0^-}^{\infty} f(t)e^{-st}dt \ .$$

Wir werden im folgenden stets die verallgemeinerte Differentiation benutzen, sofern nicht ausdrücklich etwas anderes gesagt ist. Die Beziehungen (2.23) bis (2.25) werden deshalb kurz als Differentiationsregel (für die Originalfunktion) bezeichnet, ohne daß der Zusatz "für die verallgemeinerte Differentiation" noch hinzugefügt wird.

2.4 Laplace-Transformation einer linearen Differentialgleichung n-ter Ordnung mit konstanten Koeffizienten

Nunmehr können wir zur Lösung von Differentialgleichungen mit der Laplace-Transformation zurückkehren. Das Prinzip des Lösungsverfahrens war schon am Schluß von Abschnitt 2.2 an Hand eines einfachen Beispiels beschrieben worden. Das Verfahren besteht aus vier Schritten:

(I) Transformation der Differentialgleichung in den Bildbereich mittels der Differentiationsregel.

(II) Auflösung der so entstandenen algebraischen Gleichung nach Y(s).

(III) Partialbruchzerlegung von Y(s).

(IV) Rücktransformation der einzelnen Partialbrüche in den Zeitbereich.

Diese vier Schritte sollen nacheinander für die Differentialgleichung n-ter Ordnung abgehandelt werden, die beiden ersten Schritte im vorliegenden Abschnitt, Schritt III und IV im Abschnitt 2.5 und 2.6. Anschließend werden Beispiele gerechnet.

Ausgangspunkt ist die Differentialgleichung (2.6), also

$$a_n \overset{(n)}{y}(t) + a_{n-1} \overset{(n-1)}{y}(t) + \ldots + a_1 \dot{y}(t) + a_o y(t) = b_o u(t) + b_1 \dot{u}(t) + \ldots + b_n \overset{(n)}{u}(t) \,. \tag{2.26}$$

Die Laplace-Transformation des linken Differentialausdrucks liefert nach der Differentiationsregel (2.24), wenn abkürzend

$y(-0) = y_o,\ y'(-0) = y'_o, \ldots, y^{(n-1)}(-0) = y_o^{(n-1)}$ gesetzt wird:

$$a_n\left[s^n Y(s) - s^{n-1} y_o - s^{n-2} y'_o - \ldots - s y_o^{(n-2)} - y_o^{(n-1)}\right] +$$

$$+ a_{n-1}\left[s^{n-1} Y(s) - s^{n-2} y_o - s^{n-3} y'_o - \ldots - y_o^{(n-2)}\right] +$$

$$\vdots$$

$$+ a_1\left[sY(s) - y_o\right] +$$

$$+ a_o Y(s) \quad =$$

$$= (a_n s^n + a_{n-1} s^{n-1} + \ldots + a_1 s + a_o) Y(s) -$$

$$- (a_n s^{n-1} + a_{n-1} s^{n-2} \ldots + a_1) y_o -$$

$$- (a_n s^{n-2} + \ldots + a_2) y'_o -$$

$$\vdots$$

$$- (a_n s + a_{n-1}) y_o^{(n-2)} -$$

$$- a_n\, y_o^{(n-1)} \,.$$

Da der Differentialausdruck auf der rechten Seite von (2.26) eine völlig entsprechende komplexe Funktion ergibt, wobei nur die a_ν durch die b_ν ersetzt sind, bringt die Auflösung der durch Laplace-Transformation entstandenen algebraischen Gleichung nach Y(s) das folgende Resultat:

$$Y(s) = \frac{b_n s^n + b_{n-1} s^{n-1} + \ldots + b_1 s + b_o}{a_n s^n + a_{n-1} s^{n-1} + \ldots + a_1 s + a_o} U(s) +$$

$$+ \frac{a_n s^{n-1}+\ldots+a_1}{a_n s^n+\ldots+a_1 s+a_o} y(-0) - \frac{b_n s^{n-1}+\ldots+b_1}{a_n s^n+\ldots+a_1 s+a_o} u(-0) +$$

$$+ \frac{a_n s^{n-2}+\ldots+a_2}{a_n s^n+\ldots+a_1 s+a_o} y'(-0) - \frac{b_n s^{n-2}+\ldots+b_2}{a_n s^n+\ldots+a_1 s+a_o} u'(-0) + \quad (2.27)$$

$$\vdots$$

$$+ \frac{a_n}{a_n s^n+\ldots+a_1 s+a_o} y^{(n-1)}(-0) - \frac{b_n}{a_n s^n+\ldots+a_1 s+a_o} u^{(n-1)}(-0) .$$

Abgekürzt kann man dafür schreiben:

$$Y(s) = G(s)U(s) +$$

$$+ G_{ao}(s)y(-0) - G_{bo}(s)u(-0) +$$

$$+ G_{a1}(s)y'(-0) - G_{b1}(s)u'(-0) +$$

$$\vdots$$

$$+ G_{a,n-1}(s)y^{(n-1)}(-0) - G_{b,n-1}(s)u^{(n-1)}(-0) , \quad (2.28)$$

wobei also insbesondere

$$G(s) = \frac{Z(s)}{N(s)} = \frac{b_n s^n+\ldots+b_1 s+b_o}{a_n s^n+\ldots+a_1 s+a_o} , \quad a_n \neq 0 , \quad \text{mindestens ein } b_\nu \neq 0. \quad (2.29)$$

Manchmal kann es angebracht sein, den Ausdruck für $Y(s)$ nicht wie in (2.27) nach den Anfangswerten, sondern nach den Zählerpotenzen s^ν zu ordnen. Dann erhält man statt (2.27):

$$Y(s) = G(s)U(s) +$$

$$+ \frac{s^{n-1}}{N(s)} [a_n y(-0) - b_n u(-0)] +$$

$$+ \frac{s^{n-2}}{N(s)} [a_n y'(-0) + a_{n-1} y(-0) - b_n u'(-0) - b_{n-1} u(-0)] + \quad (2.30)$$

$$\vdots$$

$$+ \frac{1}{N(s)} [a_n y^{(n-1)}(-0) +\ldots+ a_1 y(-0) - b_n u^{(n-1)}(-0) -\ldots- b_1 u(-0)] ,$$

wobei also

$$N(s) = a_n s^n + \ldots + a_1 s + a_o \ .$$

Welche Darstellung für Y(s) man auch nehmen mag, ob (2.27) oder (2.30), auf jeden Fall sind G(s) und die bei den Anfangswerten stehenden Ausdrücke rationale Funktionen von s.

Wir wollen vorläufig annehmen, daß auch U(s) eine rationale Funktion ist, was z.B. für $u = \sigma(t)$, $e^{\alpha t}$, t, sin ωt, cos ωt und - wie wir bald sehen werden - auch für beliebige Kombinationen dieser Eingangsgrößen zutrifft. Ist dies der Fall, so läuft die Rücktransformation von Y(s) auf die Rücktransformation rationaler Funktionen hinaus. Wie bereits im Beispiel des Abschnitts 2.2 angedeutet, zerlegt man hierzu die rationale Funktion in ihre Partialbrüche, wodurch man einfache komplexe Funktionen erhält, deren Originalfunktion man ohne Schwierigkeit angeben kann.

Um dieses Programm durchzuführen, ist es zunächst erforderlich, sich an die Eigenschaften der rationalen Funktion zu erinnern.

2.5 Erinnerung an die Partialbruchzerlegung rationaler Funktionen

Unter einer rationalen Funktion versteht man den Quotienten zweier Polynome von s:

$$R(s) = \frac{Z(s)}{N(s)} = \frac{b_o + b_1 s + \ldots + b_m s^m}{a_o + a_1 s + \ldots + a_n s^n} \, , \quad a_n \neq 0 \ .$$

In unserem Fall dürfen wir stets annehmen, daß die a_ν, b_ν reell sind und daß $m \leqq n$ ist.

Eine Stelle α der komplexen s-Ebene, an der $R(s) = \infty$ wird, heißt ein Pol von R(s). Beispiel:

$$R(s) = \frac{1}{s^2+1} = \frac{1}{(s-j)(s+j)}$$

hat die Pole $\alpha_{1,2} = \pm j$.

Wie man aus diesem Beispiel sieht, werden die Pole einer rationalen Funktion im allgemeinen mit den Nullstellen (oder Wurzeln) ihres Nenners zusammenfallen. Sie werden sich also als Nullstellen der sog. charakteristischen Gleichung

$$N(s) = 0$$

ergeben. Ausnahmefall: Das Zählerpolynom hat die gleiche Nullstelle, wodurch die Nullstelle des Nenners wegkompensiert werden kann. Beispiel:

$$R(s) = \frac{s+2}{s^3+4s^2+5s+2} = \frac{s+2}{(s+1)^2(s+2)} = \frac{1}{(s+1)^2} .$$

Hier ist also s = -2 zwar Nullstelle der charakteristischen Gleichung, aber kein Pol von R(s). Es kann also sein, daß eine Nullstelle der charakteristischen Gleichung kein Pol ist. Auf jeden Fall sind aber die Pole in den Nullstellen der charakteristischen Gleichung enthalten.

Tritt ein nichtreeller Pol $\alpha = \delta+j\omega$, $\omega \neq 0$, auf, so ist auch die konjugiert komplexe Zahl $\alpha = \delta-j\omega$ Pol von R(s). Das gleiche gilt übrigens auch für die Nullstellen von R(s). Zerlegt man Zähler- und Nennerpolynom der rationalen Funktion in Faktoren und kürzt eventuell auftretende gemeinsame Faktoren weg, so wird

$$R(s) = K \frac{(s-\beta_1)^{m_1}(s-\beta_2)^{m_2}\cdots}{(s-\alpha_1)^{n_1}(s-\alpha_2)^{n_2}\cdots} \qquad \text{mit } \alpha_\nu \neq \beta_\mu .$$

Die β_μ sind die Nullstellen, die α_ν die Pole von R(s). m_μ heißt die Ordnung der Nullstelle β_μ, n_ν die <u>Ordnung des Pols</u> α_ν. Beispiel:

$$\frac{s^2+2s+2}{s^4+14s^3+77s^2+200s+208} = \frac{[s-(-1+j)][s-(-1-j)]}{[s-(-3+2j)][s-(-3-2j)](s+4)^2} .$$

Hier hat man also die beiden konjugiert komplexen Nullstellen $-1\pm j$, beide von der Ordnung 1, was auch für die beiden konjugiert komplexen Pole $-3\pm 2j$ gilt, während der reelle Pol -4 die Ordnung 2 aufweist.

Hat R(s) nur <u>einfache Pole</u>, d.h. nur Pole der Ordnung 1, so ist

$$R(s) = \frac{Z(s)}{(s-\alpha_1)(s-\alpha_2)\dots(s-\alpha_n)} . \qquad (2.31)$$

In diesem Fall lautet die <u>Partialbruchzerlegung:</u>

$$R(s) = r_o + \frac{r_1}{s-\alpha_1} + \frac{r_2}{s-\alpha_2} + \dots + \frac{r_n}{s-\alpha_n} . \qquad (2.32)$$

Dabei ist

$$r_o = R(\infty), \qquad (2.33)$$

also speziell = 0, wenn der Zählergrad von R(s) kleiner als der Nennergrad ist.

Die anderen r_ν kann man in zweierlei Weise bestimmen:

a) Man multipliziert (2.32) mit dem Hauptnenner $(s-\alpha_1)(s-\alpha_2)\ \dots\ (s-\alpha_n)$ und ermittelt dann die r_i durch Einsetzen der speziellen s-Werte α_i.

Beispiel: $R(s) = \frac{1}{s^3+6s^2+11s+6}$.

Durch Aufstellen einer Wertetabelle sieht man, daß N(s) die Nullstellen

$\alpha_1 = -1,\ \alpha_2 = -2,\ \alpha_3 = -3$

hat, so daß

$$R(s) = \frac{1}{(s+1)(s+2)(s+3)}$$

gilt. Daher ist

$$\frac{1}{(s+1)(s+2)(s+3)} = \frac{r_1}{s+1} + \frac{r_2}{s+2} + \frac{r_3}{s+3} \quad \text{oder}$$

$$1 = r_1(s+2)(s+3)+r_2(s+1)(s+3)+r_3(s+1)(s+2)\ .$$

Daraus folgt für

$s = -1:\quad 1 = r_1.1.2,$ also $r_1 = \frac{1}{2}$;

$s = -2:\quad 1 = r_2(-1).1,$ also $r_2 = -1$;

$s = -3:\quad 1 = r_3(-2)(-1),$ also $r_3 = \frac{1}{2}$.

Somit ist

$$R(s) = \frac{1}{2}\frac{1}{s+1} - \frac{1}{s+2} + \frac{1}{2}\frac{1}{s+3}\ .$$

b) Einfacher erhält man die r_i aus der Formel

$$r_\nu = \left[R(s)(s-\alpha_\nu)\right]_{s=\alpha_\nu}\ . \tag{2.34}$$

Sie folgt aus (2.32), wenn man dort mit $s - \alpha_\nu$ multipliziert und dann $s = \alpha_\nu$ setzt. Im obigen Beispiel ist

$$r_1 = \left[\frac{1}{(s+2)(s+3)}\right]_{s=-1} = \frac{1}{2} ,$$

$$r_2 = \left[\frac{1}{(s+1)(s+3)}\right]_{s=-2} = -1 ,$$

$$r_3 = \left[\frac{1}{(s+1)(s+2)}\right]_{s=-3} = \frac{1}{2} .$$

Aus (2.34) kann man eine weitere Formel für r_ν herleiten, die zwar für den konkreten Fall zu umständlich, wohl aber für allgemeine Untersuchungen von Nutzen ist. Dazu schreibt man (2.34) in der Form

$$r_i = \lim_{s \to \alpha_i} \frac{Z(s)}{N(s)} (s-\alpha_i) .$$

Da $N(\alpha_i) = 0$ ist, kann man hierfür weiter schreiben

$$r_i = \lim_{s \to \alpha_i} \frac{Z(s)}{N(s)-N(\alpha_i)} (s-\alpha_i) = \lim_{s \to \alpha_i} \frac{Z(s)}{\frac{N(s)-N(\alpha_i)}{s-\alpha_i}} .$$

Daher ist

$$r_i = \frac{Z(\alpha_i)}{N'(\alpha_i)} , \quad i = 1,\ldots,n. \tag{2.35}$$

Ist α_1 ein <u>k-facher Pol</u> und sind die restlichen Pole einfach, so gilt die Partialbruchzerlegung

$$R(s) = r_o + \frac{r_1}{s-\alpha_1} + \ldots + \frac{r_k}{(s-\alpha_1)^k} + \sum_{\nu=k+1}^{n} \frac{r_\nu}{s-\alpha_\nu} , \quad r_k \neq 0 .$$

Hier gibt es wiederum wie bei einfachen Polen zwei Möglichkeiten zur Ermittlung der r_i:

a) Multipliziert man mit $(s-\alpha_1)^k$, so wird

$$R(s)(s-\alpha_1)^k = r_k + r_{k-1}(s-\alpha_1) + \ldots + r_1(s-\alpha_1)^{k-1} + (s-\alpha_1)^k \left[r_o + \sum_{\nu=k+1}^{n} \frac{r_\nu}{s-\alpha_\nu}\right] .$$

Die rechte Seite kann man als Taylor-Entwicklung von $R(s)(s-\alpha_1)^k$ um $s = \alpha_1$ auffassen. Nach der allgemeinen Formel für die Taylorkoeffizienten ist dann

$$\left.\begin{aligned}
r_k &= [R(s)(s-\alpha_1)^k]_{s=\alpha_1} ,\\
r_{k-1} &= [\frac{d}{ds}(R(s)(s-\alpha_1)^k)]_{s=\alpha_1} ,\\
&\vdots\\
r_1 &= \frac{1}{(k-1)!}[\frac{d^{k-1}}{ds^{k-1}}(R(s)(s-\alpha_1)^k)]_{s=\alpha_1} .
\end{aligned}\right\} \quad (2.36)$$

Die Koeffizienten r_o und $r_{k+1},\ldots,r_n$ sind in der bisherigen Weise zu bestimmen. Bei mehreren mehrfachen Polen gilt für jeden von ihnen der Formelsatz (2.36). Für k = 1 erhält man daraus den Ausdruck (2.34) für den einfachen Pol. Beispiel:

$$R(s) = \frac{1}{s^3+4s^2+5s+2} = \frac{1}{(s+1)^2(s+2)} = \frac{r_1}{s+1} + \frac{r_2}{(s+1)^2} + \frac{r_3}{s+2} ;$$

$$r_3 = [\frac{1}{(s+1)^2}]_{s=-2} = 1 ,$$

$$r_2 = [\frac{1}{s+2}]_{s=-1} = 1 ,$$

$$r_1 = [\frac{d}{ds}\frac{1}{s+2}]_{s=-1} = [-\frac{1}{(s+2)^2}]_{s=-1} = -1 .$$

Also ist

$$\frac{1}{(s+1)^2(s+2)} = -\frac{1}{s+1} + \frac{1}{(s+1)^2} + \frac{1}{s+2} . \quad (2.37)$$

b) Auch bei mehrfachen Polen kann man mit dem Hauptnenner multiplizieren und die r_i dann durch Einsetzen spezieller s-Werte bestimmen. Das Verfahren wird aber jetzt umständlicher, da man durch Einsetzen von $s = \alpha_i$ nicht genug Gleichungen zur Bestimmung der r_i erhält und noch weitere, beliebig zu wählende s-Werte einsetzen muß.

Im obigen Beispiel ist zunächst

$$1 = r_1(s+1)(s+2) + r_2(s+2) + r_3(s+1)^2 .$$

Daraus folgt für

$s = -1$: $1 = r_2 \cdot 1$, also $\quad r_2 = 1$;

$s = -2$: $1 = r_3(-1)^2$, also $r_3 = 1$.

Damit hat man die Gleichung

$$1 = r_1(s+1)(s+2) + (s+2) + (s+1)^2 \ .$$

Setzt man jetzt etwa $s = 0$ ein, so wird $1 = r_1 \cdot 2 + 2 + 1$, so daß $r_1 = -1$.

Der unangenehmste Teil der Partialbruchzerlegung ist die Ermittlung der Pole, also der Nullstellen des Nenners. Da dies auf die Lösung einer algebraischen Gleichung meist höheren Grades führt, ist im allgemeinen nur eine numerische Bestimmung der α_ν möglich. Sind sie bekannt, so erfolgt die Berechnung der Koeffizienten r_ν der Partialbruchzerlegung schematisch in der angegebenen Weise.

2.6 Rücktransformation der Partialbrüche mittels Integrations- und Dämpfungsregel der Laplace-Transformation

Wenn wir das Ergebnis der beiden letzten Abschnitte zusammenfassen, stellen wir fest, daß die Lösung Y(s) der transformierten Differentialgleichung als Linearkombination von Partialbrüchen dargestellt werden kann. Diese sind vom Typ

$$\frac{1}{(s-\alpha)^k}, \quad k = 1,2,\ldots \ . \tag{2.38}$$

Daher ist die Lösung y(t) der Differentialgleichung bekannt, wenn man die Originalfunktion zu (2.38) angeben kann. Sie soll nun in zwei Schritten ermittelt werden, wobei sich zwei allgemeine Rechenregeln der Laplace-Transformation mitergeben.

Im ersten Schritt betrachten wir die komplexe Funktion

$$\frac{1}{s^k}, \quad k = 1,2,3,\ldots \tag{2.39}$$

und fragen nach ihrer Originalfunktion. Bekannt ist uns schon die Korrespondenz

$$\frac{1}{s} \bullet\!\!-\!\!\circ \ 1 \ .$$

Dividiert man auf der linken Seite sukzessive durch s, so erhält man die Bildfunktionen

$$\frac{1}{s^2}, \frac{1}{s^3}, \ldots \ .$$

Man gelangt so zu der allgemeinen Fragestellung: Was bedeutet Division durch s im Zeitbereich? Nun ist uns bekannt, daß Multiplikation mit s der Differentiation entspricht. Da liegt die Vermutung nahe, daß die inverse Operation des Dividierens durch s auch im Zeitbereich der inversen Operation zum Differenzieren entspricht, also der Integration von 0 bis t. Wir kommen so zu der Vermutung:

$$\frac{F(s)}{s} \bullet\!\!-\!\!\circ \int_0^t f(\tau)d\tau \ .$$

Um sie zu überprüfen, berechnen wir einfach das Laplace-Integral der rechts stehenden Zeitfunktion:

$$\mathcal{L}\left\{\int_0^t f(\tau)d\tau\right\} = \int_0^\infty \int_0^t f(\tau)d\tau \cdot e^{-st}dt \ .$$

Um das innere Integral zu beseitigen, wird man partielle Integration anwenden, und zwar mit

$$u = \int_0^t f(\tau)d\tau, \quad dv = e^{-st}dt \ , \quad \text{also}$$

$$du = f(t)dt \ , \quad v = -\frac{1}{s}e^{-st}:$$

$$\mathcal{L}\left\{\int_0^t f(\tau)d\tau\right\} = \left[\int_0^t f(\tau)d\tau \cdot \left(-\frac{1}{s}e^{-st}\right)\right]_{t=0}^{t=+\infty} - \int_0^\infty \left(-\frac{1}{s}\right)e^{-st}f(t)dt \ .$$

Für t = 0 wird der integralfreie Term Null, und wir dürfen wiederum annehmen, daß er auch für $t \to +\infty$ verschwindet.[1] Damit bleibt

$$\mathcal{L}\left\{\int_0^t f(\tau)d\tau\right\} = \frac{1}{s}\int_0^\infty f(t)e^{-st}dt \ .$$

Es gilt daher in der Tat

$$\frac{1}{s}F(s) \bullet\!\!-\!\!\circ \int_0^t f(\tau)d\tau \ . \qquad (2.40)$$

1) Das ist sicher der Fall, wenn $\mathcal{L}\{f(t)\}$ existiert.

Dies ist die Integrationsregel der Laplace-Transformation. Anfangswerte spielen in ihr keine Rolle.

Mit ihrer Hilfe können wir nun ohne Schwierigkeit die Originalfunktion zu (2.39) finden. Aus

$$\frac{1}{s} \bullet\!\!-\!\!\circ\; 1$$

folgt mit (2.40):

$$\frac{1}{s} \cdot \frac{1}{s} \bullet\!\!-\!\!\circ \int_0^t 1 \cdot d\tau, \text{ also } \frac{1}{s^2} \bullet\!\!-\!\!\circ\; t\ .$$

Daraus wiederum mit (2.40):

$$\frac{1}{s} \cdot \frac{1}{s^2} \bullet\!\!-\!\!\circ \int_0^t \tau d\tau, \text{ also } \frac{1}{s^3} \bullet\!\!-\!\!\circ \frac{1}{2}\, t^2\ .$$

So fortfahrend findet man allgemein

$$\frac{1}{s^k} \bullet\!\!-\!\!\circ \frac{t^{k-1}}{(k-1)!}\ , \quad k = 1,2,\ldots\ . \tag{2.41}$$

Im zweiten Schritt soll hieraus die Originalfunktion zu (2.38) berechnet werden. Dazu hat man die Frage zu beantworten, was der Übergang von s zu s-α (Verschiebung der komplexen Variablen) im Zeitbereich bedeutet. Um die Antwort zu finden, liegt es nahe, von den bereits bekannten Korrespondenzen

$$\frac{1}{s} \bullet\!\!-\!\!\circ\; 1 \quad \text{und} \quad \frac{1}{s-\alpha} \bullet\!\!-\!\!\circ\; 1 \cdot e^{\alpha t}$$

auszugehen. Hier bedeutet die Ersetzung von s durch s-α die Multiplikation mit $e^{\alpha t}$. Man kann vermuten, daß dies allgemein gilt:

Aus $F(s) \bullet\!\!-\!\!\circ f(t)$ folgt $F(s-\alpha) \bullet\!\!-\!\!\circ f(t)e^{\alpha t}$.

Den Nachweis kann man wiederum durch Berechnung des Laplace-Integrals von $f(t)e^{\alpha t}$ führen:

$$\mathcal{L}\left\{f(t)e^{\alpha t}\right\} = \int_0^\infty f(t)e^{\alpha t} \cdot e^{-st} dt = \int_0^\infty f(t)e^{-(s-\alpha)t} dt\ .$$

Das ist aber das Laplace-Integral zu f(t), nur daß $s-\alpha$ anstelle von s steht. Deshalb ist dieses Integral gleich $F(s-\alpha)$. Es ist so gezeigt, daß gilt:

$$F(s-\alpha) \bullet\!\!-\!\!\circ\ f(t)e^{\alpha t}, \quad \alpha \text{ beliebig komplex.} \tag{2.42}$$

Man spricht von der Dämpfungsregel der Laplace-Transformation, weil die Zeitfunktion f(t) mit dem Faktor $e^{\alpha t}$ multipliziert wird, der eine Dämpfung des Zeitvorganges f(t) bewirkt, wenn α speziell eine negative reelle Zahl ist. Das braucht aber nicht der Fall zu sein, vielmehr darf α - wie aus der Herleitung der Regel hervorgeht - eine beliebige komplexe Zahl sein.

Geht man speziell von der Korrespondenz

$$F(s) = \frac{1}{s^k} \bullet\!\!-\!\!\circ\ \frac{t^{k-1}}{(k-1)!} = f(t)$$

aus, so folgt nach (2.42)

$$\frac{1}{(s-\alpha)^k} \bullet\!\!-\!\!\circ\ \frac{t^{k-1}}{(k-1)!}\, e^{\alpha t}, \quad k = 1,2,\ldots\ . \tag{2.43}$$

Mit (2.43) ist die zu Beginn dieses Abschnittes gestellte Aufgabe gelöst. Wir sind in der Lage, jeden Partialbruch, also auch jede bei der Laplace-Transformation einer Differentialgleichung auftretende rationale Funktion, in den Zeitbereich zu übersetzen. Damit ist die Lösung der Differentialgleichung n-ter Ordnung vollständig durchführbar: Man geht von Y(s), etwa in der Form (2.27), aus, zerlegt alle darin auftretenden rationalen Funktionen in Partialbrüche und übersetzt diese mittels (2.43) in den Zeitbereich. Dann hat man die Ausgangsgröße y(t) der Differentialgleichung, und zwar in Abhängigkeit von den Anfangsbedingungen bei -0.

Diese Vorgehensweise soll in den folgenden Abschnitten 2.7 bis 2.10 an mehreren Beispielen ausgeführt werden.

2.7 Lösung einer Differentialgleichung 3. Ordnung

$$\dddot{y} + 4\ddot{y} + 5\dot{y} + 2y = u; \tag{2.44}$$

$u = t$ (Rampenfunktion);

$y(-0) = y_0,\ y'(-0) = y_0',\ y''(-0) = y_0''$ beliebig.

1. Schritt: Laplace-Transformation der Differentialgleichung.

$$s^3Y - y_0s^2 - y_0's - y_0'' + 4(s^2Y - y_0s - y_0') + 5(sY - y_0) + 2Y = U\ .$$

Wegen (2.41) gilt $t \circ\!\!-\!\!\bullet \frac{1}{s^2}$. Daher ist

$$Y(s) = \frac{1}{s^3+4s^2+5s+2} \cdot \frac{1}{s^2} + y_o \frac{s^2+4s+5}{s^3+4s^2+5s+2} + \tag{2.45}$$

$$+ y_o' \frac{s+4}{s^3+4s^2+5s+2} + y_o'' \frac{1}{s^3+4s^2+5s+2} .$$

2. Schritt: Partialbruchzerlegung der einzelnen rationalen Funktionen.

Die Nullstellen des Nenners sind hier leicht zu ermitteln. Durch Einsetzen spezieller Werte für s sieht man, daß

$$s^3 + 4s^2 + 5s + 2 = 0$$

die Nullstellen $\alpha_{1,2} = -1$, $\alpha_2 = -2$ hat, so daß also

$$s^3 + 4s^2 + 5s + 2 = (s+1)^2(s+2)$$

ist.

Damit erhält man für die erste rationale Funktion in Y(s)

$$\frac{1}{s^2(s+1)^2(s+2)} = \frac{r_1}{s} + \frac{r_2}{s^2} + \frac{r_3}{s+1} + \frac{r_4}{(s+1)^2} + \frac{r_5}{s+2} .$$

Mit (2.36) folgt für die r_ν:

$$r_1 = \left[\frac{d}{ds} \frac{1}{(s+1)^2(s+2)}\right]_{s=0} = \left[-\frac{3s^2+8s+5}{(s^3+4s^2+5s+2)^2}\right]_{s=0} = -\frac{5}{4} ,$$

$$r_2 = \left[\frac{1}{(s+1)^2(s+2)}\right]_{s=0} = \frac{1}{2} ,$$

$$r_3 = \left[\frac{d}{ds} \frac{1}{s^2(s+2)}\right]_{s=-1} = \left[-\frac{3s^2+4s}{(s^3+2s^2)^2}\right]_{s=-1} = 1 ,$$

$$r_4 = \left[\frac{1}{s^2(s+2)}\right]_{s=-1} = 1 ,$$

$$r_5 = \left[\frac{1}{s^2(s+1)^2}\right]_{s=-2} = \frac{1}{4} .$$

Daher ist

$$\frac{1}{s^3+4s^2+5s+2}\,\frac{1}{s^2} = -\frac{5}{4s} + \frac{1}{2s^2} + \frac{1}{s+1} + \frac{1}{(s+1)^2} + \frac{1}{4(s+2)} .$$

Ganz entsprechend zerlegt man die weiteren rationalen Funktionen aus (2.45) in Partialbrüche, wobei man bei der zweiten und dritten Funktion die Koeffizienten r_ν durch Einsetzen spezieller s-Werte bestimmen kann, da hier die Differentiation nach s etwas umständlicher wird. Man erhält so

$$\begin{aligned} Y(s) = &-\frac{5}{4s} + \frac{1}{2s^2} + \frac{1}{s+1} + \frac{1}{(s+1)^2} + \frac{1}{4(s+2)} + \\ &+ y_o\left[\frac{2}{(s+1)^2} + \frac{1}{s+2}\right] + \\ &+ y_o'\left[-\frac{2}{s+1} + \frac{3}{(s+1)^2} + \frac{2}{s+2}\right] + \\ &+ y_o''\left[-\frac{1}{s+1} + \frac{1}{(s+1)^2} + \frac{1}{s+2}\right] . \end{aligned} \tag{2.46}$$

3. Schritt: Rücktransformation der einzelnen Partialbrüche.

Sie erfolgt über die Korrespondenz (2.43) (die (2.41) als Spezialfall für $\alpha = 0$ enthält). Hier ist:

$$\begin{aligned} y(t) = &-\frac{5}{4}\cdot 1 + \frac{1}{2}\,t + e^{-t} + \frac{1}{4}\,e^{-2t} + te^{-t} + \\ &+ y_o(2te^{-t} + e^{-2t}) + \\ &+ y_o'(-2e^{-t} + 3te^{-t} + 2e^{-2t}) + \\ &+ y_o''(-e^{-t} + te^{-t} + e^{-2t}) \end{aligned}$$

oder

$$\begin{aligned} y(t) = &\frac{1}{2}(t - \frac{5}{2}) + (t + 1)e^{-t} + \frac{1}{4}\,e^{-2t} + \\ &+ [2te^{-t} + e^{-2t}]y(-0) + \\ &+ [(3t-2)e^{-t} + 2e^{-2t}]y'(-0) + \\ &+ [(t-1)e^{-t} + e^{-2t}]y''(-0) . \end{aligned} \tag{2.47}$$

Dies ist die allgemeine Lösung der Differentialgleichung (2.44). Die ersten Terme werden durch die Eingangsgröße $u = t$ verursacht, die weiteren durch die Anfangsbedingungen. Mit wachsendem t streben sämtliche Summanden gegen 0 mit Ausnahme des ersten. Für große t ist praktisch

$$y = \frac{1}{2}(t - \frac{5}{2}) \ .$$

2.8 Sprungantwort einer Differentialgleichung n-ter Ordnung bei einfachen und von Null verschiedenen Polen

Unter der Sprungantwort $h(t)$ der Differentialgleichung (2.6) versteht man die Lösung der Differentialgleichung, die man bei Aufschalten des Einheitssprunges $u = \sigma(t)$ erhält, wenn alle Anfangswerte $y(-0)$, $y'(-0), \ldots,$ $y^{(n-1)}(-0)$ Null sind. Da $U(s) = 1/s$, folgt aus (2.28) mit $H(s)$ ●—○ $h(t)$:

$$H(s) = G(s)\,\frac{1}{s} = \frac{b_n s^n + \ldots + b_1 s + b_o}{a_n s^n + \ldots + a_1 s + a_o}\,\frac{1}{s} \ . \tag{2.48}$$

Falls die Pole α_i von $G(s)$ einfach und $\neq 0$ sind, hat auch $H(s)$ nur einfache Pole, und zwar $0, \alpha_1, \ldots, \alpha_n$. Daher ist

$$H(s) = \frac{r_o}{s} + \frac{r_1}{s-\alpha_1} + \ldots + \frac{r_n}{s-\alpha_n} \tag{2.49}$$

und damit

$$h(t) = r_o + r_1 e^{\alpha_1 t} + \ldots + r_n e^{\alpha_n t} \ . \tag{2.50}$$

Dabei ist nach (2.49)

$$r_o = [s\ H(s)]_{s=0} \ ,$$

also wegen (2.48)

$$r_o = G(0) = \frac{b_o}{a_o} \ . \tag{2.51}$$

Die anderen r_ν sind gemäß (2.34) oder (2.35) bekannt.

Ist α ein reeller Pol, also $\alpha = \delta$, so ist auch r reell, und der Term $re^{\delta t}$ beschreibt etwa für $r > 0$ einen Zeitvorgang, der monoton fällt, konstant bleibt oder monoton steigt, je nachdem $\delta < 0$, $= 0$ oder > 0 ist, je nachdem also der Pol α links, auf oder rechts der j-Achse der s-Ebene liegt: Bild 2/10.

Ist ein Pol $\alpha = \delta + j\omega$ nichtreell, also $\omega \neq 0$, so ist die konjugiert komplexe Zahl $\bar{\alpha} = \delta - j\omega$ ebenfalls Pol von $G(s)$. Dann sind auch die zugehörigen

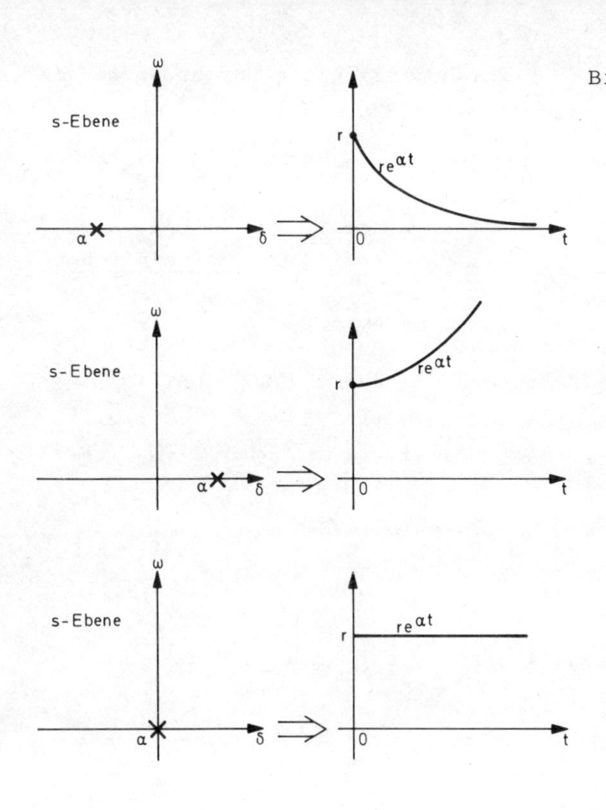

Bild 2/10 Zusammenhang zwischen der Lage eines reellen Poles in der komplexen Ebene und dem zugehörigen Zeitvorgang (falls $r > 0$)

Koeffizienten $r = a+jb$ und $\bar{r} = a-jb$, $b > 0$, konjugiert komplex. Das folgt aus (2.35), weil die Bildung der konjugiert komplexen Zahl und die Bildung einer rationalen Funktion mit reellen Koeffizienten vertauschbar sind. Wie für jede komplexe Zahl gilt auch für r die Darstellung

$$r = |r|e^{j\underline{/r}}.$$

Entsprechend ist

$$\bar{r} = |r|e^{-j\underline{/r}} \text{ (Bild 2.11).}$$

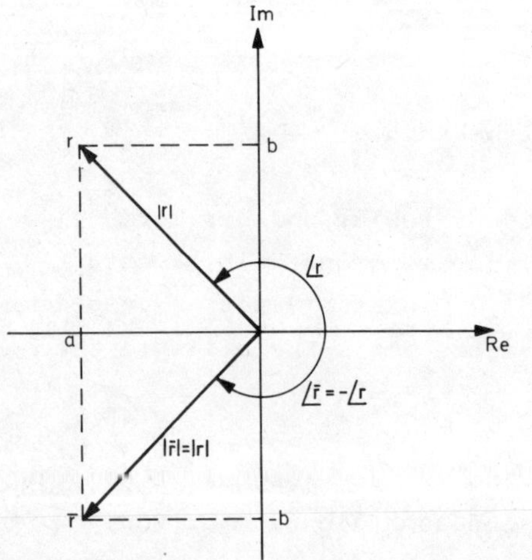

Bild 2/11 Koeffizienten der Partialbruchentwicklung in der komplexen Ebene

Damit ist

$$r\,e^{\alpha t} + \bar{r}\,e^{\bar{\alpha} t} = |r|e^{j\underline{/r}}\,e^{(\delta+j\omega)t} + |r|e^{-j\underline{/r}}\,e^{(\delta-j\omega)t} =$$

$$= |r|e^{\delta t}\left[e^{j(\omega t+\underline{/r})} + e^{-j(\omega t+\underline{/r})}\right] .$$

Setzt man $\omega t + \underline{/r} = \varphi$, so folgt hieraus wegen

$$\cos\varphi = \frac{1}{2}\,(e^{j\varphi}+e^{-j\varphi})$$

die Beziehung

$$r\,e^{\alpha t} + \bar{r}\,e^{\bar{\alpha} t} = |r|e^{\delta t}\cdot 2\cos\varphi = 2|r|e^{\delta t}\cos(\omega t+\underline{/r}) . \tag{2.52}$$

Zu einem konjugiert komplexen Polpaar α, $\bar{\alpha}$ gehört also eine Schwingung mit der Kreisfrequenz

$$\omega = \mathrm{Jm}\,\alpha$$

und dem "Amplitudenfaktor"

$$2|r|e^{\delta t} = 2|r|e^{t\,\mathrm{Re}\,\alpha} .$$

Sie klingt ab, ist stationär oder klingt auf, je nachdem α links, auf oder rechts der j-Achse liegt: Bild 2/12.

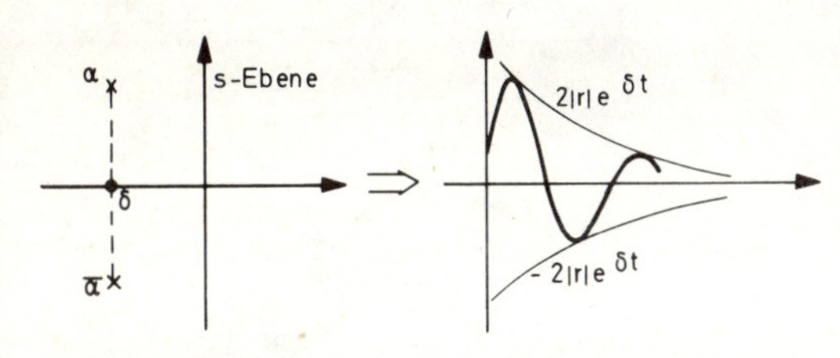

Bild 2/12
Zusammenhang zwischen der Lage eines konjugiert komplexen Polpaares und dem zugehörigen Zeitvorgang

a) Re $\alpha < 0$: Abklingende Schwingung

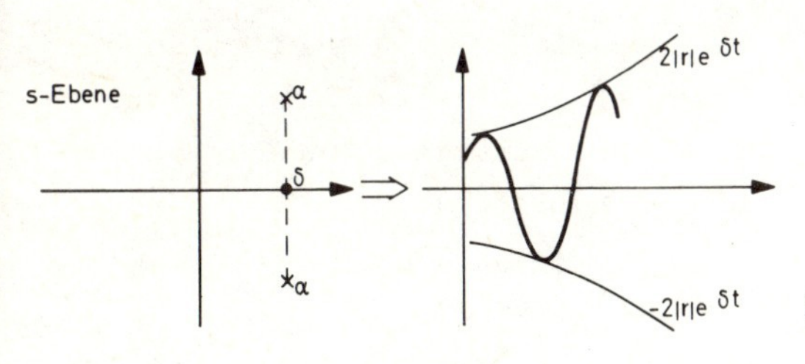

b) Re $\alpha > 0$: Aufklingende Schwingung

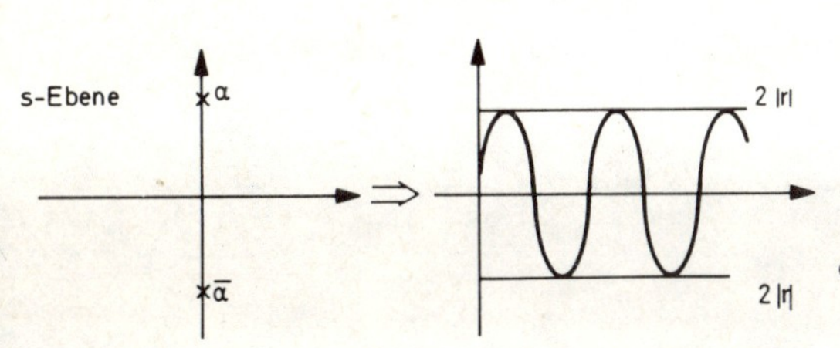

c) Re $\alpha = 0$: Harmonische Schwingung

Es muß betont werden, daß der zu einem reellen Pol α oder einem konjugiert komplexen Polpaar α, $\bar{\alpha}$ gehörende Teilvorgang der gesamten Zeitfunktion h(t) keineswegs von den anderen Polen unabhängig ist, vielmehr über den Koeffizienten r von ihnen abhängt. Auf Grund von (2.35) kann man diese Abhängigkeit genau angeben. Aus

$N(s) = a_n(s-\alpha_1)(s-\alpha_2)\ldots(s-\alpha_n)$ folgt

$$\begin{aligned} N'(s) = {} & a_n(s-\alpha_2)(s-\alpha_3)\ldots(s-\alpha_n) + \\ & + a_n(s-\alpha_1)(s-\alpha_3)\ldots(s-\alpha_n) + \\ & \vdots \\ & + a_n(s-\alpha_1)(s-\alpha_2)\ldots(s-\alpha_{n-1}) . \end{aligned}$$

Daher ist

$N'(\alpha_i) = a_n(\alpha_i-\alpha_1)\ldots(\alpha_i-\alpha_{i-1})(\alpha_i-\alpha_{i+1})\ldots(\alpha_i-\alpha_n)$ oder kurz

$$N'(\alpha_i) = a_n \prod_{\substack{\nu=1 \\ \nu \neq i}}^{n} (\alpha_i-\alpha_\nu), \quad i = 1,2,\ldots,n.$$

Aus (2.35) folgt damit

$$r_i = \frac{b_m}{a_n} \frac{\prod\limits_{\nu=1}^{m} (\alpha_i-\beta_\nu)}{\prod\limits_{\substack{\nu=1 \\ \nu \neq i}}^{n} (\alpha_i-\alpha_\nu)}, \quad i = 1,\ldots,n, \qquad (2.53)$$

wobei β_i die Nullstellen von G(s) sind (bei mehrfachen Nullstellen so oft als Faktor geschrieben, wie die Ordnung angibt) und b_m der höchste Zählerkoeffizient $\neq 0$ ist. Hieraus ersieht man, wie r_i außer vom zugehörigen Pol α_i auch von den anderen Polen α_ν (und den Nullstellen β_ν) von G(s) abhängt.

Zusammenfassend erhält man aus (2.50) für die Sprungantwort der Differentialgleichung (2.6), sofern die Pole von G(s) einfach und $\neq 0$ sind:

$$h(t) = G(0) + \sum_{\mathrm{Im}\,\alpha_\nu=0} r_\nu e^{\alpha_\nu t} + 2 \sum_{\mathrm{Im}\,\alpha_\nu>0} |r_\nu| e^{t\mathrm{Re}\,\alpha_\nu} \cos(t\mathrm{Im}\,\alpha_\nu + \angle r_\nu) . \qquad (2.54)$$

Dabei sind also α_ν die Pole, r_ν die Koeffizienten der Partialbruchentwicklung von G(s). Die erste Summe ist nur über die reellen Pole zu erstrecken, was durch die Anmerkung Im $\alpha_\nu = 0$ am Summenzeichen angedeutet wird, die zweite Summe nur über die oberhalb der reellen Achse gelegenen Pole der konjugiert komplexen Polpaare, weshalb dort Im $\alpha_\nu > 0$ steht.

Die Sprungantwort der Differentialgleichung (2.6) oder, was auf das gleiche hinausläuft, die Originalfunktion zur rationalen Funktion $G(s)\cdot 1/s$ entsteht also durch Überlagerung oszillatorischer (sog. "periodischer") und monotoner (sog. "aperiodischer") Terme.

Als spezieller Fall ist hierin die Lösung der Schwingungsdifferentialgleichung enthalten, wenn wir vom sogenannten "aperiodischen Grenzfall" im Augenblick absehen. Da es sich bei ihr um eine Differentialgleichung 2. Ordnung handelt, sind nur 2 Fälle möglich: 2 reelle Pole ("aperiodischer Fall") oder 1 konjugiert komplexes Polpaar ("periodischer Fall"). Bei einer Differentialgleichung höherer als 2. Ordnung können gemäß (2.54) kompliziertere Schwingungsformen auftreten. Monotone und oszillatorische Terme können sich überlagern (z.B. bei 1 reellem Pol und 1 konjugiert komplexen Polpaar), was beispielsweise zu einer Sprungantwort wie im Bild 2/13a führen kann, die bei einer Differentialgleichung 2. Ordnung nicht möglich ist. Es können auch Schwingungen verschiedener Frequenz vorkommen (bei 2 konjugiert komplexen Polpaaren), was z.B. das Auftreten von Schwebungen veranlassen kann (Bild 2/13b).

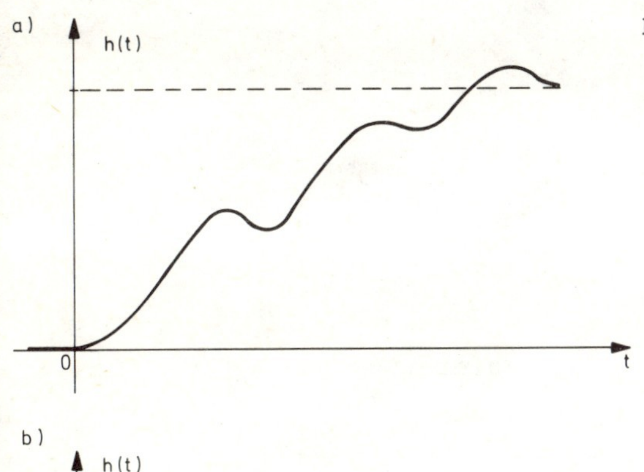

Bild 2/13 Mögliche Schwingungsformen für Differentialgleichungen höherer als 2. Ordnung

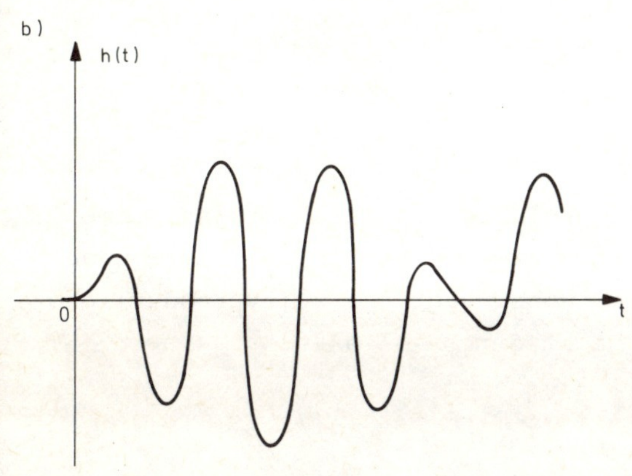

2.9 Sprungantwort einer Differentialgleichung n-ter Ordnung beim Auftreten mehrfacher Pole

Ist $s = 0$ r-facher Pol von $G(s)$, so ist er $(r+1)$-facher Pol von $H(s) = G(s)\cdot 1/s$. Also selbst dann, wenn $s = 0$ nur einfacher Pol von $G(s)$ ist, stellt er doch einen mehrfachen Pol von $H(s)$ dar.

α sei k-facher Pol von $H(s)$. Zu ihm gehören die Partialbrüche

$$\frac{r_1}{s-\alpha} + \frac{r_2}{(s-\alpha)^2} + \ldots + \frac{r_k}{(s-\alpha)^k}$$

mit den r_ν gemäß (2.36). Nach (2.43) ergibt die Rücktransformation

$$r_1 e^{\alpha t} + r_2 \frac{t}{1!} e^{\alpha t} + \ldots + r_k \frac{t^{k-1}}{(k-1)!} e^{\alpha t} = \sum_{\nu=1}^{k} r_\nu \frac{t^{\nu-1}}{(\nu-1)!} e^{\alpha t} .$$

Für $k = 1$ hat man den Spezialfall des einfachen Pols. Er ist also dadurch vom Fall des mehrfachen Pols ($k = 2,3,\ldots$) unterschieden, daß bei letzterem zur e-Funktion noch ein Polynom von t als Faktor hinzutritt.

Ist $\alpha = \delta + j\omega$ nichtreell, also $\omega \neq 0$, so ist auch $\bar{\alpha} = \delta - j\omega$ Pol von $R(s)$, und zwar ebenfalls von der Ordnung k. Zu dem konjugiert komplexen Polpaar gehört so die Originalfunktion

$$\sum_{\nu=1}^{k} \left[r_\nu \frac{t^{\nu-1}}{(\nu-1)!} e^{(\delta+j\omega)t} + \bar{r}_\nu \frac{t^{\nu-1}}{(\nu-1)!} e^{(\delta-j\omega)t} \right] =$$

$$= e^{\delta t} \sum_{\nu=1}^{k} \frac{t^{\nu-1}}{(\nu-1)!} \left[r_\nu e^{j\omega t} + \bar{r}_\nu e^{-j\omega t} \right] .$$

Genau wie bei der Herleitung von (2.52) folgt hieraus

$$2e^{\delta t} \sum_{\nu=1}^{k} \frac{t^{\nu-1}}{(\nu-1)!} |r_\nu| \cos(\omega t + \angle r_\nu) .$$

Zu einem mehrfachen konjugiert komplexen Polpaar gehört also eine Summe von Schwingungen, die sämtlich die gleiche Frequenz haben. Sie können abklingen, aufklingen oder stationär sein, wobei aber der zeitveränderliche Amplitudenfaktor jeder Teilschwingung nicht durch $e^{\delta t}$ allein, sondern durch $e^{\delta t} t^{\nu-1}$ bestimmt wird.

Zusammenfassend hat man die folgende Darstellung von $h(t)$, welche den in 2.8 behandelten Fall der einfachen Pole $\neq 0$ von $G(s)$ als Spezialfall enthält:

$$h(t) = \sum_{i} e^{\alpha_i t} \sum_{\nu=1}^{k_i} r_{i\nu} \frac{t^{\nu-1}}{(\nu-1)!} =$$

$$= r_{o1} + r_{o2} \frac{t}{1!} + \ldots + r_{o,k_o} \frac{t^{k_o-1}}{(k_o-1)!} +$$

$$+ \sum_{\substack{\mathrm{Im}\,\alpha_i=0 \\ \alpha_i\neq 0}} e^{\alpha_i t} \sum_{\nu=1}^{k_i} r_{i\nu} \frac{t^{\nu-1}}{(\nu-1)!} + \tag{2.55}$$

$$+ 2 \sum_{\mathrm{Im}\,\alpha_i>0} e^{t\,\mathrm{Re}\,\alpha_i} \sum_{\nu=1}^{k_i} \frac{t^{\nu-1}}{(\nu-1)!} |r_{i\nu}| \cos(t\,\mathrm{Im}\,\alpha_i + \angle r_{i\nu}) .$$

Hierin ist $\alpha_o = 0$, und k_i bezeichnet die Ordnung des Pols α_i in $H(s)$. Abgesehen von $\alpha_o = 0$ ist dies zugleich die Ordnung des Pols α_i in $G(s)$. $r_{i\nu}$ ist der Koeffizient zum Partialbruch $1/(s-\alpha_i)^\nu$.

2.10 Sprungantwort einer Differentialgleichung 2. Ordnung

In den Anwendungen tritt häufig die Differentialgleichung

$$T^2\ddot{y} + 2dT\dot{y} + y = Ku, \quad K, T > 0, \; d \geqq 0, \tag{2.56}$$

auf. Beispielsweise wird der Hochlaufvorgang des Motors im Abschnitt 2.1 durch eine solche Differentialgleichung beschrieben. Man hat dazu in (2.1) $M_L(t) = 0$ und $u_A = U_o\sigma(t)$ zu setzen. Weiterhin tritt die Differentialgleichung bei der Beschreibung mechanischer und elektrischer Schwingungssysteme auf, weshalb sie auch Schwingungsdifferentialgleichung heißt. Aus diesen Gründen soll die Differentialgleichung (2.56) genauer untersucht werden. Natürlich kann man ihre Lösung als Spezialfall aus den Lösungsformeln der letzten beiden Abschnitte gewinnen. Um jedoch die Bearbeitung von Differentialgleichungen mit der Laplace-Transformation noch etwas zu üben, soll sie unabhängig von dem allgemeinen Formalismus gelöst werden.

Aus der Differentialgleichung folgt durch Laplace-Transformation bei verschwindenden Anfangswerten und $U(s) = 1/s$:

$$T^2s^2Y(s) + 2dTsY(s) + Y(s) = KU(s),$$

$$Y(s) = \frac{K}{T^2s^2+2dTs+1} U(s),$$

$$H(s) = \frac{K\omega_o^2}{s^2+2d\omega_o s+\omega_o^2} \frac{1}{s} \quad \text{mit} \quad \omega_o = \frac{1}{T} .$$

Charakteristische Gleichung:

$$s^2 + 2d\omega_o s + \omega_o^2 = 0$$

Nullstellen:

$$\alpha_{1,2} = -d\omega_o \pm \sqrt{d^2\omega_o^2-\omega_o^2} = \omega_o(-d\pm \sqrt{d^2-1}) \;;$$

$$\alpha_1-\alpha_2 = 2\omega_o \sqrt{d^2-1}, \quad \alpha_1\alpha_2 = \omega_o^2 .$$

Damit ist

$$H(s) = \frac{K\omega_o^2}{s(s-\alpha_1)(s-\alpha_2)} .$$

Zunächst sei $d \neq 1$, also $\alpha_1 \neq \alpha_2$.

Partialbruchzerlegung:

$$H(s) = \frac{r_o}{s} + \frac{r_1}{s-\alpha_1} + \frac{r_2}{s-\alpha_2} ,$$

wobei nach (2.34)

$$r_o = \left[\frac{K\omega_o^2}{(s-\alpha_1)(s-\alpha_2)}\right]_{s=0} = \frac{K\omega_o^2}{\alpha_1\alpha_2} = K ,$$

$$r_1 = \left[\frac{K\omega_o^2}{s(s-\alpha_2)}\right]_{s=\alpha_1} = \frac{K\omega_o^2}{\alpha_1(\alpha_1-\alpha_2)} ,$$

$$r_2 = \left[\frac{K\omega_o^2}{s(s-\alpha_1)}\right]_{s=\alpha_2} = - \frac{K\omega_o^2}{\alpha_2(\alpha_1-\alpha_2)} .$$

Also ist

$$H(s) = \frac{K}{s} + \frac{K\omega_o^2}{\alpha_1-\alpha_2}\left(\frac{1}{\alpha_1}\frac{1}{s-\alpha_1} - \frac{1}{\alpha_2}\frac{1}{s-\alpha_2}\right) \text{ und damit}$$

$$h(t) = K + \frac{K\omega_o^2}{\alpha_1-\alpha_2}\left(\frac{1}{\alpha_1} e^{\alpha_1 t} - \frac{1}{\alpha_2} e^{\alpha_2 t}\right). \qquad (2.57)$$

Fall I: $d > 1$.

Dann sind α_1 und α_2 reell, negativ und verschieden. $h(t)$ beginnt für $t = 0$ in Null und geht gegen K für $t \to +\infty$. Da wegen $\alpha_1 > \alpha_2$

$$\dot{h}(t) = \frac{K\omega_o^2}{\alpha_1-\alpha_2}\left(e^{\alpha_1 t} - e^{\alpha_2 t}\right) > 0 \text{ für } t > 0,$$

steigt die Funktion monoton an. Es liegt der sog. "aperiodische Fall" dieser Differentialgleichung vor (Bild 2/14).

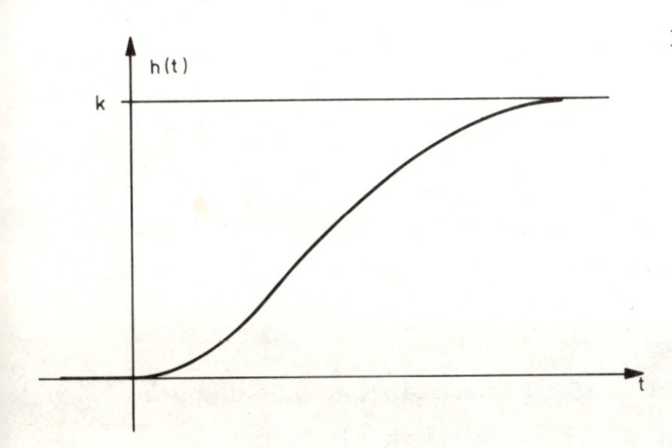

Bild 2/14 Aperiodischer Fall der Differentialgleichung 2. Ordnung

Fall II: $d < 1$.

$\alpha_{1,2}$ sind konjugiert komplex:

$$\alpha_1 = \omega_o(-d+jW), \alpha_2 = \omega_o(-d-jW), \; W = \sqrt{1-d^2} \; ;$$

$$\frac{1}{\alpha_1} = \frac{1}{\omega_o}\frac{1}{-d+jW} = \frac{1}{\omega_o}(-d-jW) \; ,$$

$$\frac{1}{\alpha_2} = \frac{1}{\omega_o}\frac{1}{-d-jW} = \frac{1}{\omega_o}(-d+jW) \; ,$$

$$\alpha_1 - \alpha_2 = 2j\omega_o W \; .$$

Aus (2.57) folgt so

$$h(t) = K + \frac{K\omega_o^2}{2j\omega_o W}\,\frac{1}{\omega_o}\left[(-d-jW)e^{-d\omega_o t+j\omega_o Wt} - (-d+jW)e^{-d\omega_o t-j\omega_o Wt}\right],$$

$$h(t) = K + \frac{K}{W}\,e^{-d\omega_o t}\left[-\frac{d}{2j}\left(e^{j\omega_o Wt}-e^{-j\omega_o Wt}\right) - \frac{W}{2}\left(e^{j\omega_o Wt}+e^{-j\omega_o Wt}\right)\right],$$

$$h(t) = K - \frac{K}{W}\,e^{-d\omega_o t}\left[d\,\sin\,\omega_o Wt + W\,\cos\,\omega_o Wt\right],$$

$$h(t) = K - \frac{K}{W}\,e^{-d\omega_o t}\sin(\omega_o Wt+\psi) \quad \text{mit}$$

$\cos\,\psi = d$, $\sin\,\psi = W$, also

$$\tan\,\psi = \frac{W}{d} = \frac{\sqrt{1-d^2}}{d}\,, \quad 0 < \psi \leqq \frac{\pi}{2}\,.$$

Endgültig ist also im Falle $d < 1$

$$h(t) = K - \frac{K}{\sqrt{1-d^2}}\,e^{-d\omega_o t}\sin(\omega_o\sqrt{1-d^2}\,t+\psi), \quad \omega_o = \frac{1}{T}\,. \tag{2.58}$$

Bild 2/15 veranschaulicht die geometrische Bedeutung der Parameter d, ω_o, ψ in der komplexen s-Ebene und ihren Zusammenhang mit dem konjugiert komplexen Polpaar α_1, α_2.

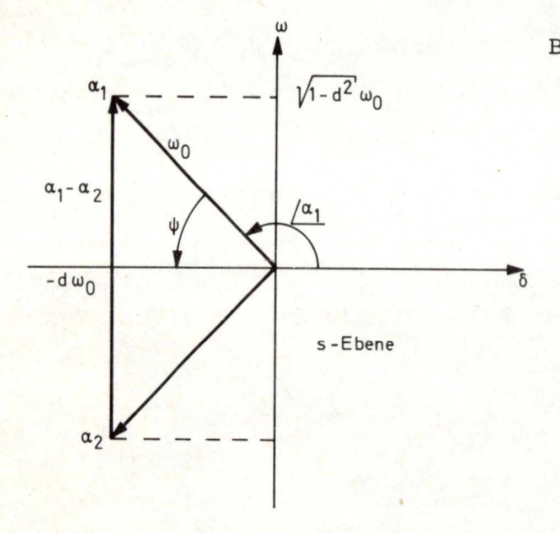

Bild 2/15 Parameter der Lösung der Differentialgleichung 2. Ordnung in der komplexen Ebene

Für $0 < d < 1$ ist $h(t)$ eine abklingende Schwingung, die mit wachsendem t gegen K strebt und die Hüllkurve

$$K \pm \frac{K}{\sqrt{1-d^2}}\,e^{-d\omega_o t}$$

besitzt (Bild 2/16). Für d = 0 wird

$$h(t) = K - K\sin(\omega_o t + \frac{\pi}{2}) = K(1-\cos\omega_o t) \qquad (2.59)$$

eine Dauerschwingung.

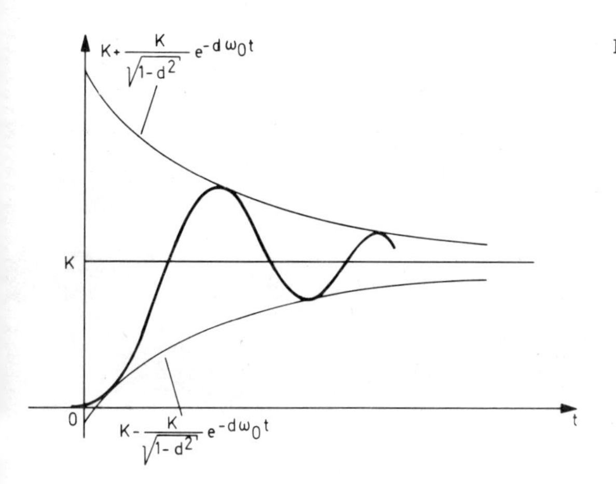

Bild 2/16 Periodischer Fall der Differentialgleichung 2. Ordnung

Das Resultat (2.58) kann natürlich auch als Spezialfall der allgemeinen Formeln der beiden vorigen Abschnitte gewonnen werden. Nach (2.52) gehört zu einem konjugiert komplexen Polpaar $\alpha_1 = \alpha$, $\alpha_2 = \bar{\alpha}$ der Zeitvorgang

$$2|r_1|e^{t\mathrm{Re}\,\alpha_1}\cos(t\mathrm{Im}\,\alpha_1 + \angle r_1) , \qquad (2.60)$$

wobei r_1 der zu $1/(s-\alpha_1)$ gehörende Koeffizient der Partialbruchentwicklung ist. Im vorliegenden Fall ist

$$r_1 = \frac{K\omega_o^2}{\alpha_1(\alpha_1-\alpha_2)} , \quad \text{also}$$

$$|r_1| = \frac{K\omega_o^2}{|\alpha_1||\alpha_1-\alpha_2|} , \quad \angle r_1 = -\angle\alpha_1 - \angle\alpha_1-\alpha_2 .$$

Nach Bild 2/15 ist

$$|\alpha_1| = \omega_o, \quad |\alpha_1-\alpha_2| = 2\sqrt{1-d^2}\,\omega_o ,$$

$$\angle\alpha_1 = \pi-\psi, \quad \angle\alpha_1-\alpha_2 = \frac{\pi}{2}$$

und daher

$$|r_1| = \frac{K}{2\sqrt{1-d^2}}, \quad \angle r_1 = \psi - \pi - \frac{\pi}{2}.$$

Aus (2.60) wird so

$$\frac{K}{\sqrt{1-d^2}} e^{-d\omega_o t} \cos(\omega_o \sqrt{1-d^2}\, t + \psi - \frac{3}{2}\pi) =$$

$$= -\frac{K}{\sqrt{1-d^2}} e^{-d\omega_o t} \sin(\omega_o \sqrt{1-d^2}\, t + \psi),$$

was mit (2.58) übereinstimmt, wenn man zusätzlich $r_o = K$ berücksichtigt.

Es bleibt der Fall $\alpha_1 = \alpha_2 = -\omega_o$ zu untersuchen, der für $d = 1$ eintritt (sog. aperiodischer Grenzfall). Hier ist

$$H(s) = \frac{K\omega_o^2}{s(s-\alpha_1)^2} = \frac{r_o}{s} + \frac{r_1}{s-\alpha_1} + \frac{r_2}{(s-\alpha_1)^2} \quad \text{mit}$$

$$r_o = \left[\frac{K\omega_o^2}{(s-\alpha_1)(s-\alpha_2)}\right]_{s=0} = \frac{K\omega_o^2}{\alpha_1\alpha_2} = K,$$

$$r_1 = \left[\frac{d}{ds}\frac{K\omega_o^2}{s}\right]_{s=\alpha_1} = \left[-\frac{K\omega_o^2}{s^2}\right]_{s=\alpha_1} = -K,$$

$$r_2 = \left[\frac{K\omega_o^2}{s}\right]_{s=\alpha_1} = -K\omega_o.$$

Daher ist

$$H(s) = \frac{K}{s} - \frac{K}{s+\omega_o} - \frac{K\omega_o}{(s+\omega_o)^2},$$

$$h(t) = K - Ke^{-\omega_o t} - K\omega_o te^{-\omega_o t} \quad \text{oder mit } \omega_o = \frac{1}{T}:$$

$$h(t) = K - K\,(1 + \frac{t}{T})\, e^{-\frac{t}{T}}. \tag{2.61}$$

Die Sprungantwort zeigt monoton ansteigenden Verlauf, ähnlich dem im Bild 2/14.

2.11 Faltungsregel der Laplace-Transformation

Die Laplace-Transformation einer linearen Differentialgleichung mit konstanten Koeffizienten führt auf einen Ausdruck von der Form

$$Y(s) = G(s)U(s) + \text{rationale Funktion von } s,$$

wobei $G(s)$ ebenfalls rational ist. Wenn auch $U(s)$ rational ist, stellt $Y(s)$ insgesamt eine rationale Funktion dar. Ihre Rücktransformation in den Zeitbereich kann über die Partialbruchzerlegung erfolgen, wie in den vorangegangenen Abschnitten ausgeführt wurde.

Das Verfahren versagt aber, wenn $U(s)$ nicht rational ist. Ein Beispiel hierfür liefert die Funktion $u(t) = 1/\sqrt{t}$, die nach (1.19) die Bildfunktion $\sqrt{\pi/s}$ hat. Dann kann man keine Partialbruchzerlegung des Produktes $G(s)U(s)$ vornehmen und muß versuchen, es auf andere Weise in den Zeitbereich zu übersetzen.

Die Aufgabe lautet also: Gesucht ist diejenige Funktion $f(t)$, für die

$$\mathcal{L}\left\{f(t)\right\} = \int_0^\infty f(t)e^{-st}dt = G(s)U(s) \qquad (2.62)$$

gilt. Um sie aufzufinden, schreiben wir das Produkt ausführlich an:

$$G(s)U(s) = \int_0^\infty g(v)e^{-sv}dv \cdot \int_0^\infty u(\tau)e^{-s\tau}d\tau \ . \qquad (2.63)$$

Dabei sind $g(t)$ und $u(t)$ die Originalfunktionen zu $G(s)$ und $U(s)$. Die Integrationsvariablen wurden nicht wie sonst mit t, sondern mit v und τ bezeichnet, weil dies für die folgende Rechnung zweckmäßig ist. Durch Zusammenfassung zu einem Doppelintegral wird aus (2.63)

$$G(s)U(s) = \int_0^\infty\left[\int_0^\infty g(v)u(\tau)e^{-s(v+\tau)}dv\right]d\tau \ . \qquad (2.64)$$

Die innere Integration ist über v erstreckt.

Mittels der Substitution

$$v + \tau = t$$

ersetzt man im inneren Integral v durch die neue Integrationsvariable t.

Dabei ist zu beachten, daß τ im inneren Integral nur ein Parameter ist. Wegen

$$v = t - \tau, \quad dv = dt$$

wird aus (2.64)

$$G(s)U(s) = \int_0^\infty \left[\int_\tau^\infty g(t-\tau)u(\tau)e^{-st}dt \right] d\tau \; . \tag{2.65}$$

Die innere Integration erstreckt sich jetzt über t.

Der Integrationsbereich dieses Doppelintegrals in der τ-t-Ebene ist im Bild 2/17 schraffiert. Der senkrechte Pfeil deutet an, daß zunächst bei festem τ über t integriert wird, und zwar von $t = \tau$ bis $t = +\infty$. Sodann erfolgt die äußere Integration über τ von 0 bis $+\infty$. Man kann nun die Reihenfolge der Integrationen vertauschen. Dann wird bei festem t zunächst über τ integriert, von $\tau = 0$ bis $\tau = t$, worauf der waagerechte Pfeil hinweist. Sodann erfolgt die äußere Integration über t, von 0 bis $+\infty$. Aus (2.65) wird hierdurch

$$G(s)U(s) = \int_0^\infty \left[\int_0^t g(t-\tau)u(\tau)e^{-st}d\tau \right] dt \; .$$

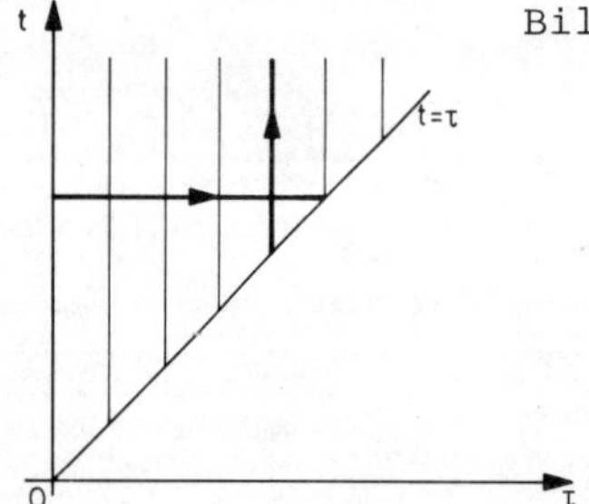

Bild 2/17 Zur Vertauschung der Integrationsreihenfolge in einem Dreiecksbereich

Da e^{-st} nicht von τ abhängt, kann diese Funktion aus dem inneren Integral herausgezogen werden:

$$G(s)U(s) = \int_0^\infty \left[\underbrace{\int_0^t g(t-\tau)u(\tau)d\tau}_{f(t)} \right] e^{-st}dt \; .$$

Rechts steht ein Laplace-Integral, dessen Zeitfunktion $f(t)$ selbst ein Integral ist. Dieses ist somit die Originalfunktion zum Produkt $G(s)U(s)$:

$$G(s)U(s) \bullet\!\!-\!\!\circ \int_0^t g(t-\tau)u(\tau)d\tau \ . \tag{2.66}$$

Damit haben wir die zu Beginn dieses Abschnittes gestellte Aufgabe gelöst. Dabei ist $u(t)$ die gegebene Eingangsgröße der Differentialgleichung, also von vornherein bekannt. $g(t)$ ist die Originalfunktion zur rationalen Funktion $G(s)$ und kann deshalb durch Partialbruchzerlegung berechnet werden.

Unsere Herleitung ist offensichtlich unabhängig von speziellen Eigenschaften von $G(s)$ und $U(s)$. Die Beziehung (2.66) kann daher allgemein in der Form

$$F_1(s)F_2(s) \bullet\!\!-\!\!\circ \int_0^t f_1(t-\tau)f_2(\tau)d\tau \tag{2.67}$$

geschrieben werden.

Diese eigentümliche Verknüpfung zweier Zeitfunktionen $f_1(t)$ und $f_2(t)$, die sich bei uns ganz zwangsläufig aus der Lösung von Differentialgleichungen mit der Laplace-Transformation ergeben hat, nennt man die <u>Faltung</u> (englisch: convolution) der beiden Funktionen. Die Beziehung (2.67) heißt <u>Faltungsregel</u> der Laplace-Transformation. Dabei ist, wie immer, vorausgesetzt, daß die Laplace-Integrale von $f_1(t)$ und $f_2(t)$ in einer rechten Halbebene absolut konvergent sind.

Sehr zweckmäßig ist eine Kurzschreibweise der Faltungsoperation in Form eines Produktes:

$$\int_0^t f_1(t-\tau)f_2(\tau)d\tau = f_1(t)*f_2(t) \tag{2.68}$$

[gesprochen: "$f_1(t)$ gefaltet mit $f_2(t)$"]. Die Schreibweise ist dadurch gerechtfertigt, daß die Faltungsoperation manche Eigenschaften mit der gewöhnlichen Zahlenmultiplikation gemeinsam hat. So gilt

$f_1*f_2 = f_2*f_1$ (Kommutativgesetz),

$(f_1*f_2)*f_3 = f_1*(f_2*f_3)$ (Assoziativgesetz),

$(f_1+f_2)*f_3 = f_1*f_3 + f_2*f_3$ (Distributivgesetz).

Das ist leicht nachzurechnen. Beispielsweise gilt mit $t - \tau = v$, also $-d\tau = dv$:

$$f_1*f_2 = \int_0^t f_1(t-\tau)f_2(\tau)d\tau = -\int_t^0 f_1(v)f_2(t-v)dv =$$

$$= \int_0^t f_2(t-v)f_1(v)dv = f_2*f_1 .$$

Das Kommutativgesetz besagt, daß es gleich ist, bei welcher der beiden Funktionen f_1 und f_2 im Faltungsintegral $t - \tau$ und bei welcher τ steht.

Auf Grund solcher Ähnlichkeiten spricht man auch von "Faltungsmultiplikation" und "Faltungsprodukt". Die Faltungsregel kann man dann in einer besonders suggestiven Form schreiben:

$$F_1(s)F_2(s) \bullet\!\!-\!\!\circ\; f_1(t)*f_2(t) . \tag{2.69}$$

Dem gewöhnlichen Produkt der Bildfunktionen entspricht das Faltungsprodukt der Zeitfunktionen [keineswegs aber das Produkt $f_1(t)\cdot f_2(t)$!].

Nun einige Beispiele zur Faltungsoperation und Faltungsregel, wobei stets $t \geqq 0$ vorausgesetzt ist.

Beispiel 1: $\sigma(t)*\sigma(t) = \int_0^t \sigma(t-\tau)\sigma(\tau)d\tau = \int_0^t 1\cdot 1\cdot d\tau = t .$

Damit ist weiter

$$\sigma(t)*\sigma(t)*\sigma(t) = t*\sigma(t) = \int_0^t \tau\sigma(t-\tau)d\tau = \int_0^t \tau d\tau = \frac{t^2}{2} .$$

So fortfahrend, sieht man, daß $t^n/n!$ sich als die (n+1)-fache Faltungspotenz von $\sigma(t)$ darstellen läßt.

Beispiel 2: Allgemein ist

$$f(t)*\sigma(t) = \int_0^t f(\tau)\sigma(t-\tau)d\tau = \int_0^t f(\tau)d\tau . \tag{2.70}$$

Es ist bemerkenswert, daß sich die Integration von 0 bis t als Faltung mit der speziellen Funktion $\sigma(t)$ darstellen läßt. Man kann so die Integrationsregel aus der Faltungsregel ableiten. Aus (2.70) folgt nämlich

$$\int_0^t f(\tau)d\tau = f(t)*\sigma(t) \circ\!\!-\!\!\bullet\; F(s)\,\frac{1}{s}\,.$$

Beispiel 3: Nicht nur die Integration von 0 bis t, auch andere Operationen lassen sich als Faltung mit einer speziellen Funktion auffassen. Betrachten wir

$$f(t)*\delta(t-t_o) = \int_0^t f(t-\tau)\,\delta(\tau-t_o)d\tau\;,$$

wobei $t_o > 0$ vorausgesetzt sei. Nach (2.19) ist

$$\int_0^t f(t-\tau)\,\delta(\tau-t_o)d\tau = f(t-t_o),\ \text{sofern}\ t_o < t.$$

Für $t_o > t$ ist jedoch $\delta(\tau-t_o) = 0$ im gesamten Intervall von 0 bis t. Daher gilt

$$\int_0^t f(t-\tau)\,\delta(\tau-t_o)d\tau = 0 \quad \text{für}\ t_o > t.$$

Somit ist

$$\int_0^t f(t-\tau)\,\delta(\tau-t_o)d\tau = \begin{cases} 0 \ \text{für}\ t < t_o \ \text{bzw.}\ t-t_o < 0 \\ \\ f(t-t_o)\ \text{für}\ t > t_o\ \text{bzw.}\ t-t_o > 0. \end{cases} \qquad (2.71)$$

Setzt man nun zusätzlich voraus, daß die Funktion f für negatives Argument verschwindet, also $f(v) = 0$ für $v < 0$, so ist für $t-t_o < 0$ $f(t-t_o) = 0$. Man kann dann (2.71) einfach in der Form

$$\int_0^t f(t-\tau)\,\delta(\tau-t_o)d\tau = f(t-t_o) \quad \text{oder}$$

$$f(t)*\delta(t-t_o) = f(t-t_o) \qquad (2.72)$$

schreiben. Dabei ist also $t_o > 0$ und $f(v) = 0$ für $v < 0$ vorausgesetzt. Man kann somit die Verschiebung einer solchen Funktion nach rechts um das Stück t_o als Faltung mit der speziellen Funktion $\delta(t-t_o)$ auffassen.

Speziell für $t_o \to 0$ folgt aus (2.72)

$$f(t) * \delta(t) = f(t) \; . \tag{2.73}$$

D.h.: Faltung mit $\delta(t)$ läßt jede Funktion unverändert. Die Funktion $\delta(t)$ spielt somit die Rolle der 1 bei der Zahlenmultiplikation.

Nur nebenbei sei angemerkt, daß man (2.71) kurz in der Form

$$\int_0^t f(t-\tau)\delta(\tau-t_o)d\tau = f(t-t_o)\sigma(t-t_o) \quad \text{oder}$$

$$f(t) * \delta(t-t_o) = f(t-t_o)\sigma(t-t_o) \tag{2.74}$$

schreiben kann. Hierbei ist die Voraussetzung $f(v) = 0$ für $v < 0$ entbehrlich. (2.72) ist darin als Spezialfall enthalten.

Beispiel 4: Berechnung von $\mathcal{L}^{-1}\left\{\frac{1}{s}\sqrt{\frac{\pi}{s}}\right\}$ mit der Faltungsregel.

Wegen $\frac{1}{s}$ ●—○ $\sigma(t)$ und $\sqrt{\frac{\pi}{s}}$ ●—○ $\frac{1}{\sqrt{t}}$ gilt $\frac{1}{s}\sqrt{\frac{\pi}{s}}$ ●—○ $\sigma(t) * \frac{1}{\sqrt{t}} = \int_0^t \frac{1}{\sqrt{\tau}}\sigma(t-\tau)d\tau$.

Wegen $t > 0$ ist dieses Integral gleich $\int_0^t \frac{1}{\sqrt{\tau}} \cdot 1 \cdot d\tau = 2\sqrt{t}$. Daher gilt

$\frac{1}{s}\sqrt{\frac{\pi}{s}}$ ●—○ $2\sqrt{t}$ oder auch

$\sqrt{t}$ ○—● $\frac{1}{2s}\sqrt{\frac{\pi}{s}}$.

Beispiel 5: Lösung der Differentialgleichung $T\dot{y}+y = Ku$ mit $y(-0) = 0$, $u = A \sin \omega t$.

Die Laplace-Transformation der Differentialgleichung mit zunächst noch unbestimmtem u führt zu

$$Y(s) = \frac{K}{1+Ts} U(s) \; .$$

Wegen

$$\frac{K}{1+Ts} = \frac{K}{T}\frac{1}{s+\frac{1}{T}} \;●—○\; \frac{K}{T} e^{-\frac{t}{T}}$$

ist gemäß der Faltungsregel

$$y(t) = \frac{K}{T} e^{-\frac{t}{T}} * u(t) = \int_0^t \frac{K}{T} e^{-\frac{t-\tau}{T}} u(\tau)d\tau ,$$

$$y = \frac{K}{T} e^{-\frac{t}{T}} \int_0^t e^{\frac{\tau}{T}} u(\tau)d\tau .$$

Schaltet man nun

$$u = A \sin \omega t$$

auf, so wird daraus

$$y = \frac{KA}{T} e^{-\frac{t}{T}} \int_0^t e^{\frac{\tau}{T}} \sin \omega\tau d\tau ,$$

$$y = \frac{KA}{T} e^{-\frac{t}{T}} \left[\frac{e^{\frac{\tau}{T}}}{\frac{1}{T^2} + \omega^2} \left(\frac{1}{T} \sin \omega\tau - \omega \cos \omega\tau\right) \right]_0^t$$

und schließlich

$$y = \frac{K}{\sqrt{1+T^2\omega^2}} A \sin(\omega t+\varphi) + \frac{KAT\omega}{1+T^2\omega^2} e^{-\frac{t}{T}} \qquad (2.75)$$

mit $\tan \varphi = -\omega T, \quad -\frac{\pi}{2} < \varphi < 0.$

Die Lösung setzt sich also aus einem Term zusammen, der für $t \to +\infty$ verschwindet, dem Einschwingvorgang, und einer Dauerschwingung, die nach einiger Zeit praktisch allein vorhanden ist. Man spricht dann vom eingeschwungenen Zustand. Die Antwort auf die Eingangsgröße $u = A \sin \omega t$ ist also im eingeschwungenen Zustand wieder eine harmonische Schwingung der Frequenz ω, aber mit anderer Amplitude und Phasenlage als die Eingangsschwingung. In Kapitel 5 wird gezeigt werden, daß dies für eine große Klasse von Systemen gilt.

2.12 Zusammenfassung über die Lösung der Differentialgleichung n-ter Ordnung

Die Laplace-Transformation der Differentialgleichung (2.6),

$$\sum_{\nu=0}^{n} a_\nu \overset{(\nu)}{y} = \sum_{\nu=0}^{n} b_\nu \overset{(\nu)}{u} , \tag{2.76}$$

a_ν, b_ν reell, $a_n \neq 0$, mindestens ein $b_\nu \neq 0$, liefert nach (2.28) die Bildfunktion

$$Y(s) = G(s)U(s) + \sum_{\nu=0}^{n-1} \left[G_{a\nu}(s) y^{(\nu)}(-0) - G_{b\nu}(s) u^{(\nu)}(-0) \right] . \tag{2.77}$$

Darin ist

$$G(s) = \frac{b_n s^n + \ldots + b_1 s + b_o}{a_n s^n + \ldots + a_1 s + a_o} = \frac{Z(s)}{N(s)} \bullet\!\!-\!\!\circ\; g(t) , \tag{2.78}$$

$$G_{a\nu}(s) = \frac{a_n s^{n-1-\nu} + \ldots + a_{\nu+1}}{N(s)} \bullet\!\!-\!\!\circ\; g_{a\nu}(t) , \tag{2.79}$$

$$G_{b\nu}(s) = \frac{b_n s^{n-1-\nu} + \ldots + b_{\nu+1}}{N(s)} \bullet\!\!-\!\!\circ\; g_{b\nu}(t) , \quad \nu = 0,1,\ldots,n-1 . \tag{2.80}$$

Die Originalfunktionen ergeben sich durch Partialbruchzerlegung, wobei man nur die <u>eine</u> charakteristische Gleichung

$$N(s) = 0$$

zu lösen braucht. Die allgemeine Lösung der Differentialgleichung lautet dann gemäß (2.77)

$$y(t) = \int_0^t g(t-\tau)u(\tau)d\tau + \sum_{\nu=0}^{n-1} \left[g_{a\nu}(t) y^{(\nu)}(-0) - g_{b\nu}(t) u^{(\nu)}(-0) \right] . \tag{2.81}$$

Die Lösung setzt sich aus zwei Anteilen zusammen. Das Integral gibt den Einfluß der Eingangsgröße oder Anregung u(t) wieder, während der Summenterm zeigt, wie sich die Vergangenheit des Systems auf den Zeitraum $t > 0$ auswirkt. Die Vergangenheit wird dabei durch die Anfangswerte bei -0 wirksam, also durch die Werte, mit denen das System aus der Vergangenheit her in den Zeitpunkt $t = 0$ einläuft.

Es ist für die Rechnung günstig, daß in der Lösung y(t) die Anfangswerte bei -0 und nicht bei +0 vorkommen. Die ersteren sind im konkreten Fall bekannt, nämlich aus der Vorgeschichte des Systems. Wird z.B. ein technisches System aus einem festen Betriebszustand durch äußere Einwirkung in Bewegung gesetzt, so sind die Anfangswerte bei -0 durch den festen Betriebszustand gegeben, der selbstverständlich bekannt ist.

Hingegen kennt man die Anfangswerte von y(t) und seinen Ableitungen bei +0 im allgemeinen zunächst nicht. Falls der Übergang stetig erfolgt, sind sie zwar gleich den Anfangswerten bei -0. Es kann aber durchaus sein, etwa infolge von Schaltmaßnahmen, daß y(t) und seine Ableitungen zum Zeitpunkt t = 0 Sprünge aufweisen und dadurch die Anfangswerte bei +0 von denen bei -0 abweichen. Sie sind daher zunächst unbekannt. Mit Hilfe der Laplace-Transformation ist es allerdings möglich, die Anfangswerte bei +0 aus denen bei -0 zu ermitteln, wie im nächsten Abschnitt gezeigt wird.

Falls die Anfangswerte bei -0 sämtlich verschwinden, vereinfacht sich die Lösung im komplexen Bereich zu

$$Y(s) = G(s)U(s) \ , \qquad (2.82)$$

im Zeitbereich zu

$$y(t) = \int_0^t g(t-\tau)u(\tau)d\tau \ . \qquad (2.83)$$

Vergleicht man die Lösung einer Differentialgleichung durch Laplace-Transformation mit der konventionellen Lösung durch e-Ansatz, so stellt man mehrere Vorzüge fest, die bei Differentialgleichungen höherer Ordnung und ebenso bei den im Abschnitt 2.14 zu besprechenden Systemen von Differentialgleichungen eine rationelle Behandlung überhaupt erst ermöglichen:

a) Am wichtigsten ist die Tatsache, daß die Differentialgleichung, welche Ein- und Ausgangsgröße eines Systems verknüpft, in eine einfache algebraische Gleichung überführt wird. Hierauf basiert letzten Endes die gesamte klassische Nachrichten- und Regelungstechnik (siehe Kapitel 5).

b) Die Anfangswerte gehen direkt in die Lösung ein. Beim konventionellen Vorgehen erhält man die Lösung in Abhängigkeit von Integrationsparametern, die man erst den Anfangsbedingungen anpassen muß, was die zusätzliche Lösung eines linearen Gleichungssystems erfordert.

c) Das Auftreten mehrfacher Nullstellen der charakteristischen Gleichung wird ohne weiteres mit erfaßt, während der e-Ansatz hierbei modifiziert werden muß.

d) Den Einfluß der Eingangsgröße erhält man direkt als Faltungsintegral (oder über eine Partialbruchzerlegung), während man beim konventionellen Verfahren im allgemeinen die "Variation der Konstanten" anwenden muß, was für Differentialgleichungen von höherer als 2. Ordnung sehr mühsam ist.

Natürlich sollte man auch die Laplace-Transformation nicht blindlings anwenden. Bei der Lösung von Differentialgleichungen wird man sie in erster Linie dort einsetzen, wo es um die Bestimmung von Einschwingvorgängen geht. Die nach Abklingen des Einschwingvorganges sich einstellenden Lösungen erhält man häufig in einfacher Weise direkt aus der Differentialgleichung. Speziell für die Eingangsgröße $u = A \sin \omega t$ wird dies wegen der großen Bedeutung, die gerade diese Eingangsgröße für die verschiedensten Anwendungen hat, im Abschnitt 6.5 genauer untersucht.

Aber auch aus der Bildfunktion kann man Schlüsse auf das asymptotische Verhalten der Originalfunktion, also ihr Verhalten für $t \to +\infty$ bzw. $t \to +0$, ziehen, ohne die Originalfunktion selbst berechnen zu müssen. Die beiden einfachsten Sätze dieser Art werden im folgenden Abschnitt behandelt.

2.13 Grenzwertsätze der Laplace-Transformation und ihre Anwendung auf Differentialgleichungen

2.13.1 Endwertsatz

Auf Grund der Differentiationsregel (2.7) für die gewöhnliche Differentiation gilt

$$\mathcal{L}\left\{f'(t)\right\} = sF(s) - f(+0) \quad \text{oder}$$

$$\int_0^\infty f'(t)e^{-st}dt = sF(s) - f(+0) \quad . \tag{2.84}$$

Läßt man $s \to 0$ gehen und nimmt diesen Grenzübergang skrupelloserweise unter dem Integral vor, so ergibt sich

$$\int_0^\infty f'(t)dt = \lim_{s \to 0} sF(s) - f(+0) \quad \text{oder}$$

$$f(+\infty) - f(+0) = \lim_{s \to 0} sF(s) - f(+0) \quad , \quad \text{also}$$

$$\lim_{t \to +\infty} f(t) = \lim_{s \to 0} sF(s) \quad . \tag{2.85}$$

In der Tat ist diese Beziehung gültig, sofern der Grenzwert $\lim_{t \to +\infty} f(t)$ existiert und endlich ist ([2], Satz 34.3).

Andernfalls ist sie jedoch ungültig. Beispiel hierfür: $f(t) = e^{\delta t}$, $\delta > 0$. Es gilt $\lim_{t \to +\infty} f(t) = +\infty$. Hingegen ist

$$\lim_{s \to 0} sF(s) = \lim_{s \to 0} s \frac{1}{s-\delta} = 0 .$$

Ein Anwendungsbeispiel für den Endwertsatz: Für die Sprungantwort $h(t)$ der Differentialgleichung n-ter Ordnung gilt

$$H(s) = G(s) \frac{1}{s} \quad \text{mit}$$

$$G(s) = \frac{b_n s^n + \ldots + b_1 s + b_o}{a_n s^n + \ldots + a_1 s + a_o} .$$

Daraus folgt

$$\lim_{t \to +\infty} h(t) = \lim_{s \to 0} s \cdot G(s) \frac{1}{s} = G(0) = \frac{b_o}{a_o} , \qquad (2.86)$$

sofern $\lim_{t \to +\infty} h(t)$ existiert. Wie man aus (2.50) bzw. (2.55) sieht, ist das gewiß dann der Fall, wenn sämtliche Pole α_ν von $G(s)$ links der j-Achse liegen. Dann nämlich streben alle e-Funktionen

$$e^{\alpha_\nu t} = e^{\delta_\nu t} \cdot e^{j\omega_\nu t}$$

wegen $\delta_\nu < 0$ mit wachsendem t gegen 0. Auch die bei mehrfachen Polen zusätzlich auftretenden Polynome in (2.55) ändern daran nichts, da sie für $t \to +\infty$ nicht so stark anwachsen, wie die e-Funktion fällt.

2.13.2 Anfangswertsatz

Es liegt nahe, in der Differentiationsregel (2.84) auch den umgekehrten Grenzübergang $s \to \infty$ vorzunehmen, wobei s sich in einer rechten Halbebene bewegen soll. Da hierbei $e^{-st} \to 0$ strebt, erhält man

$$0 = \lim_{s \to \infty} sF(s) - f(+0) \quad \text{oder}$$

$$\lim_{t \to +0} f(t) = \lim_{s \to \infty} sF(s) . \qquad (2.87)$$

Auch diese Beziehung ist in der Tat richtig, wenn der linke Grenzwert existiert ([2], Satz 33.4). Bei den Aufgabenstellungen der Regelungstechnik und Netzwerktheorie darf man dies fast immer annehmen.

Hier sei noch eine weitere einfache asymptotische Eigenschaft der Laplace-Transformation angeschlossen:

> Ist f(t) frei von δ-Funktionen, so strebt $F(s) \to 0$, wenn s in einer rechten Halbebene $\to \infty$ geht.

Dies folgt sofort aus

$$F(s) = \int_0^\infty f(t) e^{-st} dt ,$$

wenn man den Grenzübergang $s \to \infty$ unter dem Integral vornimmt.

Der Anfangswertsatz macht es möglich, bei einer Differentialgleichung die Anfangswerte der Ausgangsgröße y(t) und ihrer Ableitungen bei +0 zu bestimmen, ohne daß y(t) selbst bekannt sein muß. Diese Anfangswerte bei +0 brauchen keineswegs mit den Anfangswerten bei -0 übereinzustimmen. Die letzteren ergeben sich aus der Vorgeschichte des Systems und sind im konkreten Fall bekannt. Da nun die Eingangsgröße u(t) (oder eine ihrer Ableitungen) in t = 0 springen kann, was gerade bei Einschaltvorgängen der Fall ist, kann sich auch die Ausgangsgröße y(t) (samt ihren Ableitungen) in t = 0 sprunghaft ändern, so daß die Werte bei +0 und -0 verschieden sein können.

Aus (2.30) folgt

$$y(+0) = \lim_{s \to \infty} sY(s) = \lim_{s \to \infty} sG(s)U(s) + [a_n y(-0) - b_n u(-0)] \lim_{s \to \infty} s \frac{s^{n-1}}{N(s)} + \ldots, \qquad (2.88)$$

wobei die weiteren Terme weggelassen sind, weil sie bei dem Grenzübergang $s \to \infty$ infolge des Überwiegens des Nennergrades Null werden. Aus dem ersten Grenzwert in (2.88) erhält man

$$\lim_{s \to \infty} \frac{b_n s^n + b_{n-1} s^{n-1} + \ldots + b_o}{a_n s^n + a_{n-1} s^{n-1} + \ldots + a_o} \lim_{s \to \infty} sU(s) = \frac{b_n}{a_n} u(+0),$$

aus dem zweiten Grenzwert in (2.88) wird

$$\lim_{s\to\infty} \frac{s^n}{a_n s^n + a_{n-1} s^{n-1} + \ldots + a_o} = \frac{1}{a_n} .$$

Insgesamt ergibt sich

$$y(+0) = \frac{b_n}{a_n} u(+0) + \frac{1}{a_n} [a_n y(-0) - b_n u(-0)] \tag{2.89}$$

oder

$$a_n [y(+0) - y(-0)] = b_n [u(+0) - u(-0)] \text{ , abgekürzt}$$

$$a_n \Delta y_o = b_n \Delta u_o . \tag{2.90}$$

Das ist eine sehr einfache Beziehung zwischen den Sprunghöhen von Ein- und Ausgangsgröße. Aus ihr oder aus (2.89) kann man $y(+0)$ berechnen, da $y(-0)$ und $u(-0)$ als Vergangenheitswerte bekannt sind und $u(+0)$ durch die bekannte Eingangsgröße $u(t)$ gegeben ist.

Auch die Ableitungen $y'(t)$, $y''(t), \ldots$ können in $t = 0$ Sprünge aufweisen. Führt man die Abkürzungen

$$\Delta y_o = y(+0) - y(-0),$$

$$\Delta y_o' = y'(+0) - y'(-0),$$

$$\vdots$$

und entsprechend

$$\Delta u_o = u(+0) - u(-0)$$

$$\Delta u_o' = u'(+0) - u'(-0)$$

$$\vdots$$

ein, so gilt für die Sprunghöhen das folgende Gleichungssystem, dessen erste Gleichung bereits in (2.90) vorliegt:

$$\begin{aligned} a_n \Delta y_o &= b_n \Delta u_o \\ a_n \Delta y_o' + a_{n-1} \Delta y_o &= b_n \Delta u_o' + b_{n-1} \Delta u_o, \\ &\vdots \\ a_n \Delta y_o^{(n-1)} + \ldots + a_1 \Delta y_o &= b_n \Delta u_o^{(n-1)} + \ldots + b_1 \Delta u_o . \end{aligned} \tag{2.91}$$

Da die Sprunghöhen der Eingangsgröße und ihrer Ableitungen bekannt sind, kann man hieraus die Sprunghöhen der Ausgangsgröße und ihrer Ableitungen berechnen. Da man weiterhin die Anfangswerte $y^{(\nu)}(-0)$ aus der Vergangenheit des Systems kennt, hat man damit auch die Anfangswerte $y^{(\nu)}(+0)$ bei +0.

Wozu braucht man überhaupt die Anfangswerte bei +0? Zur Lösung von Differentialgleichungen mittels der Laplace-Transformation sicher nicht. Hier gehen die Anfangswerte bei -0 ein, wenn man die verallgemeinerte Differentiation benutzt, wie es für die Beschreibung realer Systeme angebracht ist.

Untersucht man die Differentialgleichung auf dem Analogrechner, so hat man ebenfalls die Anfangswerte bei -0 vorzugeben. Denn der Analogrechner löst die Differentialgleichung dadurch, daß er sie als physikalischen Vorgang verwirklicht und demgemäß die Differentiationsoperation als verallgemeinerte Differentiation auffaßt, wie eben jedes reale System. Dann gehen aber automatisch die Anfangswerte bei -0 ein.

Anders liegen die Dinge bei <u>Lösung der Differentialgleichung auf einem Digitalrechner</u>. <u>Hier sind die Anfangswerte bei +0 vorzugeben</u>. Da nämlich der Digitalrechner nicht mit δ-Funktionen arbeiten kann, muß man die gewöhnliche Differentiation verwenden, was zu den Anfangswerten bei +0 führt. Es muß dann auch vorausgesetzt werden, daß die Ableitungen von $u(t)$ für $t > 0$ keine Sprünge aufweisen. Andernfalls muß die Differentialgleichung auf dem Digitalrechner intervallweise gelöst werden.

2.14 Systeme von Differentialgleichungen

Stellt man die Differentialgleichungen eines technischen Systems auf Grund der in ihm geltenden physikalischen Gesetze auf, so wird im allgemeinen ein System von Differentialgleichungen 1. oder 2. Ordnung entstehen. Nur selten werden sich unmittelbar Differentialgleichungen höherer Ordnung ergeben. Man kann das System von Differentialgleichungen zu einer einzigen Differentialgleichung höherer Ordnung zusammenfassen. Das hatten wir im einfachen Fall des konstant erregten Gleichstrommotors im Abschnitt 2.1 ausgeführt. Im allgemeinen ist dieses umständliche Verfahren aber nicht zu empfehlen. Vielmehr unterwirft man die <u>einzelnen</u> Differentialgleichungen der Laplace-Transformation, erhält so ein <u>System von linearen algebraischen Gleichungen</u> und löst erst dieses nach der gesuchten Größe auf. Sie wird dann in der bisher beschriebenen Weise rücktransformiert.

Auch hier sind also die 4 Lösungsschritte von Abschnitt 2.4 auszuführen, nur daß an die Stelle der einen Differentialgleichung ein System von Differentialgleichungen tritt und demgemäß an die Stelle der einen algebraischen Gleichung ein System von linearen algebraischen Gleichungen. Die Rücktransformation bietet gegenüber dem Fall einer Differentialgleichung keine Besonderheiten.

Es genügt, das Vorgehen an einem Beispiel zu zeigen, dem im Bild 2/18 skizzierten Koppelschwinger. Er wird durch die Differentialgleichungen

$$m_1\ddot{x}_1 = -c_1x_1 - c_2(x_1-x_2)$$

$$m_2\ddot{x}_2 = -c_2(x_2-x_1) + F(t)$$

beschrieben. Gesucht ist $x_1(t)$ in Abhängigkeit von der äußeren Kraft $F(t)$ und den Anfangsbedingungen x_{10}, x_{10}', x_{20}, x_{20}'.

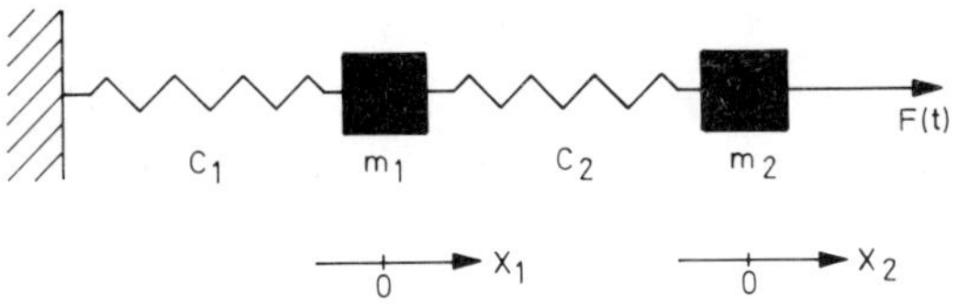

Bild 2/18 Koppelschwinger

Laplace-Transformation:

$$m_1(s^2X_1(s) - x_{10}s - x_{10}') = -c_1X_1(s) - c_2X_1(s) + c_2X_2(s),$$

$$m_2(s^2X_2(s) - x_{20}s - x_{20}') = -c_2X_2(s) + c_2X_1(s) + F(s) \quad \text{oder}$$

$$(m_1s^2 + c_1 + c_2)X_1(s) - c_2X_2(s) = m_1x_{10}s + m_1x_{10}',$$

$$-c_2X_1(s) + (m_2s^2 + c_2)X_2(s) = m_2x_{20}s + m_2x_{20}' + F(s)\ .$$

Das ist ein System von 2 gewöhnlichen linearen Gleichungen für die beiden Unbekannten $X_1(s)$, $X_2(s)$. Aus ihm folgt für die interessierende Unbekannte

$$X_1(s) = \frac{\begin{vmatrix} m_1x_{10}s + m_1x_{10}' & -c_2 \\ m_2x_{20}s + m_2x_{20}' + F(s) & m_2s^2 + c_2 \end{vmatrix}}{(m_1s^2 + c_1 + c_2)(m_2s^2 + c_2) - c_2^2}\ .$$

Die Lösung ist also vom Typ

$$X_1(s) = G(s)F(s) + G_1(s)x_{10} + G_2(s)x_{10}' + G_3(s)x_{20} + G_4(s)x_{20}'$$

mit rationalen Funktionen $G(s)$, $G_\nu(s)$. Die Rücktransformation kann daher mittels Partialbruchzerlegung und eventueller Anwendung der Faltungsregel erfolgen.

Um die weitere Rechnung zu vereinfachen, nehmen wir

$$m_1 = m_2 = m, \quad c_1 = c_2 = c$$

an. Dann lautet der Nenner von $X_1(s)$:

$$N(s) = m^2(s^4 + \frac{3c}{m} s + \frac{c^2}{m^2}) .$$

Er hat die Nullstellen

$$s^2_{1,2} = -\omega^2_{1,2} = - \frac{1}{2} (3 \mp \sqrt{5}) \frac{c}{m} < 0 .$$

Daher ist

$$N(s) = m^2(s^2 + \omega_1^2)(s^2 + \omega_2^2), \quad \text{so daß}$$

$$X_1(s) = \frac{\begin{vmatrix} mx_{10}s + mx'_{10} & -c \\ mx_{20}s + mx'_{20} + F(s) & ms^2 + c \end{vmatrix}}{m^2(s^2 + \omega_1^2)(s^2 + \omega_2^2)} .$$

Es möge nun speziell

$$F(t) = 0, \quad x_{10} = x'_{10} = 0, \quad x_{20} = 0, \quad x'_{20} \neq 0 \quad \text{sein:}$$

$$X_1(s) = \frac{cmx'_{20}}{m^2(s^2 + \omega_1^2)(s^2 + \omega_2^2)} = \frac{1}{(s^2 + \omega_1^2)(s^2 + \omega_2^2)} \frac{c}{m} x'_{20} .$$

Die <u>Partialbruchzerlegung</u> kann man nun dadurch vereinfachen, daß man nicht bis auf die Pole $\pm j\omega_1$ und $\pm j\omega_2$ zurückgeht, sondern bei den obigen Nennerfaktoren blcibt:

$$\frac{1}{(s^2 + \omega_1^2)(s^2+\omega_2^2)} = \frac{A}{s^2 + \omega_1^2} + \frac{B}{s^2 + \omega_2^2} .$$

Das ist bei rein imaginären Polen immer möglich. Es gilt dann

$$1 = A(s^2 + \omega_2^2) + B(s^2 + \omega_1^2),$$

also für $s = j\omega_1$

$$1 = A(-\omega_1^2 + \omega_2^2), \quad A = \frac{1}{\omega_2^2 - \omega_1^2} = \frac{m}{\sqrt{5}c},$$

für $s = j\omega_2$

$$1 = B(-\omega_2^2 + \omega_1^2), \quad B = \frac{1}{\omega_1^2 - \omega_2^2} = -\frac{m}{\sqrt{5}c} .$$

Daher ist

$$X_1(s) = \left[\frac{1}{s^2 + \omega_1^2} - \frac{1}{s^2 + \omega_2^2}\right] \frac{1}{\sqrt{5}} x'_{20} .$$

Wegen (1.14) gilt

$$\frac{1}{\omega} \sin \omega t \circ\!\!-\!\!\bullet \frac{1}{s^2 + \omega^2} .$$

Daher liefert die <u>Rücktransformation</u>

$$x_1(t) = \left[\frac{1}{\sqrt{5}} \frac{1}{\omega_1} \sin \omega_1 t - \frac{1}{\omega_2} \sin \omega_2 t\right] x'_{20} \quad \text{mit}$$

$$\omega_{1,2} = \sqrt{\frac{1}{2}(3 \mp \sqrt{5})} \sqrt{\frac{c}{m}} .$$

3.1 Auftreten und Form von Differenzengleichungen

Der Zusammenhang zwischen den zeitveränderlichen Größen eines technischen Systems wird meist durch Differentialgleichungen hergestellt, in vielen Fällen, zumindest näherungsweise, durch lineare Differentialgleichungen mit konstanten Koeffizienten, wie sie im vorigen Kapitel behandelt wurden. Es können aber auch andere Funktionalbeziehungen als Differentialgleichungen auftreten. Hier sind vor allem die Differenzengleichungen zu nennen. Sie spielen z.B. bei Abtastregelungen, Impulssystemen der Nachrichtentechnik, Kettenleitern, aber z.B. auch bei mathematischen Modellen in den Wirtschaftswissenschaften, eine Rolle. Vor allem treten sie dann in Erscheinung, wenn man Zeitabläufe im Zusammenhang mit dem Digitalrechner zu untersuchen hat.

Diese Anwendungen sind aber nicht ohne umfangreichere Vorbereitung verständlich. Deshalb soll hier das Auftreten von Differenzengleichungen an einem einfacheren Problem gezeigt werden: der Approximation von Differentialgleichungen. Das Prinzip läßt sich bereits an einer Differentialgleichung 1. Ordnung zeigen:

$$c_1\dot{y} + c_o y = d_o u + d_1\dot{u} \; . \tag{3.1}$$

Man betrachtet die Werte von u(t) und y(t) nur zu den äquidistanten Zeitpunkten 0,T,2T,...,kT,... und bezeichnet die Funktionswerte y(kT) und u(kT) abkürzend mit y_k und u_k (Bild 3/1). Die Differentialquotienten werden durch die entsprechenden Differenzenquotienten ersetzt:

$$\dot{y}(kT) \approx \frac{y_k - y_{k-1}}{T} \; , \quad \dot{u}(kT) \approx \frac{u_k - u_{k-1}}{T} \; .$$

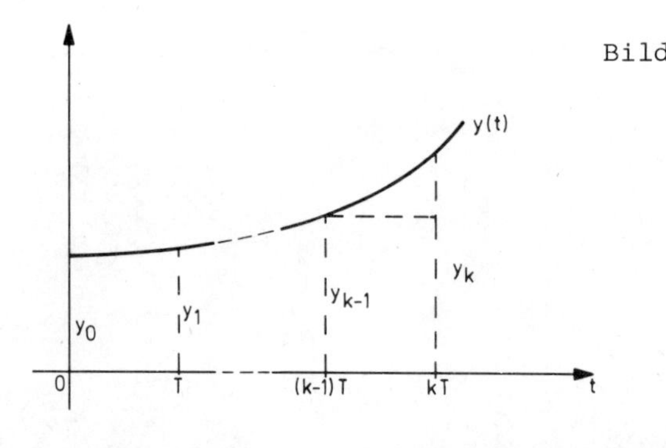

Bild 3/1 Zur Approximation einer Differentialgleichung durch eine Differenzengleichung

Damit wird aus der Differentialgleichung

$$c_1 \frac{y_k - y_{k-1}}{T} + c_o y_k = d_o u_k + d_1 \frac{u_k - u_{k-1}}{T} \; ,$$

$$(\frac{c_1}{T} + c_o)y_k - \frac{c_1}{T} y_{k-1} = (d_o + \frac{d_1}{T})u_k - d_1 u_{k-1} .$$

Nach Division durch den Faktor von y_k ist die Beziehung von der Form

$$y_k + a_1 y_{k-1} = b_o u_k + b_1 u_{k-1}, \quad k = 0,1,2,\ldots . \qquad (3.2)$$

Eine derartige Beziehung zwischen den beiden Zahlenfolgen

$$(u_k) = (u_o, u_1, u_2, \ldots) \quad \text{und} \quad (y_k) = (y_o, y_1, y_2, \ldots)$$

nennt man eine Differenzengleichung.

Ganz entsprechend erhält man aus einer Differentialgleichung n-ter Ordnung die Differenzengleichung

$$a_o y_k + a_1 y_{k-1} + \ldots + a_n y_{k-n} = b_o u_k + b_1 u_{k-1} + \ldots + b_m u_{k-m}, \quad k = 0,1,2,\ldots . \qquad (3.3)$$

Diese Funktionalbeziehung ist ebenso aufgebaut wie eine lineare Differentialgleichung mit konstanten Koeffizienten, nur daß an die Stelle der Differentialquotienten Funktionswerte an verschiedenen, äquidistanten Stellen der t-Achse treten.

Eine Differenzengleichung kann in ganz einfacher Weise numerisch gelöst werden. Betrachten wir etwa das obige Beispiel und nehmen einfachheitshalber an, daß u(t) und y(t) Null sind für $t < 0$, so daß $u_{-1} = 0$, $y_{-1} = 0$. Schreibt man (3.2) in der Form

$$y_k = b_o u_k + b_1 u_{k-1} - a_1 y_{k-1},$$

so folgt daraus für

$$k = 0 \;:\; y_o = b_o u_o ,$$

$$k = 1 \;:\; y_1 = b_o u_1 + b_1 u_o - a_1 y_o ,$$

$$k = 2 \;:\; y_2 = b_o u_2 + b_1 u_1 - a_1 y_1 ,$$

$$\vdots$$

Wie man sieht, läßt sich die Folge (y_k) bei gegebener Eingangsfolge (u_k) sehr einfach rekursiv bestimmen. Differenzengleichungen sind deshalb für die numerische Lösung sehr günstig.

Indessen erhält man auf diesem Weg keine allgemeine Lösung, die man doch in erster Linie anstrebt. Hierzu kann uns aber die Laplace-Transformation verhelfen. Da sie sich jedoch nur auf Zeitfunktionen und nicht auf Zahlenfolgen anwenden läßt, ist es zunächst erforderlich, jeder Zahlenfolge eine Zeitfunktion zuzuordnen. Das geschieht in ganz einfacher Weise dadurch, daß man jeden Wert der Zahlenfolge über das nachfolgende T-Intervall festhält. Man gelangt so beispielsweise von der Zahlenfolge

$$(u_k) = (u_o, u_1, u_2, \ldots)$$

zur Treppenfunktion u(t) im oberen Teil von Bild 3/2. Es erhebt sich sogleich die Frage, welche Treppenfunktion dann der Zahlenfolge

$$(u_{k-1}) = (u_{-1}, u_o, u_1, \ldots) \qquad (3.4)$$

zugeordnet werden muß. Das ist aus dem unteren Teil von Bild 3/2 abzulesen. In ihm ist die Folge (3.4) eingezeichnet, bei der u_{-1} an erster Stelle steht, also in t = O einzutragen ist, u_o an zweiter Stelle und daher zu t = T gehört usw. Wie man sieht, ist dieser Zahlenfolge die um T nach rechts verschobene Treppenfunktion u(t) zuzuordnen, also u(t-T). Entsprechend gehört zu (u_{k-2}) die Treppenfunktion u(t-2T) und so fort.

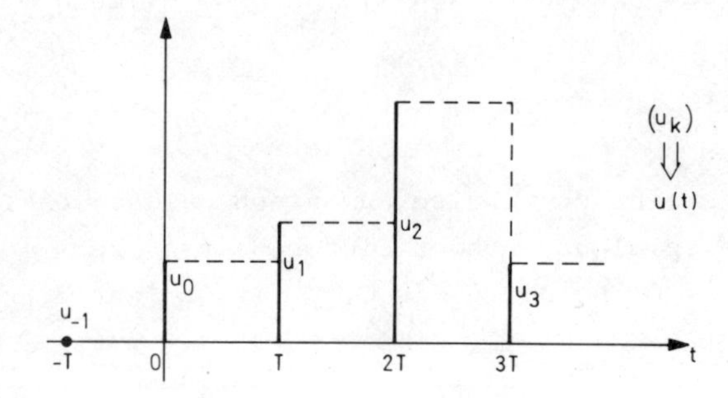

Bild 3/2 Zuordnung von Treppenfunktionen zu Zahlenfolgen

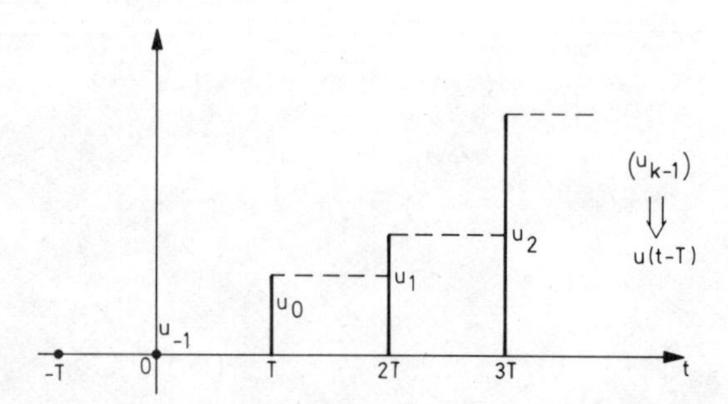

Damit wird aus der Differenzengleichung (3.3) für Zahlenfolgen eine Differenzengleichung für Treppenfunktionen:

$$a_0 y(t) + a_1 y(t-T) + \ldots + a_n y(t-nT) = b_0 u(t) + b_1 u(t-T) + \ldots + b_m u(t-mT) \quad , \quad (3.5)$$

$$a_\nu, \; b_\nu \text{ reell}, \; a_n \neq 0, \; b_m \neq 0 \; .$$

Hat man die Beziehung einmal in dieser Form geschrieben, so kann man nachträglich davon absehen, daß $u(t)$ und $y(t)$ Treppenfunktionen sind und kann sie sich als allgemeine Zeitfunktionen vorstellen. Auch braucht man nicht mehr unbedingt vorauszusetzen, daß $u(t)$ und $y(t)$ für $t < 0$ verschwinden. Dann ist (3.5) die allgemeine lineare Differenzengleichung mit konstanten Koeffizienten und konstanter Argumentdifferenz T. Im Unterschied zu den entsprechenden Differentialgleichungen kann hier sehr wohl $m > n$ sein. Beispielsweise kann die Ausgangsgröße

$$y(t) = b_0 u(t) + \ldots + b_m u(t-mT), \quad m \geqq 1,$$

ohne weiteres durch Verschiebung und Überlagerung aus $u(t)$ real erzeugt werden.

Weiterhin darf man bei einer Differenzengleichung, die ein reales System beschreibt, stets

$$a_0 \neq 0$$

voraussetzen. Andernfalls wäre

$$a_1 y(t-T) + \ldots = b_0 u(t) + \ldots$$

oder mit $t - T = \tau$:

$$a_1 y(\tau) + \ldots = b_0 u(\tau+T) + \ldots \; .$$

D.h. aber: Zu einem Zeitpunkt τ mit $0 < \tau < T$ würde die Ausgangsgröße $y(\tau)$ bereits durch den zukünftigen Wert $u(\tau+T)$ der Eingangsgröße beeinflußt. Das ist zwar als mathematische Operation denkbar, aber gewiß nicht als Verhaltensweise eines physikalischen Systems.

3.2 Verschiebungsregeln der Laplace-Transformation

Um die Laplace-Transformation auf die Differenzengleichung (3.5) anwenden zu können, muß man wissen, was die Laplace-Transformation einer nach rechts verschobenen Funktion ergibt. Aus

$$\mathcal{L}\left\{f(t-t_0)\right\} = \int_0^\infty f(t-t_0)e^{-st}dt$$

wird mit

$t - t_o = \tau$, also $t = t_o + \tau$ und $dt = d\tau$:

$$\mathcal{L}\{f(t-t_o)\} = \int_{-t_o}^{\infty} f(\tau)e^{-s(\tau+t_o)}d\tau = e^{-st_o}\int_{-t_o}^{\infty} f(\tau)e^{-s\tau}d\tau =$$

$$= e^{-st_o}\left[\int_{-t_o}^{o} f(\tau)e^{-s\tau}d\tau + \int_{o}^{\infty} f(\tau)e^{-s\tau}d\tau\right].$$

Das letzte Integral ist aber gerade das Laplace-Integral $F(s)$ zu $f(t)$. Damit hat man als <u>Regel für die Rechtsverschiebung</u>:

$$f(t-t_o) \circ\!\!-\!\!\bullet\; e^{-st_o}\left[F(s) + \int_{-t_o}^{o} f(\tau)e^{-s\tau}d\tau\right], \quad t_o > 0 . \qquad (3.6)$$

Das hierin auftretende Integral rührt von dem Stück der Zeitfunktion von $-t_o$ bis 0 her, das durch die Rechtsverschiebung in den positiven Teil der t-Achse gelangt (Bild 3/3) und deshalb zwangsläufig in das Laplace-Integral von $f(t-t_o)$ eingehen muß.

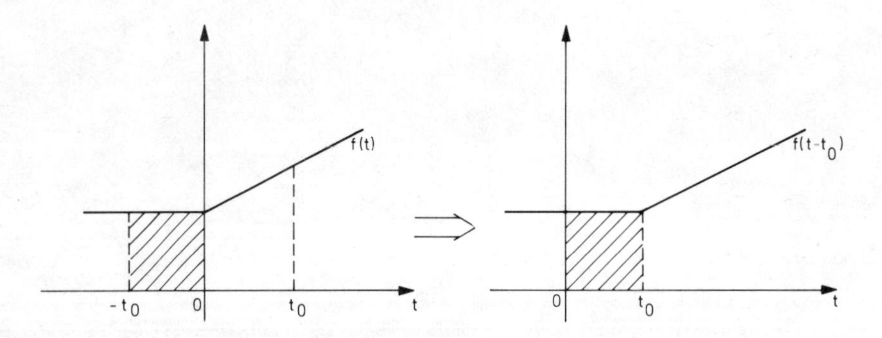

Bild 3/3 Rechtsverschiebung einer Zeitfunktion

Vielfach ist <u>$f(t) = 0$ für $t < 0$</u>. Dann vereinfacht sich die obige Verschiebungsregel zur Beziehung

$$f(t-t_o) \circ\!\!-\!\!\bullet\; e^{-st_o}F(s) , \quad t_o > 0 . \qquad (3.7)$$

Rechtsverschiebung um das Stück t_o im Zeitbereich bedeutet dann Multiplikation der Bildfunktion mit e^{-st_o}.

Der Vollständigkeit halber sei erwähnt, daß es auch eine <u>Regel für die</u>

Linksverschiebung gibt.

$$f(t+t_o) \circ\!\!-\!\!\bullet\; e^{st_o}\left[F(s) - \int_0^{t_o} f(t)e^{-st}dt\right], \quad t_o > 0 . \tag{3.8}$$

Da in realen Systemen aber nur die Verschiebung nach rechts ausgeführt wird, genügt uns die Regel (3.6) bzw. deren Spezialfall (3.7).

Als Beispiel zur Regel für die Rechtsverschiebung betrachten wir die Zeitfunktion im Bild 3/4. Hier ist

$$f(t) = a\sigma(t) - 2a\sigma(t-T) + 2a\sigma(t-2T) -+ \dots .$$

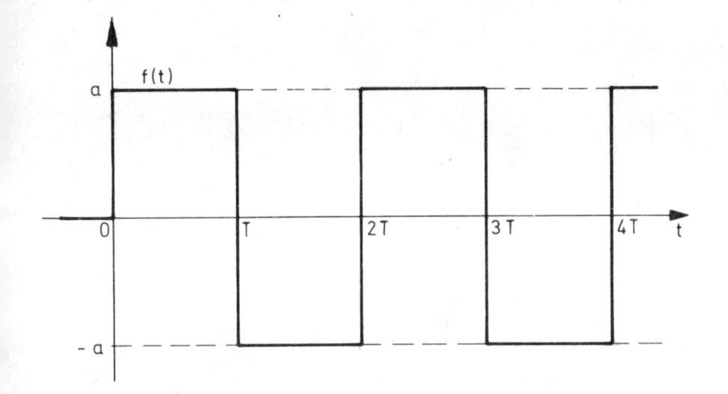

Bild 3/4 Rechteckschwingung

Durch gliedweise Laplace-Transformation folgt daraus

$$F(s) = \frac{a}{s} - 2\,\frac{a}{s}\,e^{-Ts} + 2\,\frac{a}{s}\,e^{-2Ts} -+ \dots, \quad \text{also}$$

$$F(s) = \frac{a}{s} - \frac{2a}{s}\,e^{-Ts}(1-e^{-Ts}+e^{-2Ts}-+\dots) .$$

Der Klammerausdruck stellt eine geometrische Reihe mit dem Quotienten $q = -e^{-Ts}$ dar. $|q| = e^{-T\delta}$ ist < 1 für $\delta > 0$. Die Reihe konvergiert also für alle s rechts der j-Achse. Dort ist dann

$$F(s) = \frac{a}{s} - \frac{2a}{s}\,e^{-Ts}\,\frac{1}{1+e^{-Ts}}, \quad \text{also}$$

$$F(s) = \frac{a}{s}\,\frac{1-e^{-Ts}}{1+e^{-Ts}} .$$

3.3 Lösung einer Differenzengleichung 1. Ordnung mit Vorgeschichte

Da die Lösung von Differenzengleichungen mittels der Laplace-Transformation ganz entsprechend erfolgt wie die Lösung von Differentialgleichungen, können wir uns hier kürzer fassen. Wie man vorzugehen hat, sei an der Differenzengleichung 1. Ordnung gezeigt:

$$y(t-T) + a_o y(t) = b_o u(t) + b_1 u(t-T) \ . \tag{3.9}$$

<u>1. Schritt:</u> <u>Laplace-Transformation mittels der Verschiebungsregel</u>.

$$e^{-sT}\left[Y(s) + \int_{-T}^{o} y(t)e^{-st}dt\right] + a_o Y(s) =$$

$$= b_o U(s) + b_1 e^{-sT}\left[U(s) + \int_{-T}^{o} u(t)e^{-st}dt\right] \ .$$

<u>2. Schritt:</u> <u>Auflösen der so entstandenen algebraischen Gleichung nach Y(s)</u>.

$$Y(s) = \frac{b_1 e^{-sT}+b_o}{e^{-sT}+a_o} U(s) + \frac{e^{-sT}}{e^{-sT}+a_o} \int_{-T}^{o} [b_1 u(t)-y(t)]e^{-st}dt \ . \tag{3.10}$$

An die Stelle der Anfangswerte $u(-0)$ und $y(-0)$, in denen sich der Einfluß der Vorgeschichte bei einer Differentialgleichung 1. Ordnung niederschlägt, treten hier die "Anfangsstücke" $u(t)$ und $y(t)$ in $-T \leqq t < 0$. Nur wenn sie gegeben sind, ist die Lösung der Differenzengleichung eindeutig bestimmt. Bei einer Differenzengleichung höherer Ordnung müssen entsprechend weiter in die Vergangenheit zurückreichende Anfangsstücke bekannt sein.

Ist z.B. $u(t) = c_1$, $y(t) = c_2$ in $-T \leqq t < 0$, so ist das Integral in (3.10) gleich

$$\int_{-T}^{o} (b_1 c_1 - c_2)e^{-st}dt = \frac{c_3}{s}(e^{sT}-1) \quad \text{mit } c_3 = b_1 c_1 - c_2.$$

Damit folgt aus (3.10)

$$Y(s) = \frac{b_1 e^{-sT}+b_o}{e^{-sT}+a_o} U(s) + \frac{1-e^{-sT}}{e^{-sT}+a_o}\frac{c_3}{s} \ . \tag{3.11}$$

In der Regelungstechnik und Nachrichtentechnik ist meist $u(t) = 0$, $y(t) = 0$ für $t < 0$, so daß die von der Vorgeschichte des Systems abhängenden Terme wegfallen.

3. Schritt: Rücktransformation von Y(s).

Hier treten keine rationalen Funktionen von s auf wie bei den Differentialgleichungen, sondern Funktionen von der Form

$$G(s) = \frac{b_m e^{-mTs} + \ldots + b_1 e^{-Ts} + b_o}{a_n e^{-nTs} + \ldots + a_1 e^{-Ts} + a_o} . \tag{3.12}$$

Kann man ihre Originalfunktion ermitteln, so ist die Differenzengleichung gelöst. Im obigen Fall gilt dann

$$y(t) = g_1(t) * u(t) + c_3 g_2(t) * \sigma(t) \tag{3.13}$$

mit

$$g_1(t) \circ\!\!-\!\!\bullet \frac{b_1 e^{-Ts} + b_o}{e^{-Ts} + a_o} , \quad g_2(t) \circ\!\!-\!\!\bullet \frac{1 - e^{-Ts}}{e^{-Ts} + a_o} . \tag{3.14}$$

Das Problem besteht also darin, komplexe Funktionen vom Typ (3.12) in den Zeitbereich zu übersetzen.

3.4 Rücktransformation einer rationalen Funktion von e^{-Ts}

Die Funktion (3.12) ist zwar nicht rational in s, läßt sich aber durch eine einfache Transformation auf eine rationale Funktion zurückführen. Mit

$$v = e^{-Ts} \tag{3.15}$$

wird aus ihr

$$G(s) = R(v) = \frac{b_m v^m + \ldots + b_1 v + b_o}{a_n v^n + \ldots + a_1 v + a_o} , \quad a_o, a_n, b_m \neq 0 , \tag{3.16}$$

also eine rationale Funktion von v. Die weitere Behandlung erfolgt wieder über die Partialbruchzerlegung. Zur Vermeidung von Weitläufigkeiten wollen wir annehmen, daß die Pole $\gamma_1, \gamma_2, \ldots, \gamma_n$ von R(v) einfach sind. Der Fall mehrfacher Pole ist ganz entsprechend zu erledigen.

Falls $m \geqq n$ ist, wird durch Ausdividieren des Zählers durch den Nenner zunächst ein Polynom vom Grad $m - n$ abgespalten und erst dann die Partialbruchzerlegung vorgenommen:

$$G(s) = R(v) = \sum_{\nu=1}^{n} \frac{\rho_\nu}{v-\gamma_\nu} + \rho_o + \rho_{-1}v + \ldots + \rho_{-(m-n)} v^{m-n},$$

$$\rho_o, \rho_{-1}, \ldots = 0 \text{ für } m < n. \qquad (3.17)$$

Die Pole γ_ν sind gewiß $\neq 0$. Wäre nämlich $v = 0$ Pol, so müßte der Nenner von $R(v)$ für $v = 0$ Null werden. Das ergäbe $a_o = 0$, was ausgeschlossen ist.

In (3.17) ist

$$\frac{\rho_\nu}{v-\gamma_\nu} = -\frac{\rho_\nu}{\gamma_\nu} \frac{1}{1-\frac{v}{\gamma_\nu}} = -\frac{\rho_\nu}{\gamma_\nu}\left(1 + \frac{v}{\gamma_\nu} + \frac{v^2}{\gamma_\nu^2} + \ldots\right). \qquad (3.18)$$

Diese geometrische Reihe ist konvergent, wenn $\left|\frac{v}{\gamma_\nu}\right| < 1$, also wegen (3.15) $\left|e^{-Ts}\right| < \left|\gamma_\nu\right|$ oder $e^{-T \operatorname{Re} s} < \left|\gamma_\nu\right|$. Das ist gewiß der Fall, wenn sich s in einer genügend weit rechts gelegenen rechten Halbebene befindet.

Aus (3.17) wird so

$$G(s) = R(v) = -\sum_{\nu=1}^{n} \frac{\rho_\nu}{\gamma_\nu} - v \sum_{\nu=1}^{n} \frac{\rho_\nu}{\gamma_\nu^2} - v^2 \sum_{\nu=1}^{n} \frac{\rho_\nu}{\gamma_\nu^3} - \ldots + \rho_o + \rho_{-1}v + \ldots$$

$$\ldots + \rho_{-(m-n)} v^{m-n}. \qquad (3.19)$$

Nun gilt nach (2.20)

$$v^k = e^{-kTs} \bullet\!\!-\!\!\circ\ \delta(t-kT).$$

Daher ist die Originalfunktion zu $G(s)$:

$$g(t) = -\sum_{\nu=1}^{n} \frac{\rho_\nu}{\gamma_\nu} \delta(t) - \sum_{\nu=1}^{n} \frac{\rho_\nu}{\gamma_\nu^2} \delta(t-T) - \sum_{\nu=1}^{n} \frac{\rho_\nu}{\gamma_\nu^3} \delta(t-2T) - \ldots$$

$$\ldots + \rho_o\delta(t) + \rho_{-1}\delta(t-T) + \ldots + \rho_{-(m-n)}\delta(t-(m-n)T), \qquad (3.20)$$

eine unendliche Reihe äquidistanter δ-Funktionen.

Wendet man (3.20) auf (3.14) an, so erhält man die Lösung der Differenzengleichung 1. Ordnung mit Vorgeschichte. Wir wollen darauf verzichten, da diese Rechnung ganz entsprechend wie die folgende Untersuchung abläuft, die von allgemeinerem Interesse ist. Das Ergebnis (3.20) soll nämlich benützt werden, um die Lösung der allgemeinen Differenzengleichung ohne Vorgeschichte zu finden, und zwar für eine beliebige Eingangsgröße u. Speziell für $u = \sigma(t)$ ist darin die Sprungantwort der Differenzengleichung enthalten.

3.5 Lösung der allgemeinen Differenzengleichung ohne Vorgeschichte

Setzt man in der allgemeinen Differenzengleichung (3.5) $u(t) = 0$, $y(t) = 0$ für $t < 0$, betrachtet sie also ohne Vorgeschichte, und wendet die Laplace-Transformation an, so wird mit der Verschiebungsregel (3.7)

$$\begin{aligned} &a_n e^{-nTs} Y(s) + \ldots + a_1 e^{-Ts} Y(s) + a_0 Y(s) = \\ &= b_0 U(s) + b_1 e^{-Ts} U(s) + \ldots + b_m e^{-mTs} U(s) \;, \end{aligned} \tag{3.21}$$

also

$$Y(s) = G(s)U(s) = \frac{b_m e^{-mTs} + \ldots + b_1 e^{-Ts} + b_0}{a_n e^{-nTs} + \ldots + a_1 e^{-Ts} + a_0} \, U(s) \;. \tag{3.22}$$

Im Zeitbereich erhält man daraus mit der Faltungsregel

$$y(t) = g(t) * u(t) \;. \tag{3.23}$$

Darin ist g(t) durch (3.20) gegeben. Setzt man diese Funktion in (3.23) ein, so entsteht wegen

$$\delta(t-kT) * u(t) = u(t-kT)$$

die Lösung

$$\begin{aligned} y(t) = \;& \rho_0 u(t) + \rho_{-1} u(t-T) + \ldots + \rho_{-(m-n)} u(t-(m-n)T) - \\ & - \sum_{\nu=1}^{n} \frac{\rho_\nu}{\gamma_\nu} u(t) - \sum_{\nu=1}^{n} \frac{\rho_\nu}{\gamma_\nu^2} u(t-T) - \ldots \;. \end{aligned} \tag{3.24}$$

Das ist die Antwort der Differenzengleichung (3.5) ohne Vorgeschichte auf eine beliebige Eingangsgröße u(t). Sehr zum Unterschied von der Lösung einer Differentialgleichung handelt es sich um eine unendliche Reihe, wobei die einzelnen Reihenglieder nacheinander zu den Zeitpunkten kT einsetzen. In

$0 < t < T$ ist $y(t) = \left(\rho_0 - \sum\limits_{\nu=1}^{n} \frac{\rho_\nu}{\gamma_\nu}\right) u(t)$,

$T < t < 2T$ ist $y(t) = \left(\rho_o - \sum_{\nu=1}^{n} \frac{\rho_\nu}{\gamma_\nu}\right) u(t) + \left(\rho_{-1} - \sum_{\nu=1}^{n} \frac{\rho_\nu}{\gamma_\nu^2}\right) u(t-T)$

usw.

Ist insbesondere $u = \sigma(t)$, so entsteht aus (3.24) die Sprungantwort:

$$h(t) = \rho_o \sigma(t) + \rho_{-1}\sigma(t-T) + \dots + \rho_{-(m-n)}\sigma(t-(m-n)T) -$$

$$- \sum_{\nu=1}^{n} \frac{\rho_\nu}{\gamma_\nu} \sigma(t) - \sum_{\nu=1}^{n} \frac{\rho_\nu}{\gamma_\nu^2} \sigma(t-T) - \dots .$$

Betrachtet man speziell das k-te Intervall $kT < t < (k+1)T$, so sind dort $\sigma(t),\dots,\sigma(t-kT)$ gleich 1, alle anderen $\sigma(t-\nu T)$ gleich Null. Daher ist in $kT < t < (k+1)T$

$$h(t) = R_k - \sum_{\nu=1}^{n} \left(\frac{\rho_\nu}{\gamma_\nu} + \frac{\rho_\nu}{\gamma_\nu^2} + \dots + \frac{\rho_\nu}{\gamma_\nu^{k+1}} \right), \quad k = 0,1,2,\dots, \tag{3.24}$$

wobei

$$R_k = \begin{cases} \rho_o + \rho_{-1} + \dots + \rho_{-k} & \text{für } k \leqq m-n , \\ \rho_o + \rho_{-1} + \dots + \rho_{-(m-n)} & \text{für } k \geqq m-n . \end{cases} \tag{3.25}$$

Da jeder Term der Summe in (3.24) eine endliche geometrische Reihe darstellt, ist er gleich

$$\frac{\rho_\nu}{\gamma_\nu} \left(1 + \frac{1}{\gamma_\nu} + \dots + \frac{1}{\gamma_\nu^k}\right) = \frac{\rho_\nu}{\gamma_\nu} \frac{1 - \left(\frac{1}{\gamma_\nu}\right)^{k+1}}{1 - \frac{1}{\gamma_\nu}} . \tag{3.26}$$

Damit wird aus (3.24)

$$h(t) = R_k - \sum_{\nu=1}^{n} \frac{\rho_\nu}{\gamma_\nu - 1} (1 - \gamma_\nu^{-1} \gamma_\nu^{-k}) ,$$

$$h(t) = R_k + \sum_{\nu=1}^{n} \frac{\rho_\nu}{1-\gamma_\nu} + \sum_{\nu=1}^{n} \frac{\rho_\nu}{\gamma_\nu(\gamma_\nu - 1)} \gamma_\nu^{-k} \tag{3.27}$$

in $kT < t < (k+1)T$, $k = 0,1,2,\dots$.

Die Sprungantwort h(t) ist also in jedem Intervall $kT < t < (k+1)T$ konstant, stellt also eine Treppenfunktion dar (Bild 3/5). An den Stellen kT weist sie Sprünge auf. Sie hat ganz andere Eigenschaften als die Sprungantwort einer linearen Differentialgleichung mit konstanten Koeffizienten, die für $t > 0$ stetig und sogar beliebig oft differenzierbar ist, somit analytischen Charakter hat.

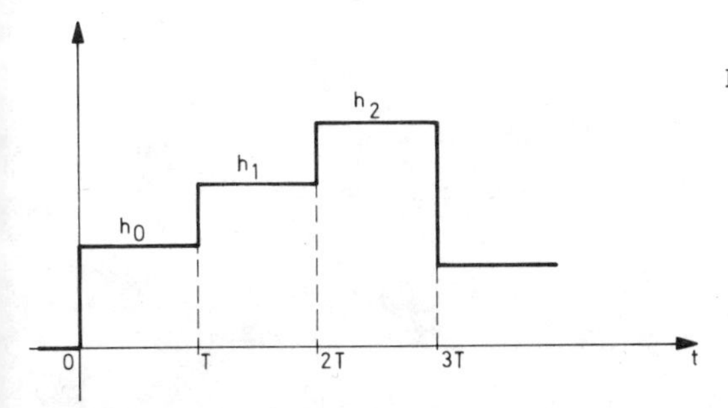

Bild 3/5 Sprungantwort einer Differenzengleichung

Trotz dieser Verschiedenheit ist die Sprungantwort einer Differenzengleichung ganz entsprechend aufgebaut wie die Sprungantwort einer Differentialgleichung, sofern man den Fall $m \leqq n$ betrachtet, der ja für die Differentialgleichung allein in Frage kommt. Dann folgt zunächst aus (3.27)

$$h(t) = \rho_o + \sum_{\nu=0}^{n} \frac{\rho_\nu}{1-\gamma_\nu} + \sum_{\nu=1}^{n} \frac{\rho_\nu}{\gamma_\nu(\gamma_\nu-1)} \gamma_\nu^{-k}, \quad k < \frac{t}{T} < k+1, \quad k = 0,1,2,\dots .$$

Da nach (3.17)

$$G(o) = R(1) = \sum_{\nu=1}^{n} \frac{\rho_\nu}{1-\gamma_\nu} + \rho_o, \quad \text{ist}$$

$$h(t) = G(o) + \sum_{\nu=1}^{n} \frac{\rho_\nu}{\gamma_\nu(\gamma_\nu-1)} \gamma_\nu^{-k}, \quad k < \frac{t}{T} < k+1, \quad k = 0,1,2,\dots . \tag{3.28}$$

Diese unendlich vielen Gleichungen für die verschiedenen k kann man formal als eine einzige Gleichung schreiben. Dazu bezeichnet man, wie das in der Mathematik üblich ist, die größte ganze Zahl k, für die $k \leqq \frac{t}{T}$ gilt, mit $\left[\frac{t}{T}\right]$. Dann wird aus (3.28)

$$h(t) = G(o) + \sum_{\nu=1}^{n} \frac{\rho_\nu}{\gamma_\nu(\gamma_\nu-1)} \gamma_\nu^{-\left[\frac{t}{T}\right]}, \quad t > 0 .^{1)} \tag{3.29}$$

---

1) In den Sprungstellen kT, wo wir h(t) bisher nicht definiert hatten, ist h(t) jetzt durch seinen linksseitigen Grenzwert erklärt. Das ist praktisch ohne Belang.

Ein Vergleich mit der Sprungantwort (2.50) der Differentialgleichung zeigt, daß beide Sprungantworten aus dem konstanten Term G(o) und einer Linearkombination von zeitabhängigen Termen aufgebaut sind. Bei der Differentialgleichung sind das die Funktionen $e^{\alpha_\nu t}$, bei der Differenzengleichung die Funktionen

$$\gamma_\nu^{-\left[\frac{t}{T}\right]} = e^{-\left[\frac{t}{T}\right] \ln\gamma_\nu} .$$

Ganz entsprechend wie bei den Differentialgleichungen kann man auch hier konjugiert komplexe Terme zu einem reellen Term zusammenfassen.

Eine zusätzliche Voraussetzung bei der Herleitung von h(t) wurde oben stillschweigend übergangen. Die Summierung in (3.26) ist nur möglich, wenn $\gamma_\nu \neq 1$ ist. Tritt ein $\gamma_\nu = 1$ auf, etwa

$$\gamma_1 = 1,$$

so wird aus (3.26) $(k+1)\rho_1$ und damit nach (3.27)

$$h(t) = R_k - \rho_1 + \sum_{\nu=2}^{n} \frac{\rho_\nu}{1-\gamma_\nu} - k\rho_1 + \sum_{\nu=2}^{n} \frac{\rho_\nu}{\gamma_\nu(\gamma_\nu-1)} \gamma_\nu^{-k} ,$$

$$k < \frac{t}{T} < k+1, \quad k = 0,1,2,\ldots \quad \text{oder}$$

$$h(t) = R_k - \rho_1 + \sum_{\nu=2}^{n} \frac{\rho_\nu}{1-\gamma_\nu} - \rho_1\left[\frac{t}{T}\right] + \sum_{\nu=2}^{n} \frac{\rho_\nu}{\gamma_\nu(\gamma_\nu-1)} \gamma_\nu^{-\left[\frac{t}{T}\right]} , \quad t > 0 .$$

Dieser Fall, daß ein Pol der Differenzengleichung in 1 liegt, entspricht dem Pol s = O bei der Differentialgleichung. Die bei letzterer auftretende Funktion ct kommt hier in Form einer Treppenfunktion $\rho_1\left[\frac{t}{T}\right]$ vor (Bild 3/6).

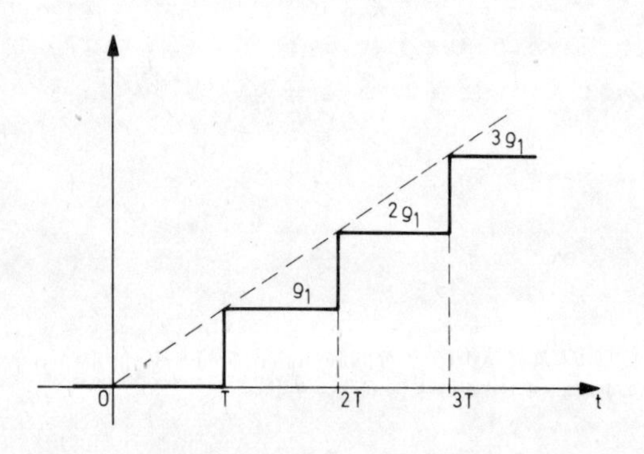

Bild 3/6 Zeitvorgang zum Pol $\gamma = 1$ einer Differenzengleichung

Zum Abschluß wollen wir als Beispiel die Sprungantwort der Differenzengleichung (3.9) berechnen. Aus der Differenzengleichung (3.11) im Bildbereich folgt

$$H(s) = \frac{b_1 e^{-sT} + b_o}{e^{-sT} + a_o} \frac{1}{s} .$$

Demnach ist

$$G(s) = \frac{b_1 e^{-sT} + b_o}{e^{-sT} + a_o} = \frac{b_1 v + b_o}{v + a_o} = b_1 + \frac{b_o - a_o b_1}{v + a_o} .$$

Durch Vergleich mit (3.17) folgt daraus

$$\rho_o = b_1, \; \rho_1 = b_o - a_o b_1, \; \gamma_1 = -a_o.$$

Außerdem ist

$$G(o) = \frac{b_1 + b_o}{1 + a_o} .$$

Aus (3.28) erhält man deshalb für den konstanten Wert von $h(t)$ im Intervall $kT < t < (k+1)T$:

$$h_k = \frac{b_1 + b_o}{1 + a_o} + \frac{b_o - a_o b_1}{(-a_o)(-a_o - 1)} (-a_o)^{-k} \quad \text{oder}$$

$$h_k = \frac{b_1 + b_o}{1 + a_o} + \frac{b_o - a_o b_1}{a_o (a_o + 1)} (-1)^k \left(\frac{1}{a_o}\right)^k , \quad k = 0, 1, \ldots$$

Wenn wir etwa annehmen, daß $a_o > 0$ (und $b_o - a_o b_1 \neq 0$) ist, so sind drei Fälle zu unterscheiden:

(I) $a_o > 1$.

Dann ist $\frac{1}{a_o} < 1$ und die Potenzen $\left(\frac{1}{a_o}\right)^k$ streben $\rightarrow 0$. Wegen des Faktors $(-1)^k$ alterniert das Vorzeichen. Die Sprungantwort ist daher eine abklingende Rechteckschwingung, die für $k \rightarrow +\infty$ gegen den Wert $\frac{b_1 + b_o}{1 + a_o}$ strebt

(II) $a_o = 1$.

Dann liegt eine Dauerschwingung vor.

(III) $a_o < 1$.

Da $\frac{1}{a_o} > 1$, streben die Potenzen $(\frac{1}{a_o})^k \rightarrow +\infty$. Die Sprungantwort ist eine aufklingende Rechteckschwingung.

Im Bild 3/7 sind die drei Fälle skizziert.

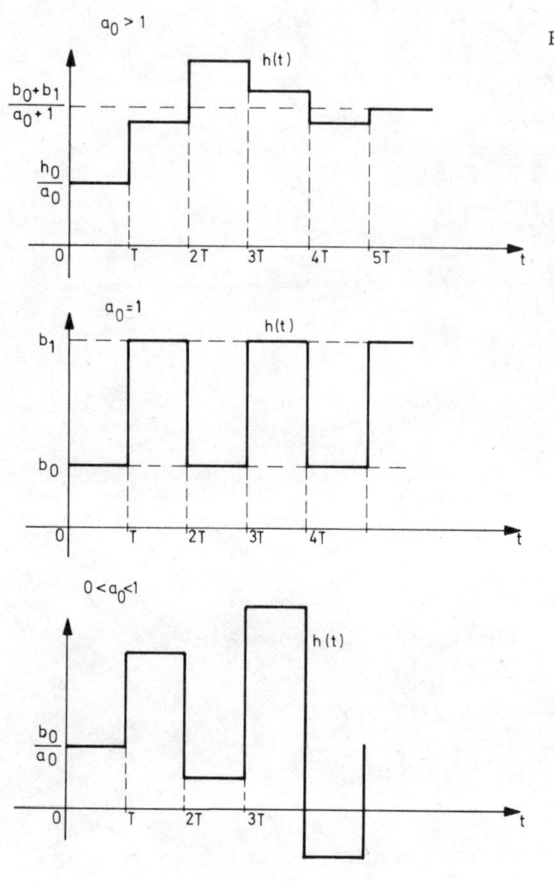

Bild 3/7 Sprungantwort der Differenzengleichung (3.9)

4 Lösung von Differenzendifferentialgleichungen mit der Laplace-Transformation

4.1 Auftreten von Differenzendifferentialgleichungen: Totzeitsysteme

In technischen Systemen treten nicht selten Transportvorgänge stofflicher oder energetischer Art auf. Bezeichnet $u(t)$ bzw. $y(t)$ die zum Zeitpunkt t am Eingang bzw. Ausgang der Transportstrecke vorliegende Stoff- oder Energiemenge, so gilt

$$y(t) = u(t-T_t) \quad \text{mit} \quad T_t = \frac{l}{v} \,, \tag{4.1}$$

wobei l die Länge der Transportstrecke, v die als konstant angenommene Transportgeschwindigkeit ist. Denn die am Ausgang zum Zeitpunkt t vorhandene Menge war T_t sec früher am Eingang. T_t wird als <u>Totzeit</u> oder <u>Laufzeit</u> bezeichnet.

(4.1) ist eine ganz einfache Differenzengleichung. Im Bildbereich wird aus ihr, sofern $u(t) = 0$ für $t < 0$:

$$Y(s) = e^{-T_t s}\, U(s) \ . \tag{4.2}$$

Nun tritt ein solcher Transportvorgang im allgemeinen nicht alleine auf, sondern zusammen mit anderen Vorgängen, die meist durch lineare Differentialeichungen mit konstanten Koeffizienten (wenigstens näherungsweise) beschrieben werden. Hierdurch entstehen Differenzendifferentialgleichungen, im Bildbereich Kombinationen von rationalen Funktionen von s mit komplexen e-Funktionen.

Beispiel: Temperaturregelung.

Die Anordnung ist im Bild 4/1 dargestellt, wobei es nur auf das Prinzip ankommt. Die Raumtemperatur ϑ soll auf dem vorgeschriebenen Sollverlauf ϑ_s gehalten werden. Hierzu wird sie durch eine Meßeinrichtung erfaßt, die zugleich die Differenz $\vartheta_s - \vartheta$ feststellt und diese in eine proportionale Spannung umformt. Diese wirkt auf den Ankerkreis eines Stellmotors, d.h. eines konstant erregten Gleichstrommotors, der ein Ventil in der Warmwasser- oder Dampfzufuhr verstellt. Sofern $\vartheta_s - \vartheta = 0$ ist, bleibt der Motor in Ruhe. Ist ϑ zu niedrig, also $\vartheta_s - \vartheta > 0$, so wird das Ventil weiter aufgedreht, und umgekehrt.

Wird das Ventil verstellt, so verstreicht die Transportzeit $T_t = l/v$, bis sich die Änderung im Heizkörper bemerkbar macht. Der Transportvorgang wird also durch die Gleichung

$$q(t) = y(t-T_t) \text{ bzw. } q(s) = e^{-T_t s}\, y(s) \tag{4.3}$$

Bild 4/1 Temperaturregelung

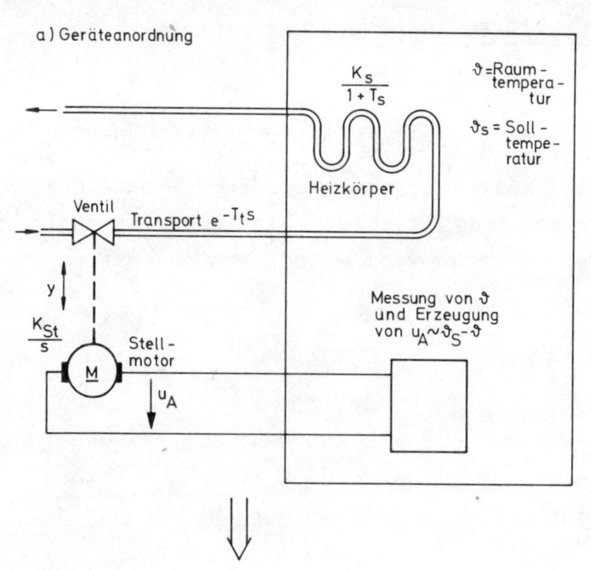

b) Strukturbild

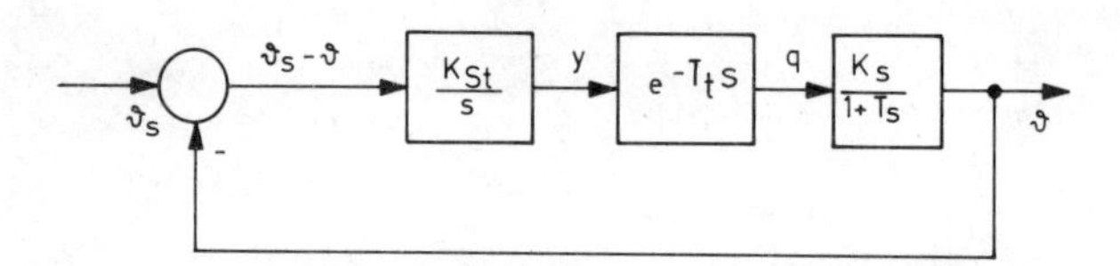

beschrieben, wobei y die Ventilverstellung und q den Zustrom des wärmeübertragenden Mediums bezeichnet. Hier, wie auch sonst oft bei konkreten Problemen, werden die Bildfunktionen ebenfalls mit kleinen Buchstaben bezeichnet. Zu Verwechslungen dürfte es dabei kaum kommen.

Nunmehr ist die Erwärmung des Raumes durch den Heizkörper mathematisch zu beschreiben. Allgemein ist die Temperaturänderung $\Delta\vartheta$ infolge der zu- oder abgeführten Wärmemenge Q:

$$Q = cm\Delta\vartheta \ , \tag{4.4}$$

wo c die spezifische Wärme und m die Masse des zu erwärmenden bzw. abzukühlenden Mediums ist. Infolgedessen erhält man für die Temperaturänderung $d\vartheta$ des Raumes während der Zeitspanne dt die Bilanzgleichung

$$cmd\vartheta = dQ_e - dQ_a \ ,$$

worin dQ_e die zugeführte, dQ_a die abgegebene Wärmemenge darstellt. Daraus folgt

$$\frac{d\vartheta}{dt} = \frac{1}{cm}\left(\frac{dQ_e}{dt} - \frac{dQ_a}{dt}\right). \tag{4.5}$$

Der Wärmezustrom dQ_e/dt ist proportional dem Dampf- bzw. Warmwasserzustrom $q(t)$ im Heizkörper:

$$\frac{dQ_e}{dt} = k_1 q \ .$$

Weiterhin ist die Wärmeabgabe dQ_a proportional zur Differenz $\vartheta - \vartheta_A$ von Raum- und Außentemperatur sowie zur Zeitspanne dt:

$$dQ_a = k_2(\vartheta - \vartheta_A)dt \ .$$

Damit wird aus (4.5)

$$\dot{\vartheta} = \frac{k_1}{cm} q - \frac{k_2}{cm} (\vartheta - \vartheta_A) \ .$$

Nimmt man als Nullpunkt der Temperatur die als konstant angesehene Außentemperatur ϑ_A und geht dann von ϑ zur Abweichung $\vartheta - \vartheta_A$ über, behält aber die Bezeichnung ϑ bei, so wird aus der letzten Differentialgleichung

$$\dot{\vartheta} + \frac{k_2}{cm}\vartheta = \frac{k_1}{cm} q \ . \tag{4.6}$$

Multiplizieren wir noch mit $\frac{cm}{K_2}$, so haben wir die in der Technik übliche Form einer solchen Differentialgleichung:

$$T\dot{\vartheta} + \vartheta = K_S q \tag{4.7}$$

mit $T = \frac{cm}{K_2}$, $K_S = \frac{K_1}{K_2}$. Aus ihr folgt durch Laplace-Transformation (bei verschwindendem Anfangswert):

$$\vartheta(s) = \frac{K_S}{1+Ts} q(s) \ . \tag{4.8}$$

An der Beschreibung des dynamischen Verhaltens der Temperaturregelung fehlt jetzt noch der Stellmotor. Nach (2.1) gilt für den Zusammenhang zwischen der Ankerspannung u_A und der Winkelgeschwindigkeit ω des Motorankers bei nichtvorhandenem Lastmoment:

$$\frac{JL_A}{R_A} \ddot{\omega} + \frac{JR_A}{K_A} \dot{\omega} + k_M\omega = u_A$$

Wegen des kleinen Trägheitsmoments J können die beiden ersten Terme vernachlässigt werden, so daß

$$\omega = \frac{1}{k_M} u_A$$

ist. Der Drehwinkel φ des Stellmotors ist daher

$$\varphi = \int_0^t \omega d\tau = \frac{1}{K_M} \int_0^t u_A d\tau \ .$$

Nun ist einerseits u_A proportional zur Temperaturdifferenz $\vartheta_s - \vartheta$, andererseits die Ventilstellung y proportional zum Drehwinkel φ. Infolgedessen gilt

$$y = K_{st} \int_0^t (\vartheta_s - \vartheta) d\tau, \quad K_{st} \text{ konstant, oder}$$

$$y(s) = \frac{K_{st}}{s} [\vartheta_s(s) - \vartheta(s)] \ . \tag{4.9}$$

Die komplexen Gleichungen (4.2), (4.8) und (4.9) kann man in der üblichen Weise durch ein Strukturbild (Signalflußbild, Blockbild) veranschaulichen, indem man die veränderlichen Größen durch gerichtete Linien darstellt, die komplexen Faktoren durch Blöcke. Man gelangt so zum unteren Teil von Bild 4/1.

Aus ihm oder auch direkt aus den Gleichungen (4.8), (4.3) und (4.9) kann man nun eine einzige Beziehung herleiten, welche die interessierende Ausgangsgröße ϑ in ihrer Abhängigkeit von dem vorgegebenen Sollverlauf ϑ_s beschreibt. Aus

$$\vartheta(s) = \frac{K_s}{1+Ts} q(s) \ , \quad q(s) = e^{-T_t s} y(s) \ , \quad y(S) = \frac{K_{st}}{s} [\vartheta_s(s) - \vartheta(s)]$$

folgt

$$\vartheta(s) = \frac{K_s}{1+Ts} e^{-T_t s} \frac{K_{st}}{s} [\vartheta_s(s) - \vartheta(s)] \ , \tag{4.10}$$

$$\left[1 + \frac{K_s K_{st} e^{-T_t s}}{s(1+Ts)}\right] \vartheta(s) = \frac{K_s K_{st} e^{-T_t s}}{s(1+Ts)} \vartheta_s(s) \ ,$$

$$\vartheta(s) = G(s) \vartheta_s(s) = \frac{\frac{K_s K_{st}}{s(1+Ts)} e^{-T_t s}}{1 + \frac{K_s K_{st}}{s(1+Ts)} e^{-T_t s}} \vartheta_s(s) \ . \tag{4.11}$$

Diese Gleichung beschreibt die gesamte Temperaturregelung im Bildbereich.

Um die entsprechende Gleichung im Originalbereich zu erhalten, geht man am besten von (4.10) aus und multipliziert mit $s(1+Ts) = Ts^2 + s$:

$$Ts^2\vartheta(s) + s\vartheta(s) = K_sK_{st}e^{-T_ts}\vartheta_s(s) - K_sK_{st}e^{-T_ts}\vartheta(s) \ .$$

Falls das System keine Vorgeschichte hat, also $\vartheta(t)$ und $\vartheta_s(t)$ Null sind für $t < 0$, folgt daraus mit der Differentiations- und Verschiebungsregel

$$T\ddot{\vartheta}(t) + \dot{\vartheta}(t) = K_sK_{st}\vartheta_s(t-T_t) - K_sK_{st}\vartheta(t-T_t) \quad \text{oder}$$

$$T\ddot{\vartheta}(t) + \dot{\vartheta}(t) + K_sK_{st}\vartheta(t-T_t) = K_sK_{st}\vartheta_s(t-T_t) \ .$$

Wie man sieht, ergibt sich ein Gemisch aus Differenzengleichung und Differentialgleichung: eine <u>Differenzendifferentialgleichung</u>.

Es sei aber sogleich betont, daß man bei technischen Problemen niemals mit der Differenzendifferentialgleichung selbst arbeitet, sondern stets mit der entsprechenden Gleichung im Bildbereich, hier (4.11). Denn was sich schon bei Differentialgleichungen und Differenzengleichungen zeigte, gilt hier in erhöhtem Maße: Der Übergang in den Bildbereich vereinfacht die Behandlung solcher Funktionalbeziehungen ganz wesentlich.

Systeme, bei denen die Beziehung zwischen Ein- und Ausgangsgröße vom Typ (4.11) ist, wollen wir fernerhin als <u>Totzeitsysteme</u> bezeichnen. Allgemein kann man sie durch die Beziehung

$$Y(s) = G(s)U(s) = \frac{H_o(s)+H_1(s)e^{-\tau_{t1}s}+\ldots+H_m(s)e^{-\tau_{tm}s}}{1+G_1(s)e^{-T_{t1}s}+\ldots+G_n(s)e^{-T_{tn}s}}\,U(s) \ , \qquad (4.12)$$

$H_\nu(s)$, $G_\nu(s)$ rational, $\tau_{t\nu}$, $T_{t\nu} > 0$, charakterisieren. Im Zeitbereich werden sie durch Differenzendifferentialgleichungen beschrieben.

4.2 <u>Bestimmung der Ausgangsgröße eines Totzeitsystems durch Laplace-Transformation</u>

Sie sei für die Totzeitrückkopplung im Bild 4/2 durchgeführt, die eine Verallgemeinerung des in Abschnitt 4.1 behandelten Beispiels darstellt. Dabei sei R(s) eine rationale Funktion, deren Zählergrad höchstens gleich dem Nennergrad ist, und $T_t > 0$.

Nach Bild 4/2 gilt

$$Y(s) = e^{-T_t s} R(s)[U(s)-Y(s)] \quad , \quad \text{also}$$

$$Y(s) = \frac{R(s)e^{-T_t s}}{1+R(s)e^{-T_t s}} U(s) = G(s)U(s) \ . \qquad (4.13)$$

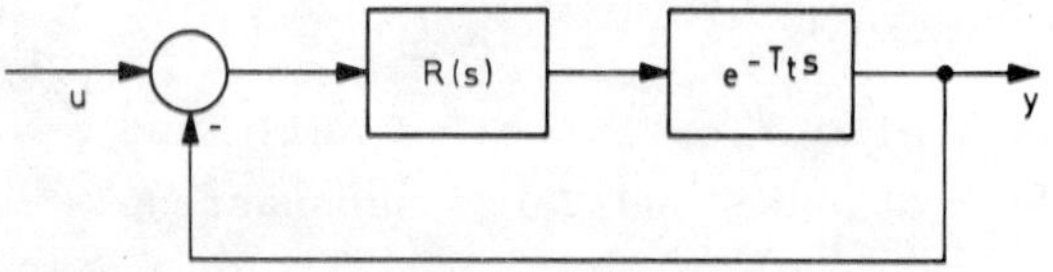

Bild 4/2 Rückkopplung mit Totzeit

Dabei ist vorausgesetzt, daß $u(t) = 0$, $y(t) = 0$ für $t < 0$.

Da G(s) keine rationale Funktion von s ist, kann die Rücktransformation nicht über die Partialbruchzerlegung einer rationalen Funktion erfolgen. Auch eine Zurückführung auf rationale Funktionen wie bei den Differenzengleichungen ist jetzt nicht möglich, weil G auch unmittelbar von s und nicht nur von $e^{-T_t s}$ abhängt.

Die Rücktransformation erfolgt hier nicht durch Partialbruchzerlegung von G(s), sondern durch Reihenentwicklung. In

$$Y(s) = R(s)e^{-T_t s} U(s) \frac{1}{1+R(s)e^{-T_t s}}$$

faßt man den letzten Bruch als Summe einer geometrischen Reihe mit dem Quotienten

$$q = R(s)e^{-T_t s}$$

auf. Dann ist nach (1.6)

$$|q| = |R(s)| \left|e^{-T_t s}\right| = |R(s)| \ e^{-T_t \delta} \ .$$

Da der Zählergrad von R(s) höchstens gleich dem Nennergrad ist, bleibt R(s) im Unendlichen beschränkt. Wählt man deshalb $\delta = \operatorname{Re} s$ genügend groß, so ist $|q| < 1$. D.h.: Die geometrische Reihe konvergiert in einer rechten Halbebene. Dort gilt somit

$$Y(s) = R(s)e^{-T_t s} U(s)\left[1-R(s)e^{-T_t s}+R^2(s)e^{-2T_t s}-+\ldots\right] ,$$

$$Y(s) = R(s)U(s)e^{-T_t s}-R^2(s)U(s)e^{-2T_t s}+R^3(s)U(s)e^{-3T_t s}-+\ldots \qquad (4.14)$$

Die Originalfunktion r(t) zu der rationalen Funktion R(s) kann man durch Partialbruchzerlegung bestimmen; sie darf daher als bekannt angesehen werden. Bei Anwendung der Verschiebungs- und der Faltungsregel folgt aus (4.14) durch gliedweise Rücktransformation

$$y(t) = r(t)*u(t-T_t) - r(t)*r(t)*u(t-2T_t) + r(t)*r(t)*r(t)*u(t-3T_t) -+ \ldots \quad (4.15)$$

Die Ausgangsgröße setzt sich aus Summanden zusammen, die nacheinander zu den Zeitpunkten kT_t in Erscheinung treten:

$$0 < t < T_t : y(t) = 0 ,$$

$$T_t < t < 2T_t : y(t) = r(t)*u(t-T_t) ,$$

$$2T_t < t < 3T_t : y(t) = r(t)*u(t-T_t)-r(t)*r(t)*u(t-2T_t) , \quad \text{usw.}$$

Beispiel: Berechnung der Sprungantwort h(t) des Totzeitsystems im Bild 4/3. Aus dem Bild liest man ab

$$Y(s) = \frac{K}{s} e^{-T_t s} [U(s)-Y(s)] ,$$

$$Y(s) = \frac{\frac{K}{s} e^{-T_t s}}{1 + \frac{K}{s} e^{-T_t s}} U(s) .$$

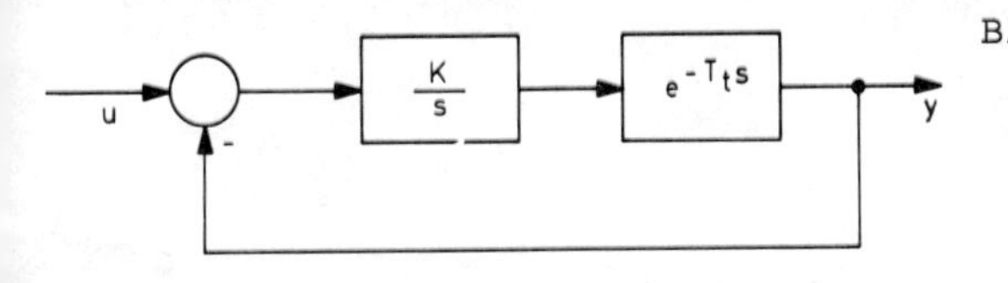

Bild 4/3 Spezielle Totzeitrückkopplung

Für U(s) = 1/s folgt daraus

$$H(s) = \frac{K}{s^2} e^{-T_t s} \frac{1}{1 + \frac{K}{s} e^{-T_t s}} ,$$

$$H(s) = \frac{K}{s^2} e^{-T_t s} \left[1 - \frac{K}{s} e^{-T_t s} + \frac{K^2}{s^2} e^{-2T_t s} -+ \ldots\right] ,$$

$$H(s) = \frac{K}{s^2} e^{-T_t s} - \frac{K^2}{s^3} e^{-2T_t s} + \frac{K^3}{s^4} e^{-3T_t s} -+ \ldots .$$

In diesem einfachen Fall kann man auf die Faltung verzichten, da man die einzelnen Summanden direkt in den Zeitbereich übersetzen kann. Mit

$$\frac{1}{s^{n+1}} \bullet\!\!-\!\!\circ \frac{t^n}{n!}$$

und der Verschiebungsregel folgt:

$$h(t) = K(t-T_t) - K^2 \frac{(t-2T_t)^2}{2!} + K^3 \frac{(t-3T_t)^3}{3!} -+ \dots \quad (4.16)$$

In geschlossener Form kann man diese Reihe trotz ihrer Einfachheit nicht angeben. Den Funktionsverlauf für $K = 1$, $T_t = 1$ in den ersten Totzeitintervallen zeigt das Bild 4/4. Es ergibt sich eine abklingende Schwingung, die äußerlich an die Sprungantwort einer Differentialgleichung 2. Ordnung erinnern könnte, in Wahrheit aber völlig anders aufgebaut ist, wie aus (4.16) hervorgeht. Wie schon bei den Differenzengleichungen hat man auch hier eine zusammengestückelte Funktion, die zwar stetig ist, aber Sprünge in den Ableitungen aufweist.

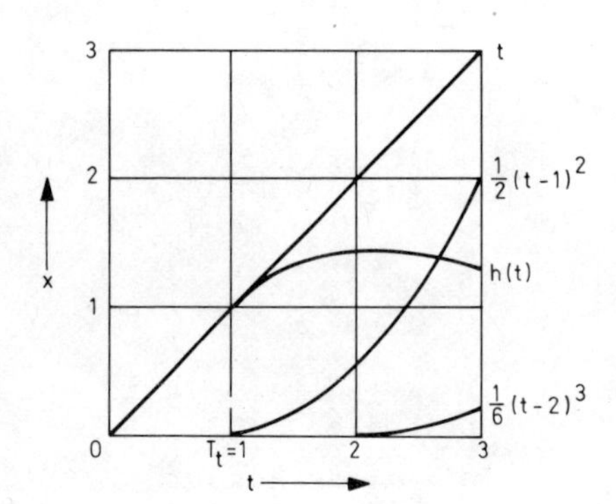

Bild 4/4 Sprungantwort des Systems im Bild 4/3

5 Zusammenstellung von Rechenregeln und Korrespondenzen der Laplace-Transformation

Operationen im Originalbereich, wie Differentiation, Integration, Verschiebung in t-Richtung, gehen in bestimmte Operationen des Bildbereiches über. Wie das geschieht, wird durch die Rechenregeln der Laplace-Transformation beschrieben, von denen die für die Anwendungen wichtigsten bereits vorgestellt und angewandt wurden. In der folgenden Tabelle 5/1 sind sie zusammengestellt, ergänzt durch zwei weitere Regeln, die seltener angewandt werden und die auch wir bisher noch nicht benötigten. Sie stehen in den letzten beiden Zeilen von Tabelle 5/1.

Betrachten wir zunächst die Differentiationsregel für die Bildfunktion. Um sie herzuleiten, differenzieren wir das Laplace-Integral

$$F(s) = \int_0^\infty f(t)e^{-st}dt$$

nach dem Parameter s:

$$F'(s) = \int_0^\infty (-t)f(t)e^{-st}dt \ .$$

Und daraus weiter:

$$F''(s) = \int_0^\infty (-t)^2 f(t)e^{-st}dt \ ,$$

$$\vdots$$

$$F^{(n)}(s) = \int_0^\infty (-t)^n f(t)e^{-st}dt \ .$$

Wie man sieht, stellt die rechte Seite wieder ein Laplace-Integral dar, und zwar mit der Zeitfunktion $(-t)^n f(t)$. Somit gilt

$$F^{(n)}(s) \circ\!\!-\!\!\bullet \ (-1)^n t^n f(t), \quad n = 1,2,\ldots \ . \qquad (5.1)$$

In der letzten Zeile von Tabelle 5/1 ist die Multiplikationsregel für Zeitfunktionen angegeben. Sie beantwortet die naheliegende Frage, was aus dem Produkt $f_1(t)f_2(t)$ zweier Zeitfunktionen im Bildbereich wird. Abweichend von den anderen Rechenregeln ist hier die Bildfunktion recht kompliziert. Sie stellt ein Integral in der komplexen Ebene dar, das entsprechend wie das Faltungsintegral gebaut ist. Man spricht deshalb auch von der komplexen Faltungsregel. Trotz ihres komplizierten Aussehens kann sie in manchen Fällen die Behandlung technischer Probleme wesentlich erleichtern. Ihre Herleitung wird im Kapitel 8 gebracht, nachdem die komplexe Umkehrformel zur Verfügung steht.

Tabelle 5/1 Rechenregeln der Laplace-Transformation.
$F(s)$ bezeichnet stets die Bildfunktion zu $f(t)$.

Benennung der Operation	Operation mit den Zeitfunktionen	Operation mit den Bildfunktionen
Linearkombination der Originalfunktionen	$c_1f_1(t)+c_2f_2(t)$ c_1, c_2 beliebig	$c_1F_1(s)+c_2F_2(s)$
Gewöhnliche Differentiation der Originalfunktion	$f'(t)$ $f^{(n)}(t)$, $n=1,2,...$	$sF(s)-f(+0)$ $s^nF(s)-s^{n-1}f(+0)-...-f^{(n-1)}(+0)$
Verallgemeinerte Differentiation der Originalfunktion	$\dot{f}(t) = Df(t)$ $\overset{(n)}{f}(t) = D^nf(t)$	$sF(s)-f(-0)$ $s^nF(s)-s^{n-1}f(-0)-...-f^{(n-1)}(-0)$
Integration der Originalfunktion	$\int_0^t f(\tau)d\tau$	$\frac{1}{s}F(s)$
Dämpfung der Originalfunktion	$f(t)e^{\alpha t}$, α beliebig	$F(s-\alpha)$
Faltung der Originalfunktionen	$f_1(t)*f_2(t) =$ $= \int_0^t f_1(\tau)f_2(t-\tau)d\tau$	$F_1(s)\cdot F_2(s)$
Verschiebung der Originalfunktion nach rechts	$f(t-t_o)$, $t_o > 0$	$e^{-t_os}\left[F(s)+\int_{-t_o}^{0} f(t)e^{-st}dt\right]$
Verschiebung der Originalfunktion nach links	$f(t+t_o)$, $t_o > 0$	$e^{t_os}\left[F(s)-\int_0^{t_o} f(t)e^{-st}dt\right]$
Differentiation der Bildfunktion	$(-1)^nt^nf(t)$	$F^{(n)}(s)$, $n = 1,2,...$
Multiplikation der Originalfunktionen (Faltung der Bildfunktionen)	$f_1(t)\cdot f_2(t)$	$\frac{1}{2\pi j}\int_{c-j\infty}^{c+j\infty} F_1(z)F_2(s-z)dz =$ $\frac{1}{2\pi j}\int_{c-j\infty}^{c+j\infty} F_1(s-z)F_2(z)dz$

In der Tabelle 5/2 sind einige häufig vorkommende Korrespondenzen zusammengestellt. Sie wurden in den vorangegangenen Kapiteln hergeleitet oder ergeben sich unmittelbar aus dort angegebenen Korrespondenzen auf Grund der Rechenregeln. Eine Ausnahme bilden die letzten 3 Korrespondenzen, die schwieriger zu erhalten sind und erst in den Kapiteln 7 und 8 berechnet werden.

Tabelle 5/2 Korrespondenzen der Laplace-Transformation.
Dabei ist stets $f(t) = 0$ für $t < 0$.
$T, \omega > 0$

F(s)	f(t)
1	$\delta(t)$
$e^{-t_o s}$, $t_o > 0$	$\delta(t-t_o)$
$\frac{1}{s}$	1 bzw. $\sigma(t)$
$\frac{1}{s^2}$	t
$\frac{1}{s^3}$	$\frac{1}{2} t^2$
$\frac{1}{s^{n+1}}$, $n = 0,1,\ldots$	$\frac{t^n}{n!}$
$\frac{1}{s-\alpha}$, α beliebig	$e^{\alpha t}$
$\frac{1}{(s-\alpha)^2}$	$te^{\alpha t}$
$\frac{1}{(s-\alpha)^{n+1}}$	$\frac{t^n}{n!} e^{\alpha t}$
$\frac{1}{1+Ts}$	$\frac{1}{T} e^{-\frac{t}{T}}$
$\frac{Ts}{1+Ts}$	$\delta(t) - \frac{1}{T} e^{-\frac{t}{T}}$
$\frac{1}{s(1+Ts)}$	$1 - e^{-\frac{t}{T}}$
$\frac{1}{(1+Ts)^2}$	$\frac{t}{T^2} e^{-\frac{t}{T}}$
$\frac{1}{s^2(1+Ts)}$	$t-T(1-e^{-\frac{t}{T}})$

Tabelle 5/2 (Fortsetzung) Korrespondenzen der Laplace-Transformation.

F(s)	f(t)
$\frac{1}{s^2+\omega^2}$	$\frac{1}{\omega}\sin\omega t$
$\frac{s}{s^2+\omega^2}$	$\cos\omega t$
$\frac{a}{s^2-a^2}$	$\sinh at = \frac{1}{2}(e^{at}-e^{-at})$
$\frac{s}{s^2-a^2}$	$\cosh at = \frac{1}{2}(e^{at}+e^{-at})$
$\frac{1}{s^2+2\delta s+\delta^2+\omega^2}$	$\frac{1}{\omega}e^{-\delta t}\sin\omega t$
$\frac{s+\delta}{s^2+2\delta s+\delta^2+\omega^2}$	$e^{-\delta t}\cos\omega t$
$\frac{s}{(s^2+\omega^2)^2}$	$\frac{t}{2\omega}\sin\omega t$
$\frac{s^2-\omega^2}{(s^2+\omega^2)^2}$	$t\cos\omega t$
$\frac{s+\delta}{(s^2+2\delta s+\delta^2+\omega^2)^2}$	$\frac{t}{2\omega}e^{-\delta t}\sin\omega t$
$\frac{s^2+2\delta s+\delta^2-\omega^2}{(s^2+2\delta s+\delta^2+\omega^2)^2}$	$te^{-\delta t}\cos\omega t$
$\frac{1}{\sqrt{s}}$	$\frac{1}{\sqrt{\pi t}}$
$\frac{1}{\sqrt{s+\delta}}$	$\frac{e^{-\delta t}}{\sqrt{\pi t}}$
$\frac{1}{s\sqrt{s}}$	$2\sqrt{\frac{t}{\pi}}$
$\frac{1}{s(1+e^{-s})}$	$\frac{1}{2}+2\sum_{k=0}^{\infty}\frac{\sin(2k+1)\pi t}{(2k+1)\pi}$
$\frac{\sinh z\sqrt{s}}{\sinh l\sqrt{s}}$, $-l > z > l$, $l > 0$	$\frac{2\pi}{l^2}\sum_{k=1}^{\infty}(-1)^{k-1}k\sin\frac{k\pi z}{l}\,e^{-\frac{k^2\pi^2 t}{l^2}}$
$e^{-z\sqrt{s}}$, $z > 0$	$\psi(z,t) = \frac{1}{2\sqrt{\pi}}\frac{z}{t^{\frac{3}{2}}}e^{-\frac{z^2}{4t}}$

Die Korrespondenztabelle beginnt mit den Bildfunktionen, weil diese durch die Laplace-Transformation der zu lösenden Funktionalbeziehung (Differentialgleichung, Differenzengleichung und dergl.) zunächst vorhanden sind und durch Benutzung der Tabelle in den Zeitbereich übersetzt werden sollen.

Sehr umfangreiche Tabellen von Korrespondenzen findet man in [1] und [4]. Auch im Mathematik-Handbuch für Technik und Naturwissenschaft von J. DRESZER [14] und im AEG-Hilfsbuch, Band 1 (Grundlagen der Elektrotechnik) [6] sind umfangreiche Tabellen zur Laplace-Transformation enthalten.

6 Laplace-Transformation und Übertragungsverhalten dynamischer Systeme

In den vorangegangenen Kapiteln wurde gezeigt, wie man Funktionalgleichungen verschiedener Art mit Hilfe der Laplace-Transformation lösen kann. Vergleicht man die Resultate, so zeigen sich viele Gemeinsamkeiten, trotz der Verschiedenheit von Differentialgleichungen, Differenzengleichungen und Differenzendifferentialgleichungen. Diese Gemeinsamkeiten sollen im folgenden herausgearbeitet werden. Es wird sich zeigen, daß die dabei erhaltenen Begriffe für eine sehr umfangreiche Klasse dynamischer Systeme gelten, in der die oben genannten Funktionalbeziehungen als Spezialfälle enthalten sind. Diese Begriffe sind grundlegend für die Untersuchung dynamischer Systeme, ganz gleich, aus welchem Anwendungsgebiet sie stammen.

6.1 Allgemeiner Begriff des Übertragungsgliedes

Wie die Beispiele in den Abschnitten 2.1 und 4.1 zeigen, führt der Versuch, das dynamische Verhalten eines Systems zu beschreiben, in vielen Fällen auf eine Funktionalbeziehung (Differentialgleichung, Differenzengleichung, Differenzendifferentialgleichung usw.) zwischen einer Eingangsgröße $u(t)$ und einer Ausgangsgröße $y(t)$.

Die Ausgangsgröße $y(t)$ hängt dabei von zwei Einflüssen ab:

- von der Eingangsgröße (oder Anregung) $u(t)$,
- von der Vorgeschichte des Systems (bei Differentialgleichungen von den Anfangswerten bei -0, bei Differenzengleichungen von den "Anfangsstücken" von u und y in einem gewissen Bereich $t < 0$ und dergleichen).

In diesem Kapitel wollen wir voraussetzen, daß das dynamische System keine Vorgeschichte hat, d.h. $u(t) = 0$, $y(t) = 0$ gilt für $t < 0$.[1] Dann darf man annehmen, daß das System auf eine gegebene Eingangsfunktion $u(t)$ mit einer eindeutig bestimmten Ausgangsfunktion $y(t)$ antwortet. Dadurch stellt es eine eindeutige Abbildung der Eingangsfunktionen $u(t)$ auf die Ausgangsfunktionen $y(t)$ her. Man bezeichnet es als Übertragungsglied, weil es die Einwirkung von $u(t)$ auf $y(t)$ überträgt. Die Gesamtheit der Operationen, durch die aus der Eingangsgröße u die Ausgangsgröße y erzeugt wird, wollen wir als den Operator φ des Übertragungsgliedes bezeichnen und die Abbildung von u auf y kurz durch die Operatorgleichung

$$y = \varphi\{u\} \tag{6.1}$$

symbolisieren.

Betrachten wir beispielsweise den differenzierenden Operationsverstärker, so gilt für ihn nach Abschnitt 2.3

1) Die Ableitungen dieser Funktionen sind dann ebenfalls Null für $t < 0$.

$$u_a = -R_2 C\dot{u}_e \ .$$

Der Operator φ besteht bei ihm in der Differentiation, einschließlich der Multiplikation mit dem konstanten Faktor $-R_2C$. So ist

$$\varphi\left\{\sigma(t)\right\} = -R_2 C\delta(t) \ ,$$

$$\varphi\left\{A \sin \omega t\right\} = -R_2 C\omega A \cos \omega t \ .$$

Ein anderes einfaches Beispiel für ein Übertragungsglied liefert die elektrische Schaltung im Bild 6/1, bei der die von außen angelegte Spannung u(t) Eingangsgröße und der durch u hervorgerufene Strom i(t) Ausgangsgröße ist. Dabei ist vorausgesetzt, daß der Kondensantor keine Anfangsladung besitzt. Dann gilt

$$u = Ri + \frac{1}{C}\int_0^t i d\tau \quad \text{oder}$$

$$RC\dot{i} + i = C\dot{u} \ . \qquad (6.2)$$

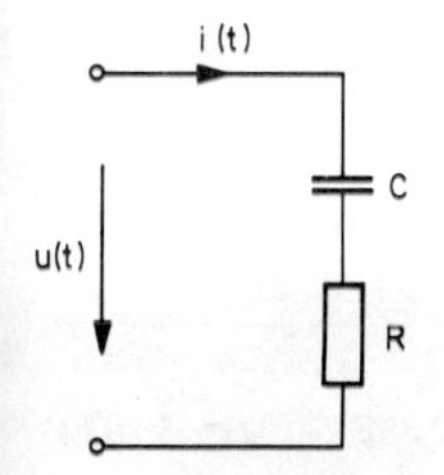

Bild 6/1 Beispiel eines Übertragungsgliedes

Der Operator φ ist nicht explizit gegeben. Aber wir sind wegen $i(-0) = 0$ (keine Anfangsladung!) sicher, daß zu jedem u(t) ein eindeutig bestimmtes i(t) existiert, das man durch Auflösen der Differentialgleichung erhält.

Durch Laplace-Transformation erhalten wir aus (6.2)

$$RCsI(s) + I(s) = CsU(s), \quad I(s) = \frac{Cs}{1+RCs} U(s) \ .$$

Ist z.B. $u = U_o\sigma(t)$, also $U(s) = \frac{U_o}{s}$, so wird

$$I(s) = \frac{U_o}{R} \cdot \frac{1}{s + \frac{1}{RC}} \ , \text{ also}$$

$$i(t) = \frac{U_o}{R} e^{-\frac{t}{RC}} \ .$$

Dafür kann man schreiben

$$\varphi\left\{U_o\sigma(t)\right\} = \frac{U_o}{R}\, e^{-\frac{t}{RC}} \,.$$

Wie in diesem Beispiel wird der Operator meist nicht explizit gegeben sein, vielmehr implizit durch eine Funktionalbeziehung, z.B. eine Differentialgleichung.

6.2 Übertragungsfunktion

Nachdem der Begriff des Übertragungsgliedes in allgemeiner Form eingeführt ist, verengen wir unseren Blickwinkel und gehen zu den in den vorangegangenen Abschnitten betrachteten Übertragungsgliedern über. Bei ihnen ist der Zusammenhang zwischen Ein- und Ausgangsgröße durch drei verschiedene Typen von Funktionalbeziehungen gegeben: Differentialgleichungen, Differenzengleichungen und Differenzendifferentialgleichungen.

So verschiedenartig und kompliziert diese Funktionalbeziehungen im Zeitbereich sind, im Bildbereich ist der Zusammenhang von Ein- und Ausgangsgröße durch eine gemeinsame, überaus einfache Gleichung gegeben:

$$Y(s) = G(s)U(s) \,. \tag{6.3}$$

Der Operator φ besteht also im Bildbereich einfach in der Multiplikation von $U(s)$ mit der Funktion $G(s)$, die allein von der Beschaffenheit des Übertragungsgliedes, jedoch nicht von Ein- und Ausgangsgröße abhängt, also für alle Eingangsfunktionen die gleiche komplexe Funktion ist. Sie wird als <u>Übertragungsfunktion</u> bezeichnet, da sie die gesamte, durch das Übertragungsglied bewirkte Abbildung, also das gesamte Übertragungsverhalten, bestimmt.

Die verschiedenen Typen der im vorhergehenden untersuchten Übertragungsglieder unterscheiden sich durch die Art der Übertragungsfunktion $G(s)$. Bei den <u>linearen Differentialgleichungen mit konstanten Koeffizienten</u> ist $G(s)$ eine rationale Funktion von s:

$$G(s) = \frac{b_n s^n + \ldots + b_1 s + b_o}{a_n s^n + \ldots + a_1 s + a_o} \,, \quad a_n \neq 0, \text{ mindestens ein } b_\nu \neq 0 \,. \tag{6.4}$$

Deshalb wollen wir bei ihnen im folgenden von <u>rationalen Übertragungsgliedern</u> <u>(R-Gliedern)</u> sprechen.

Für die <u>Totzeitsysteme</u> (<u>Differenzendifferentialgleichungen</u>) ist

$$G(s) = \frac{H_o(s)+H_1(s)e^{-\tau_{t1}s}+\ldots+H_m(s)e^{-\tau_{tm}s}}{1+G_1(s)e^{-T_{t1}s}+\ldots+G_n(s)e^{-T_{tn}s}} \tag{6.5}$$

mit rationalen $G_\nu(s)$, $H_\nu(s)$ und $\tau_{t\nu}$, $T_{t\nu} > 0$.

Für die linearen Differenzengleichungen mit konstanten Koeffizienten (und konstanter Differenz der Argumente) gilt

$$G(s) = \frac{b_m e^{-mTs}+\ldots+b_1 e^{-Ts}+b_o}{a_n e^{-nTs}+\ldots+a_1 e^{-Ts}+a_o}\ , \quad a_o,\ a_n,\ b_m \neq 0\ . \tag{6.6}$$

Wie der Vergleich von (6.6) mit (6.5) zeigt, kann man die Differenzengleichungsglieder als spezielle Totzeitsysteme ansehen, nämlich solche, bei denen die rationalen Funktionen $G_\nu(s)$ und $H_\nu(s)$ auf Konstante zusammenschrumpfen.

Es gibt noch eine ganze Reihe anderer Übertragungsglieder, für die ebenfalls die Gleichung (6.3) gilt, die also ebenfalls eine Übertragungsfunktion besitzen. So zählen dazu manche Systeme, die durch partielle Differentialgleichungen beschrieben werden (siehe Kapitel 9).

Die Gleichung (6.3) ist fundamental für die gesamte Systemtheorie, Nachrichtentechnik und Regelungstechnik.

6.3 Gewichtsfunktion (Impulsantwort)

Aus der komplexen Übertragungsgleichung (6.3) folgt auf Grund der Faltungsregel

$$y(t) = g(t)*u(t) = \int_0^t g(t-\tau)u(\tau)d\tau = \int_0^t g(\tau)u(t-\tau)d\tau\ . \tag{6.7}$$

Dies ist die Abbildungsgleichung im Zeitbereich. Hier besteht der Operator φ in der Anwendung der Faltung mit $g(t)$ auf die Eingangsgröße $u(t)$.

Das Faltungsintegral in (6.7) wird manchmal auch Duhamel-Integral genannt. Darin ist $g(t)$ als Originalfunktion zu $G(s)$ definiert:

$$G(s) \bullet\!\!-\!\!\circ\ g(t)\ . \tag{6.8}$$

Welche Bedeutung hat die Funktion $g(t)$ für das Übertragungsglied? Wie aus (6.7) zu ersehen ist, hängt der Wert $y(t)$ der Ausgangsgröße zum Zeitpunkt t nicht nur von dem gleichzeitigen Wert $u(t)$ der Eingangsgröße, sondern auch von den früheren Werten $u(t-\tau)$, $0 < \tau < t$, ab. Sie wirken aber nicht alle mit gleicher Stärke auf den Wert $y(t)$ ein, sondern sind mit dem Gewichtsfaktor $g(\tau)$ versehen. Man kann also sagen: $g(\tau)$ gibt an, mit welchem Gewichtsfaktor der um τ zurückliegende Eingangswert $u(t-\tau)$ zum Ausgangswert $y(t)$ beiträgt. Bild 6/2 veranschaulicht dies für einen bei rationalen Übertragungsgliedern häufigen Verlauf von $g(t)$. Man nennt deshalb $g(t)$ die Gewichtsfunktion des Übertragungsgliedes. Zugleich sieht man aus dieser Interpretation, daß sie als Gedächtnis des Übertragungsgliedes aufzufassen ist. Hiermit liegt eine physikalische Deutung des Faltungsintegrals vor, das wir zunächst ja nur als mathematische Operation bei der Rücktransformation eines Produktes komplexer Funktionen erhalten hatten.

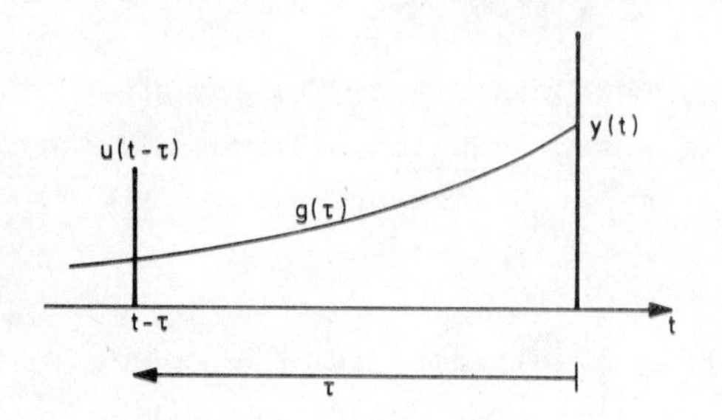

Bild 6/2 g(t) als Gewichtsfunktion

Will man die Gewichtsfunktion formelmäßig bestimmen, so berechnet man sie gemäß (6.8) durch Rücktransformation von $G(s)$. Man kann sie aber, wenigstens grundsätzlich, auch leicht experimentell ermitteln, indem man einen hohen und schmalen Impuls als Eingangsgröße aufschaltet und die Ausgangsgröße mißt. Aus (6.7) folgt nämlich für $u(t) = \delta(t)$:

$$y(t) = g(t) * \delta(t) ,$$

also nach (2.73)

$$y(t) = g(t) .$$

Aus diesem Grunde nennt man $g(t)$ auch die Impulsantwort des Übertragungsgliedes.

Sie steht in unmittelbarem Zusammenhang mit der Sprungantwort $h(t)$ des Übertragungsgliedes. Nach Definition ist

$$H(s) = G(s)\,\frac{1}{s} , \tag{6.9}$$

also

$$G(s) = sH(s) . \tag{6.10}$$

Bei jedem realen Übertragungsglied darf man

$h(t) = 0 \quad \text{für } t < 0$

voraussetzen, da die Sprungantwort nicht vor Aufschalten des Einheitssprunges da sein kann, weil andernfalls das Kausalitätsprinzip verletzt wäre. Daher ist $h(-0) = 0$. Gemäß (2.25) ist deshalb die Originalfunktion zu $sH(s)$ die Zeitfunktion $\dot{h}(t)$. Man erhält so aus (6.10)

$$g(t) = \dot{h}(t) : \tag{6.11}$$

Die Gewichtsfunktion ist die (verallgemeinerte) Ableitung der Sprungantwort $h(t)$.

Beispiel: Ein Übertragungsglied sei gegeben durch die Differentialgleichung

$$T\dot{y} + y = KT\dot{u} \ , \quad K, T > 0 \tag{6.12}$$

(z.B. Operationsverstärker im Abschnitt 2.1).

Übertragungsfunktion:

Aus (6.12) folgt durch Laplace-Transformation bei verschwindenden Anfangswerten

$$TsY(s) + Y(s) = KTsU(s) \ ,$$

$$Y(s) = \frac{KTs}{1+Ts} U(s) \ ,$$

so daß also

$$G(s) = \frac{KTs}{1+Ts} \ .$$

Gewichtsfunktion:

$$g(t) \circ\!\!-\!\!\bullet \frac{KTs}{1+Ts} = K\left(1 - \frac{1}{1+Ts}\right) = K - \frac{K}{T} \frac{1}{s + \frac{1}{T}} \ , \quad \text{also}$$

$$g(t) = K\delta(t) - \frac{K}{T} e^{-\frac{t}{T}} \ , \quad t > 0 \ .$$

Sprungantwort:

Aus (6.9) folgt allgemein

$$h(t) = \int_0^t g(\tau)d\tau \ . \qquad (6.13)$$

Daher gilt hier wegen $\int_0^t \delta'(\tau)d\tau = \delta(t) * \sigma(t) = \sigma(t) = 1$ für $t > 0$:

$$h(t) = K - \frac{K}{T}\int_0^t e^{-\frac{\tau}{T}} d\tau \ ,$$

$$h(t) = Ke^{-\frac{t}{T}} \ , \quad t > 0 \ .$$

Für $t < 0$ verschwindet sowohl $h(t)$ als auch $g(t)$.

6.4 Charakterisierung der Übertragungsglieder mit Y(s) = G(s)U(s)

Die bisher betrachteten Übertragungsglieder sind sämtlich durch die komplexe Übertragungsgleichung $Y(s) = G(s)U(s)$ ausgezeichnet. Es ist nicht anzunehmen, daß eine so einfache Beziehung für alle Übertragungsglieder gültig ist. Damit erhebt sich die Frage: Wie kann man diejenigen Übertragungsglieder charakterisieren, für welche $Y(s) = G(s)U(s)$ gilt? Sicherlich nicht durch eine bestimmte Art von Funktionalbeziehungen, denn wie wir gesehen haben, führen sehr verschiedenartige Typen von Funktionalbeziehungen auf diese komplexe Gleichung. Es wird sich um eine ganz andere Art von Charakterisierung handeln müssen. Um sie herauszuarbeiten, wollen wir nun zeigen, daß die Übertragungsglieder mit $Y(s) = G(s)U(s)$ die beiden grundlegenden Eigenschaften der Linearität und Zeitinvarianz besitzen.

Ganz allgemein heißt ein Übertragungsglied linear, wenn es aus der Linearkombination $cu(t) + \tilde{c}\tilde{u}(t)$ mit irgendwelchen Konstanten c, $\tilde{c}$ und Eingangsfunktionen u, $\tilde{u}$ die entsprechende Linearkombination $cy(t) + \tilde{c}\tilde{y}(t)$ am Ausgang erzeugt, wobei also $y(t)$ die Ausgangsgröße zu $u(t)$, $\tilde{y}(t)$ die Ausgangsgröße zu $\tilde{u}(t)$ ist. In Formeln:

$$\varphi\{cu + \tilde{c}\tilde{u}\} = cy + \tilde{c}\tilde{y} = c\varphi\{u\} + \tilde{c}\varphi\{\tilde{u}\} \ . \qquad (6.14)$$

Beispiel: Das Integrierglied mit

$$y = \varphi\{u\} = K\int_0^t u(\tau)d\tau$$

ist linear. Denn:

$$\varphi\{cu + \tilde{c}\tilde{u}\} = K \int_0^t [cu(\tau) + \tilde{c}\tilde{u}(\tau)]d\tau = c\,K \int_0^t u(\tau)d\tau + \tilde{c}\,K \int_0^t \tilde{u}(\tau)d\tau =$$

$$= c\varphi\{u\} + \tilde{c}\varphi\{\tilde{u}\} \; ,$$

und zwar für beliebige c, $\tilde{c}$, $u(t)$, $\tilde{u}(t)$.

Gegenbeispiel: Kennlinie (z.B. eines Verstärkers, eines Magneten, eines Ventils) im Bild 6/3. Hier besteht der Operator φ in der Anwendung der Kennlinie auf die Eingangsgröße u. Es sei nun $u = \text{const}$, $\tilde{u}$ beliebig, $c = 4$, $\tilde{c} = 0$. Dann müßte

$$\varphi\{4u\} = 4\varphi\{u\}$$

gelten, wenn das Übertragungsglied linear wäre. Bild 6/3 zeigt, daß dies bei der dort getroffenen Wahl von u nicht der Fall ist. Ein solches Übertragungsglied heißt deshalb <u>nichtlinear</u>.

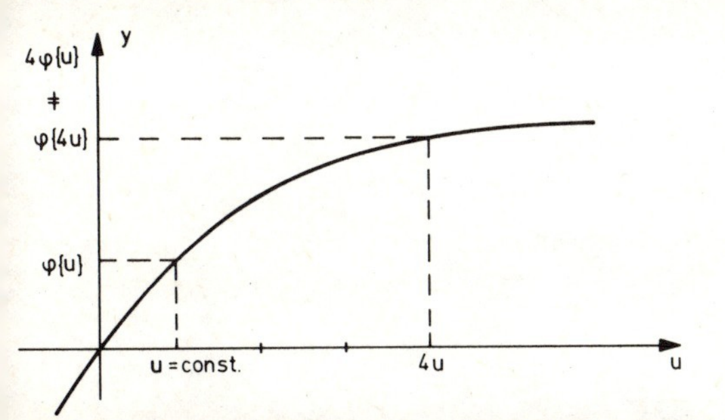

Bild 6/3 Kennlinie

Wir betrachten nun ein Übertragungsglied, das durch die komplexe Übertragungsgleichung (6.3), also durch

$$Y(s) = G(s)U(s)$$

charakterisiert wird, im Zeitbereich durch

$$y(t) = g(t) * u(t) \; .$$

Hier besteht der Operator φ in der Faltung der Eingangsgröße mit der Gewichtsfunktion $g(t)$. Daher gilt:

$$\varphi\{cu + \tilde{c}\tilde{u}\} = g(t) * \big(cu(t) + \tilde{c}\tilde{u}(t)\big) = c\big(g(t) * u(t)\big) + \tilde{c}\big(g(t) * \tilde{u}(t)\big) =$$

$$= c\varphi\{u\} + \tilde{c}\varphi\{\tilde{u}\} \; ,$$

und zwar für beliebige c, $\tilde{c}$, $u(t)$, $\tilde{u}(t)$. <u>Somit ist jedes durch die komplexe Übertragungsgleichung charakterisierte Übertragungsglied linear</u>.

Durch diese Übertragungsglieder wird jedoch die Menge der linearen Übertragungsglieder nicht ausgeschöpft. Vielmehr gibt es noch ganz andere Arten linearer Übertragungsglieder. Dazu zählen z.B. die linearen Differentialgleichungen mit zeitabhängigen Koeffizienten:

$$\sum_{\nu} a_{\nu}(t) \overset{(\nu)}{y} = \sum_{\nu} b_{\nu}(t) \overset{(\nu)}{u} . \tag{6.15}$$

Schreibt man diese Differentialgleichung für $\tilde{u}$ an,

$$\sum_{\nu} a_{\nu}(t) \overset{(\nu)}{\tilde{y}} = \sum_{\nu} b_{\nu}(t) \overset{(\nu)}{\tilde{u}} ,$$

multipliziert die erste der beiden Differentialgleichungen mit c, die zweite mit $\tilde{c}$ und addiert, so erhält man

$$\sum_{\nu} a_{\nu}(t)(cy + \tilde{c}\tilde{y})^{(\nu)} = \sum_{\nu} b_{\nu}(t)(cu + \tilde{c}\tilde{u})^{(\nu)} .$$

Daraus geht hervor, daß $cy + \tilde{c}\tilde{y}$ die Ausgangsgröße zu $cu + \tilde{c}\tilde{u}$, das Übertragungsglied also linear ist.

Da die Koeffizienten in (6.15) aber nicht konstant sind, läßt sich die Laplace-Transformation nicht mehr in so einfacher Weise durchführen, wie im Kapitel 2 und führt nicht auf eine Gleichung vom Typ $Y(s) = G(s)U(s)$.

Ein ganz einfaches Beispiel möge das illustrieren:

$$\dot{y} = tu , \tag{6.16}$$

wobei $y(-0) = 0$ sei. Will man in den Bildbereich übergehen, so hat man das Produkt $tu(t)$ zu übersetzen. Das kann mittels der Differentiationsregel für die Bildfunktion geschehen:

$$U'(s) \bullet\!\!-\!\!\circ -tu(t) .$$

Aus (6.16) wird so

$$sY(s) = -U'(s) \quad \text{oder}$$

$$Y(s) = -\frac{1}{s} U'(s) . \tag{6.17}$$

Hier tritt also die <u>Ableitung</u> der Bildfunktion U(s) auf und nicht U(s) selbst.

Als vorläufiges Ergebnis ist festzuhalten: Die Übertragungsglieder mit $Y(s) = G(s)U(s)$ sind linear; es gibt indessen noch weitere lineare Übertragungsglieder.

Um sie abzutrennen, führen wir neben der Linearität eine weitere Eigenschaft ein: die Zeitinvarianz.

Allgemein heißt ein <u>Übertragungsglied zeitinvariant</u>, wenn es aus der nach rechts verschobenen Eingangsgröße $u(t-t_o)$, $t_o \geqq 0$, die um den gleichen Betrag verschobene Ausgangsgröße $y(t-t_o)$ erzeugt, und zwar für beliebige $t_o \geqq 0$ und $u(t)$. In Formeln:

$$\varphi\{u(t)\} = y(t) \Rightarrow \varphi\{u(t-t_o)\} = y(t-t_o), \quad t_o \geqq 0 . \qquad (6.18)$$

Beispiel: Für das Integrierglied

$$y(t) = K \int_0^t u(\tau)d\tau$$

gilt wegen $u(t) = 0$ für $t < 0$ (keine Vorgeschichte!):

$$\varphi\{u(t-t_o)\} = K \int_0^t u(\tau-t_o)d\tau = K \int_{t_o}^t u(\tau-t_o)d\tau ,$$

also mit $\tau - t_o = v$, $d\tau = dv$:

$$\varphi\{u(t-t_o)\} = K \int_0^{t-t_o} u(v)dv = y(t-t_o) .$$

Als Gegenbeispiel betrachten wir wiederum die Differentialgleichung

$$\dot{y} = tu .$$

Für sie gilt bei verschwindendem Anfangswert

$$y(t) = \int_0^t \tau u(\tau)d\tau = \varphi\{u\} .$$

Speziell für $u = \sigma(t)$ ist

$$y(t) = \int_0^t \tau d\tau = \frac{t^2}{2} .$$

Hingegen ist

$$\varphi\{\sigma(t-t_o)\} = \int_0^t \tau\sigma(\tau-t_o)d\tau = \int_{t_o}^t \tau d\tau = \frac{t^2}{2} - \frac{t_o^2}{2} .$$

Dies ist verschieden von

$$y(t-t_o) = \frac{(t-t_o)^2}{2} .$$

<u>Die Übertragungsglieder mit $Y(s) = G(s)U(s)$ bzw. $y(t) = g(t)*u(t)$ sind sämtlich zeitinvariant</u>. Denn:

$$\varphi\{u(t-t_o)\} = g(t)*u(t-t_o) ,$$

also wegen $u(t-t_o) = u(t)*\delta(t-t_o)$:

$$\varphi\{u(t-t_o)\} = g(t)*u(t)*\delta(t-t_o) = y(t)*\delta(t-t_o) = y(t-t_o) .$$

Bis jetzt wurde gezeigt, daß die Übertragungsglieder mit $Y(s) = G(s)U(s)$ linear und zeitinvariant sind. Wir fragen nun, ob auch die Umkehrung gilt, ob also für ein lineares und zeitinvariantes Übertragungsglied die Gleichung $Y(s) = G(s)U(s)$ gilt. Das läßt sich in der Tat nachweisen.

Dazu approximieren wir die Eingangsfunktion $u(t)$ (die Null ist für $t < 0$) durch eine Treppenfunktion $\bar{u}(t)$ gemäß Bild 6/4. Diese kann man auch als Folge von Rechteckimpulsen der Breite $\Delta\tau$ auffassen. Geht $\Delta\tau \rightarrow 0$, so strebt $\bar{u}(t) \rightarrow u(t)$. Ein Rechteckimpuls aus dieser Folge kann als Differenz zweier Sprungfunktionen dargestellt werden (Bild 6/5):

$$u(\tau_\nu)\sigma(t-\tau_\nu) - u(\tau_\nu)\sigma(t-\tau_{\nu+1}) = u(\tau_\nu)\left[\sigma(t-\tau_\nu) - \sigma(t-\tau_{\nu+1})\right] .$$

Daher ist die gesamte Impulsfolge

$$\bar{u}(t) = \sum_{\nu=0}^{\infty} u(\tau_\nu)\left[\sigma(t-\tau_\nu)-\sigma(t-\tau_{\nu+1})\right] .$$

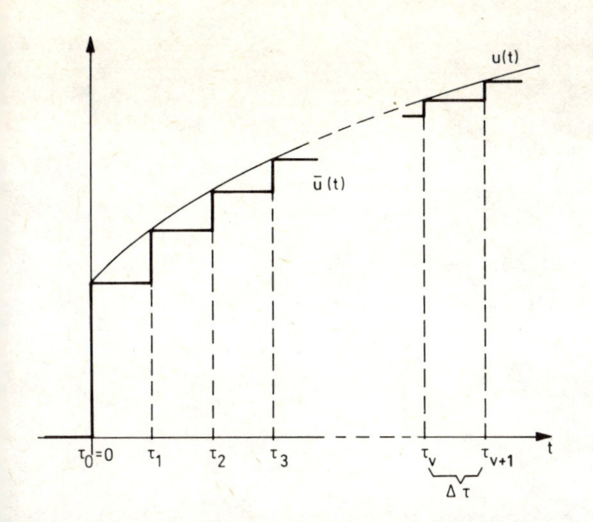

Bild 6/4 Approximation einer Zeitfunktion durch eine Folge von Rechteckimpulsen

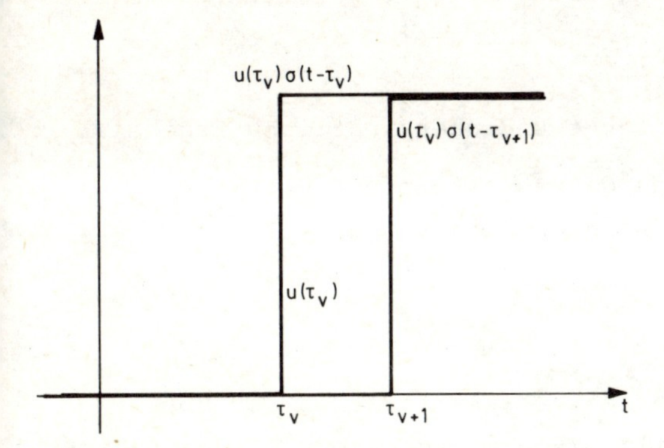

Bild 6/5 Impuls als Differenz zweier Sprungfunktionen

Da aus $\sigma(t)$ die Sprungantwort $h(t)$ entsteht, wird aus $\sigma(t-\tau_\nu)$ wegen der Zeitinvarianz $h(t-\tau_\nu)$, aus $\sigma(t-\tau_{\nu+1})$ entsprechend $h(t-\tau_{\nu+1})$. Berücksichtigt man noch die Linearität des Übertragungsgliedes, so entsteht aus $\bar{u}(t)$ die Ausgangsgröße

$$\bar{y}(t) = \sum_{\nu=0}^{\infty} u(\tau_\nu)\left[h(t-\tau_\nu)-h(t-\tau_{\nu+1})\right] \quad \text{oder}$$

$$\bar{y}(t) = \sum_{\nu=0}^{\infty} \frac{h(t-\tau_\nu)-h(t-\tau_{\nu+1})}{\Delta\tau}\, u(\tau_\nu)\Delta\tau \; .$$

Beim Grenzübergang $\Delta\tau \rightarrow 0$ geht der Differenzenquotient gegen den Differentialquotienten $\dot{h}(t-\tau)$ und die Summe gegen das entsprechende Integral:

$$y(t) = \int_0^{\infty} \dot{h}(t-\tau)u(\tau)d\tau \; .$$

Wegen $\dot{h}(t) = g(t)$ folgt daraus

$$y(t) = \int_0^\infty g(t-\tau)u(\tau)d\tau \ .$$

Da für $v < 0$ $g(v) = 0$, ist $g(t-\tau) = 0$ für $t-\tau < 0$, d.h. $\tau > t$. Daher genügt es, bis zur oberen Grenze $\tau = t$ zu integrieren:

$$y(t) = \int_0^t g(t-\tau)u(\tau)d\tau \ .$$

Durch Laplace-Transformation erhält man daraus wegen der Faltungsregel

$$Y(s) = G(s)U(s) \ .$$

Zusammenfassend haben wir das sehr einfache und übersichtliche Ergebnis:

> Für ein Übertragungsglied gilt genau dann die komplexe Übertragungsgleichung $Y(s) = G(s)U(s)$, wenn es linear und zeitinvariant ist.

Bei unseren Untersuchungen ist nebenbei eine Klassifikation der Übertragungsglieder abgefallen. Sie ist im Bild 6/6 wiedergegeben. Die unterbrochenen Linien darin sollen andeuten, daß es noch weitere Typen von Übertragungsgliedern solcher Art gibt, die aber nicht aufgeführt sind.

Die wichtigste Klasse der Übertragungsglieder sind die linearen und zeitinvarianten. Nichtlineare und zeitvariante Systeme kann man in den meisten Fällen nur dadurch rationell behandeln, daß man sie in der einen oder anderen Weise mittels linearer und zeitinvarianter Übertragungsglieder approximiert. Deren gute Überschaubarkeit beruht in erster Linie darauf, daß sich ihr Verhalten mittels der Laplace-Transformation in einfacher Weise in den Bereich der komplexen Zahlen übersetzen läßt, was insbesondere seinen Niederschlag in der Gleichung $Y(s) = G(s)U(s)$ findet.

6.5 Frequenzgang

Neben Übertragungsfunktion, Gewichtsfunktion und Sprungantwort gibt es noch eine weitere, häufig benutzte Kenngröße eines linearen und zeitinvarianten Übertragungsgliedes: den Frequenzgang. Er ist definiert als die Übertragungsfunktion $G(s)$ auf der j-Achse. Man hat daher nur in der Übertragungsfunktion $G(s)$ die allgemeine komplexe Variable $s = \delta+j\omega$ durch die rein imaginäre Variable $s = j\omega$ zu ersetzen, dann erhält man den Frequenzgang $G(j\omega)$.

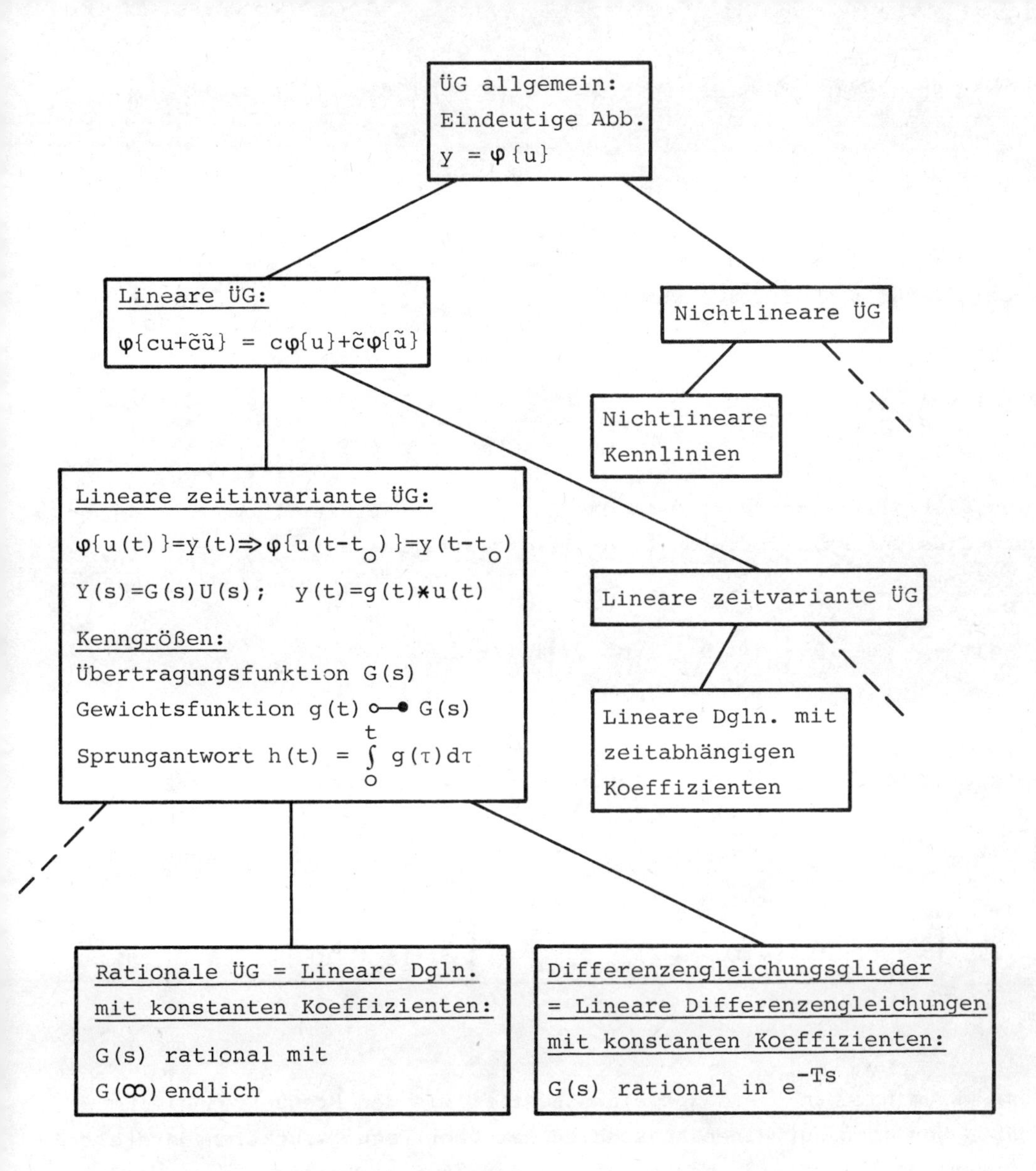

Bild 6/6 Klassifikation der Übertragungsglieder (ÜG)

So ist bei dem in Abschnitt 6.3 betrachteten Beispiel die Übertragungsfunktion

$$G(s) = \frac{KTs}{1+Ts} .$$

Daher ist der Frequenzgang dieses Übertragungsgliedes

$$G(j\omega) = \frac{KTj\omega}{1+Tj\omega} .$$

Zwischen dem Frequenzgang und der Gewichtsfunktion besteht ein enger Zusammenhang. Nach (6.8) ist

$$G(s) = \mathcal{L}\{g(t)\} = \int_0^\infty g(t)e^{-st}dt .$$

Speziell für s = jω folgt daraus

$$G(j\omega) = \int_0^\infty g(t)e^{-j\omega t}dt .$$

Dies gilt allerdings nur, wenn das Integral konvergiert. Um zu erkennen, wann dies der Fall ist, schätzen wir das Integral ab:

$$\left|\int_0^\infty g(t)e^{-j\omega t}dt\right| \leqq \int_0^\infty \left|g(t)e^{-j\omega t}\right|dt = \int_0^\infty \left|g(t)\right|dt ,$$

letzteres wegen $\left|e^{-j\omega t}\right| = 1$. Ist also $\int_0^\infty \left|g(t)\right|dt$ endlich, so ist $\int_0^\infty g(t)e^{-j\omega t}dt$ absolut konvergent und damit erst recht konvergent. Resultat:

Ist $\int_0^\infty \left|g(t)\right|dt < +\infty$, so gilt $G(j\omega) = \int_0^\infty g(t)e^{-j\omega t}dt$. (6.19)

Aber warum hat man überhaupt einen Begriff wie den Frequenzgang eingeführt, der doch nur einen Ausschnitt der Übertragungsfunktion darstellt? Vom mathematischen Standpunkt aus ist das kaum notwendig. Es ist jedoch gerechtfertigt durch die große meßtechnische Bedeutung des Frequenzganges. Sie beruht darauf, daß der Frequenzgang die Antwort des Übertragungsgliedes bei Aufschaltung harmonischer Schwingungen beschreibt. Es gilt nämlich der Satz:

Besitzt ein Übertragungsglied den Frequenzgang G(jω), so antwortet es auf u = E sin ωt mit einer Ausgangsgröße, die für wachsendes t in die Sinusschwingung

$$y = E|G(j\omega)|\sin(\omega t + \underline{/G(j\omega)}) \qquad (6.20)$$

übergeht, sofern die Voraussetzung

$\int_0^\infty |g(t)|dt < +\infty$ erfüllt ist. (6.21)

Nach einiger Zeit ("im eingeschwungenen Zustand") ist also die Ausgangsgröße ebenfalls eine Sinusschwingung mit der gleichen Frequenz wie die Eingangsschwingung, aber mit der Amplitude

$$A = E|G(j\omega)| \qquad (6.22)$$

und der Phasenverschiebung

$$\varphi = \underline{/G(j\omega)}\ , \qquad (6.23)$$

die also beide durch den Frequenzgang des Übertragungsgliedes bestimmt sind. Daher auch sein Name: Er gibt an, wie Amplitude und Phasenverschiebung der Ausgangsschwingung mit der Frequenz "gehen".

Beispiel: Für das Übertragungsglied in Abschnitt 6.3 ist

$$G(j\omega) = \frac{KTj\omega}{1+Tj\omega} = \frac{KT^2\omega^2}{1+T^2\omega^2} + j\,\frac{KT\omega}{1+T^2\omega^2}\ , \quad \text{also}$$

$$A = E|G(j\omega)| = \frac{KT\omega}{\sqrt{1+T^2\omega^2}}\,E\ ,$$

$$\tan\varphi = \tan \underline{/G(j\omega)} = \frac{1}{T\omega}\ , \quad 0 < \varphi < 90^\circ\ ,$$

sofern $0 < \omega < +\infty$.

Auf Grund der Beziehungen (6.22) und (6.23) kann man den Frequenzgang eines Übertragungsgliedes messen. Dazu schaltet man eine Sinusschwingung auf das Übertragungsglied, wartet den eingeschwungenen Zustand ab und mißt Amplitude und Phasenverschiebung der Ausgangsschwingung. Führt man dies nacheinander für verschiedene Frequenzen ω der Eingangsschwingung durch, so erhält man Betrag und Phase des Frequenzgangs für diese ω und hat ihn damit als Wertetabelle vorliegen. Mit ihr kann man entweder direkt weiterarbeiten oder sie in eine Formel für den Frequenzgang umsetzen.

Ist ein dynamisches System zu kompliziert, um es theoretisch zu beschreiben, weiß man aber, daß es - wenigstens näherungsweise - linear und zeitinvariant ist, so kann man seinen Frequenzgang in der beschriebenen Weise messen und sein Verhalten auf diese Weise dennoch quantitativ erfassen.

Allerdings muß dazu noch die Voraussetzung (6.21) erfüllt sein. Ehe ihre physikalische Bedeutung erläutert wird, wollen wir den oben formulierten

Satz herleiten. Dazu schalten wir

$$u(t) = E \sin \omega t = \frac{E}{2j} e^{j\omega t} - \frac{E}{2j} e^{-j\omega t} \qquad (6.24)$$

auf. Es genügt, die Reaktion des Übertragungsgliedes auf

$$u_1(t) = \frac{E}{2j} e^{j\omega t}$$

zu ermitteln. Ersetzt man nämlich in ihr ω durch $-\omega$, so erhält man die Antwort auf

$$u_2(t) = \frac{E}{2j} e^{-j\omega t} .$$

Nun ist

$$y_1(t) = \int_0^t g(\tau) u_1(t-\tau) d\tau = \frac{E}{2j} e^{j\omega t} \int_0^t g(\tau) e^{-j\omega\tau} d\tau \quad \text{oder}$$

$$y_1(t) = \frac{E}{2j} e^{j\omega t} \left[\int_0^\infty g(\tau) e^{-j\omega\tau} d\tau - \int_t^\infty g(\tau) e^{-j\omega\tau} d\tau \right] . \qquad (6.25)$$

Das uneigentliche Integral

$$\int_0^\infty g(\tau) e^{-j\omega\tau} d\tau$$

ist wegen der Voraussetzung (6.21), also

$$\int_0^\infty |g(t)| dt < +\infty ,$$

absolut konvergent. Daher strebt das Restglied

$$\int_t^\infty g(\tau) e^{-j\omega\tau} d\tau \rightarrow 0 \quad \text{für } t \rightarrow +\infty .$$

Weiterhin ist auf Grund von (6.19) das erste Integral in (6.25) gleich $G(j\omega)$. Wir können deshalb für (6.25) schreiben:

$$y_1(t) = \frac{E}{2j} G(j\omega) e^{j\omega t} + r_1(t)$$

mit $r_1(t) \to 0$ für $t \to +\infty$.

Ersetzt man hierin ω durch $-\omega$, so erhält man

$$y_2(t) = \frac{E}{2j} G(-j\omega)e^{-j\omega t} + r_2(t)$$

mit $r_2(t) \to 0$ für $t \to +\infty$.

Damit ist $y(t)$ als Antwort auf $u(t) = u_1(t) - u_2(t)$:

$$y(t) = y_1(t) - y_2(t) = \frac{E}{2j}\left[G(j\omega)e^{j\omega t} - G(-j\omega)e^{-j\omega t}\right] + r(t) \qquad (6.26)$$

mit $r(t) \to 0$ für $t \to +\infty$.

Hierin ist

$$G(j\omega) = |G(j\omega)|e^{j\underline{/G(j\omega)}}$$

und somit die konjugiert komplexe Zahl

$$G(-j\omega) = |G(j\omega)|e^{-j\underline{/G(j\omega)}}\ .$$ [1)]

Das gibt, in (6.26) eingesetzt:

$$y = \frac{E}{2j}\left[|G|e^{j(\omega t + \underline{/G})} - |G|e^{-j(\omega t + \underline{/G})}\right] + r(t) \quad \text{oder}$$

$$y = E|G(j\omega)|\sin\left(\omega t + \underline{/G(j\omega)}\right) + r(t)\ .$$

Da $r(t)$ mit wachsendem t verschwindet, hat man hiermit das Resultat (6.20) erhalten. Im Bild 6/7 ist es veranschaulicht.

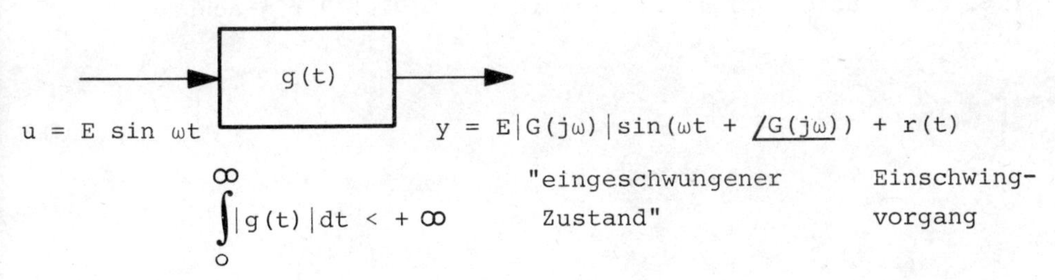

Bild 6/7 Bedeutung des Frequenzganges

---

1) Damit dies gilt, muß G die Voraussetzung $G(\bar{s}) = \bar{G}(s)$ erfüllen, was für die üblichen Übertragungsglieder der Fall ist, z.B. für R-Glieder und Totzeitsysteme.

Es fragt sich, was die Voraussetzung $\int_0^\infty |g(t)|dt < +\infty$ zu bedeuten hat.

Das soll wenigstens für die rationalen Übertragungsglieder geklärt werden. Für sie kann man g(t) in der gleichen Weise berechnen wie h(t) (Abschnitte 2.8 und 2.9). Genau wie h(t) ergibt sich g(t) als Linearkombination von Termen der Form $t^k e^{\alpha t}$. Daher ist die obige Ungleichung gewiß erfüllt, wenn alle Integrale

$$\int_0^\infty \left|t^k e^{\alpha t}\right| dt = \int_0^\infty t^k \left|e^{\alpha t}\right| dt$$

endlich sind. Da nach (1.6)

$$\left|e^{\alpha t}\right| = e^{\delta t} \quad ,$$

wird dies der Fall sein, wenn

$$\delta = \mathrm{Re}\,\alpha < 0 \ .$$

Resultat:

$$\left.\begin{array}{l}\text{Alle Pole von}\\ G(s)\text{ links der}\\ j\text{-Achse}\end{array}\right\} \Rightarrow \int_0^\infty |g(t)|dt < +\infty \ . \qquad (6.27)$$

Ist diese Voraussetzung nicht erfüllt, so gilt (6.20) nicht. Davon kann man sich bereits an ganz einfachen Beispielen überzeugen. Nehmen wir ein Integrierglied, das durch

$$G(s) = \frac{K}{s}$$

gegeben ist. Der einzige Pol liegt also in s = 0, <u>auf</u> der j-Achse. Da

$$y(t) = K \int_0^t u(\tau)d\tau \ ,$$

gilt für

$$u(t) = E \sin \omega t \ :$$

$$y(t) = KE \int_0^t \sin \omega\tau d\tau = \frac{KE}{\omega}\left[-\cos \omega t + 1\right] = E \cdot \frac{K}{\omega} \sin(\omega t - \frac{\pi}{2}) + \frac{KE}{\omega} \ .$$

Der erste Summand stimmt mit dem Ausdruck (6.20) überein, da

$$|G(j\omega)| = \frac{K}{\omega}, \quad \angle G(j\omega) = -\frac{\pi}{2} \quad (\text{für } \omega > 0)$$

ist. Der Zusatzterm $\frac{KE}{\omega}$ klingt jedoch mit wachsendem t keineswegs ab, bleibt vielmehr konstant.

Solche Zusatzterme werden umfangreicher, wenn mehr Pole von G(s) auf oder rechts der j-Achse liegen. Die Zusatzterme rühren von diesen Polen her und können mittels der Laplace-Transformation berechnet werden. Es handelt sich um Einschwingvorgänge, die mit wachsendem t nicht abklingen und so die von außen aufgeprägte Schwingung (6.20) überdecken.

Ist jedoch die Voraussetzung (6.21) erfüllt und interessiert man sich nur für den eingeschwungenen Zustand, so braucht man die Differentialgleichung nicht mit der Laplace-Transformation zu lösen, hat vielmehr mit G(s) auch G(jω) und damit sofort die Ausgangsgröße im eingeschwungenen Zustand.

Abschließend sei betont, daß der Frequenzgang eines Übertragungsgliedes auch dann definiert ist, wenn die Voraussetzung (6.21) nicht zutrifft, bei einem rationalen Übertragungsglied also Pole auf oder rechts der j-Achse liegen. Auch dann ist der Frequenzgang die Übertragungsfunktion auf der j-Achse. Nur weist er in solchem Fall nicht die Eigenschaften (6.19) und (6.20) auf.

7 Etwas Funktionentheorie

Bei den bisher behandelten Funktionalbeziehungen (Differentialgleichungen, Differenzengleichungen, Differenzendifferentialgleichungen) konnte die Rücktransformation teils durch Partialbruchzerlegung rationaler Funktionen, teils durch Entwicklung der Bildfunktion in die geometrische Reihe, teils durch Anwendung der Faltungsregel durchgeführt werden. In komplizierteren Fällen, so bei der Lösung partieller Differentialgleichungen (Kapitel 9), kommt man mit diesen Verfahren aber nicht aus. Man muß kompliziertere Reihenentwicklungen heranziehen oder mit der "komplexen Umkehrformel" (Kapitel 8) arbeiten, die auch bei der zweiseitigen Laplace- und Fourier-Transformation unentbehrlich ist. Dazu benötigt man einige Hilfsmittel aus der komplexen Funktionentheorie, die im vorliegenden Kapitel bereitgestellt werden sollen, und zwar in einer möglichst einfachen und bereits auf unsere Probleme zugeschnittenen Weise.

7.1 Laurententwicklung

Ist F(s) holomorph in der Umgebung der Stelle α der komplexen Ebene, so kann F(s) in eine Potenzreihe um α entwickelt werden:

$$F(s) = a_o + a_1(s-\alpha) + a_2(s-\alpha)^2 + \dots = \sum_{\nu=0}^{\infty} a_\nu (s-\alpha)^\nu \tag{7.1}$$

mit

$$a_\nu = \frac{1}{\nu!} F^{(\nu)}(\alpha), \quad \nu = 0,1,2,\dots \; . \tag{7.2}$$

Ist insbesondere $a_o = F(\alpha) = 0$, so hat F(s) in $s = \alpha$ eine Nullstelle. Allgemeiner bezeichnet man α als eine Nullstelle n-ter Ordnung oder n-fache Nullstelle, wenn $a_o, a_1, \dots, a_{n-1} = 0$, aber $a_n \neq 0$. Dann ist also

$$F(\alpha) = 0, \quad F'(\alpha) = 0, \dots, \quad F^{(n-1)}(\alpha) = 0, \quad F^{(n)}(\alpha) \neq 0$$

und die Potenzreihe beginnt erst mit der n-ten Potenz. Beispielsweise hat $F(s) = \sin s$ in $s = 0$ eine Nullstelle 1. Ordnung, während $F(s) = \sin^2 s$ dort eine zweifache Nullstelle aufweist.

F(s) möge nun aber einen Pol in α haben, d.h. $|F(s)| \to +\infty$ für $s \to \alpha$. Beispielsweise hat

$$F(s) = \frac{1}{s^2+1}$$

die beiden Pole $s = \pm j$, und

$$F(s) = \cot s = \frac{\cos s}{\sin s}$$

hat die unendlich vielen Pole

$s = k\pi$, k beliebig ganz.

Dann kann F(s) gewiß nicht mehr durch eine Potenzreihe um α dargestellt werden, da für diese ja

$$F(s) \to a_o \text{ für } s \to \alpha \text{ .}$$

Aber auch um einen Pol ist eine Reihenentwicklung möglich, nur handelt es sich um keine gewöhnliche Potenzreihe. Um sie zu erhalten, fragen wir uns, wie der Pol α zustande kommt. Die obigen Beispiele weisen darauf hin, daß dies der Fall ist, wenn

$$F(s) = \frac{P(s)}{Q(s)}$$

ist, wobei P(s) und Q(s) holomorph sind bei α und Q(s) dort Null wird. Allgemeiner gesprochen: Wenn die Nennerfunktion Q(s) in α eine Nullstelle höherer Ordnung hat als die Zählerfunktion P(s).

Hat etwa P(s) eine Nullstelle m-ter Ordnung in α, Q(s) eine solche r-ter Ordnung mit $r > m$, so gilt:

$$F(s) = \frac{P_m(s-\alpha)^m + P_{m+1}(s-\alpha)^{m+1} + \dots}{Q_r(s-\alpha)^r + Q_{r+1}(s-\alpha)^{r+1} + \dots} , \quad P_m, Q_r \neq 0, \quad \text{also}$$

$$F(s) = \frac{1}{(s-\alpha)^{r-m}} \cdot \frac{P_m + P_{m+1}(s-\alpha) + \dots}{Q_r + Q_{r+1}(s-\alpha) + \dots} . \qquad (7.3)$$

Der zweite Faktor stellt bei α eine holomorphe Funktion dar, da sein Nenner wegen $Q_r \neq 0$ dort keine Nullstelle hat. Also kann dieser Faktor in eine Potenzreihe um α entwickelt werden. Setzt man noch $r - m = n$, so erhält man

$$F(s) = \frac{1}{(s-\alpha)^n} \left[a_o + a_1(s-\alpha) + \dots + a_n(s-\alpha)^n + \dots\right] \text{ oder}$$

$$F(s) = \frac{a_o}{(s-\alpha)^n} + \frac{a_1}{(s-\alpha)^{n-1}} + \dots + \frac{a_{n-1}}{s-\alpha} + a_n + a_{n+1}(s-\alpha) + \dots \text{ .}$$

Es ist zweckmäßig, die Numerierung der Koeffizienten zu ändern, damit ihre

Indizes mit den Potenzexponenten übereinstimmen:

$$F(s) = \frac{a_{-n}}{(s-\alpha)^n} + \frac{a_{-(n-1)}}{(s-\alpha)^{n-1}} + \ldots + \frac{a_{-1}}{s-\alpha} + a_o + a_1(s-\alpha) + \ldots = \sum_{\nu=-n}^{\infty} a_\nu (s-\alpha)^\nu \quad (7.4)$$

Wir haben so eine Reihenentwicklung der Funktion F(s) um den Pol α erhalten. Sie unterscheidet sich von der gewöhnlichen Potenzreihenentwicklung durch das Auftreten von Potenzen mit negativen Exponenten. Man bezeichnet (7.4) als Laurententwicklung von F(s) um α und nennt die Gesamtheit der Potenzen mit negativen Exponenten den Hauptteil oder absteigenden Teil der Laurententwicklung. Da sich die Laurentreihe (7.4) aus dem Hauptteil und einer gewöhnlichen Potenzreihe zusammensetzt, die in einem Kreis um α absolut konvergiert, folgt sofort, daß auch die Laurentreihe (7.4) in einem Kreis um α absolut konvergent ist, jedoch mit Ausnahme des Punktes α selbst.

Beginnt die Laurententwicklung mit der Potenz

$$\frac{a_{-n}}{(s-\alpha)^n} = a_{-n}(s-\alpha)^{-n} \quad ,$$

so sagt man, der Pol α von F(s) sei n-fach oder von n-ter Ordnung.

Um die Laurententwicklung zu berechnen, führt man die Division der Potenzreihen in (7.3) durch. Setzt man abkürzend

$$s - \alpha = z,$$

so wird zunächst aus (7.3)

$$F(s) = \frac{1}{z^n} \frac{P_m + P_{m+1}z + \ldots}{Q_r + Q_{r+1}z + \ldots} \quad .$$

Mit dem Ansatz

$$\frac{P_m + P_{m+1}z + \ldots}{Q_r + Q_{r+1}z + \ldots} = a_o + a_1 z + \ldots$$

ergibt sich daraus:

$$P_m + P_{m+1}z + \ldots = (Q_r + Q_{r+1}z + \ldots)(a_o + a_1 z + \ldots) \quad ,$$

$$P_m + P_{m+1}z + \ldots = Q_r a_o + (Q_r a_1 + Q_{r+1} a_o) z + \ldots \quad .$$

Durch Koeffizientenvergleich folgt

$$Q_r a_o = P_m ,$$

$$Q_r a_1 + Q_{r+1} a_o = P_{m+1} ,$$

$$Q_r a_2 + Q_{r+1} a_1 + Q_{r+2} a_o = P_{m+2} ,$$

$$\vdots$$

Wegen $Q_r \neq 0$ kann man diese Gleichungen sukzessive nach den Unbekannten $a_o, a_1, a_2, \ldots$ auflösen. In

$$F(s) = \frac{1}{z^n} (a_o + a_1 z + \ldots)$$

eingesetzt, liefern sie die gesuchte Entwicklung. Man erhält auf diese Weise zumindest das Anfangsstück der Reihenentwicklung, das für praktische Zwecke vielfach ausreicht, wenn es nämlich um eine Approximation von $F(s)$ in der Nähe des Pols geht.

Beispiel 1 zur Laurententwicklung

$\cot s = \frac{\cos s}{\sin s}$ ist um den Pol $s = 0$ zu entwickeln. Es ist

$$\cot s = \frac{1 - \frac{s^2}{2!} + \frac{s^4}{4!} -+ \ldots}{s - \frac{s^3}{3!} + \frac{s^5}{5!} -+ \ldots} = \frac{1}{s} \; \frac{1 - \frac{s^2}{2!} + \frac{s^4}{4!} -+ \ldots}{1 - \frac{s^2}{3!} + \frac{s^4}{5!} -+ \ldots} .$$

Aus

$$\frac{1 - \frac{1}{2} s^2 + \frac{1}{24} s^4 -+ \ldots}{1 - \frac{1}{6} s^2 + \frac{1}{120} s^4 -+ \ldots} = a_o + a_1 s + a_2 s^2 + \ldots \quad \text{folgt}$$

$$1 - \frac{1}{2} s^2 + \frac{1}{24} s^4 -+ \ldots = a_o + a_1 s + a_2 s^2 + a_3 s^3 + a_4 s^4 + \ldots$$

$$- \frac{1}{6} a_o s^2 - \frac{1}{6} a_1 s^3 - \frac{1}{6} a_2 s^4 - \ldots$$

$$+ \frac{1}{120} a_o s^4 + \ldots$$

$$= a_o + a_1 s + (a_2 - \frac{1}{6} a_o) s^2 + (a_3 - \frac{1}{6} a_1) s^3 + (a_4 - \frac{1}{6} a_2 + \frac{1}{120} a_o) s^4 + \ldots .$$

Daraus folgt

$a_o = 1 \ , \quad a_1 = 0 \ ;$

$a_2 - \frac{1}{6} a_o = - \frac{1}{2} \ , \text{ also } \ a_2 = - \frac{1}{3} \ ;$

$a_3 - \frac{1}{6} a_1 = 0 \ , \quad \text{ also } \ a_3 = 0 \ ;$

$a_4 - \frac{1}{6} a_2 + \frac{1}{120} a_o = \frac{1}{24} \ , \quad \text{ also } \ a_4 = - \frac{1}{18} - \frac{1}{120} + \frac{1}{24} = - \frac{1}{45}$ usw.

Somit ist

$$\cot s = \frac{1}{s} - \frac{1}{3} s - \frac{1}{45} s^3 - \dots \ .$$

Manchmal kann man die geometrische Reihe zur Laurententwicklung benützen, wie das folgende Beispiel zeigt.

Beispiel 2: $F(s) = 1/(s^2+1)$ ist um den Pol $\alpha = j$ zu entwickeln.

$$F(s) = \frac{1}{s^2+1} = \frac{1}{s-j} \cdot \frac{1}{s+j} = \frac{1}{s-j} \cdot \frac{1}{(s-j)+2j} = \frac{1}{s-j} \cdot \frac{1}{2j} \cdot \frac{1}{1 + \frac{s-j}{2j}} \ .$$

Der letzte Quotient stellt die Summe $\frac{1}{1-q}$ einer geometrischen Reihe mit

$$q = - \frac{s-j}{2j}$$

dar. Man hat daher die Reihenentwicklung

$$F(s) = \frac{1}{2j} \frac{1}{s-j} \left[1 - \frac{s-j}{2j} + \frac{(s-j)^2}{(2j)^2} -+ \dots \right] ,$$

$$F(s) = \frac{1}{2j} \frac{1}{s-j} - \frac{1}{(2j)^2} + \frac{1}{(2j)^3} (s-j) -+ \dots \ .$$

Diese Reihe ist (absolut) konvergent für $|q| < 1$, d.h.

$$\left| \frac{s-j}{2j} \right| < 1 \quad \text{bzw.} \quad |s-j| < 2 \ .$$

Der Konvergenzbereich ist also ein Kreis um den Pol $\alpha = j$ mit dem Radius 2 (mit Ausschluß von $\alpha = j$ selbst). Dieser Konvergenzbereich war von vornherein zu erwarten, da der Umfang des Konvergenzkreises durch die nächstgelegene Singularität, hier also durch $s = -j$, gehen muß.

7.2 Residuum und Residuensatz

Um den Pol α von $F(s)$ werde ein Kreis K mit dem Radius R beschrieben, der im Holomorphiegebiet von F(s) liegt (Bild 7.1). Längs dieses Kreises K werde die Funktion F(s) integriert. Dann ist nach (7.4)

$$\int_K F(s)\,ds = \sum_{\nu=-n}^{\infty} a_\nu \int_K (s-\alpha)^\nu ds \;. \tag{7.5}$$

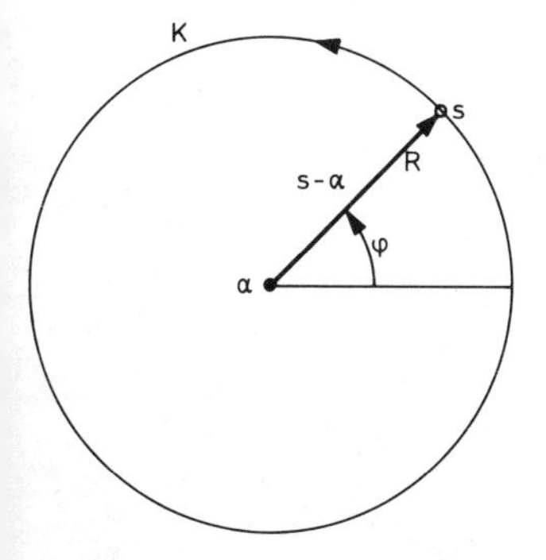

Bild 7/1 Kreis in der komplexen Ebene

Hierin ist

$$s - \alpha = Re^{j\varphi}\;, \quad \text{also}$$

$$ds = jRe^{j\varphi}d\varphi\;,$$

da R ja konstant bleibt. Mithin wird

$$\int_K (s-\alpha)^\nu ds = jR^{\nu+1}\int_0^{2\pi} e^{j(\nu+1)\varphi}d\varphi\;.$$

Sofern $\nu+1 \neq 0$, also $\nu \neq -1$, ist das Integral gleich

$$\frac{1}{j(\nu+1)}\left[e^{j(\nu+1)\varphi}\right]_0^{2\pi} = \frac{1}{j(\nu+1)}\left[e^{(\nu+1)2\pi j}-1\right] = 0\;,$$

da ja $e^{k\,2\pi j} = 1$ für jedes ganze k. D.h. also:

$$\int_K (s-\alpha)^\nu ds = 0 \quad \text{für jedes } \nu \neq -1\;.$$

Für $\nu = -1$ ergibt sich

$$\int_K \frac{ds}{s-\alpha} = \left[\ln(s-\alpha)\right]_{\varphi=0}^{\varphi=2\pi}.$$

Für

$s-\alpha = Re^{j\varphi}$ ist

$$\ln(s-\alpha) = \ln R + \ln e^{j\varphi} = \ln R + j(\varphi+2k\pi) \quad ,$$

wobei wegen der Vieldeutigkeit des Winkels k beliebig ganz sein kann. Umläuft der Punkt s den Kreis K einmal (im Gegenzeigersinn), so ändert sich R nicht, während φ um 2π wächst. Damit wird

$$\int_K \frac{ds}{s-\alpha} = \ln R + j(2\pi+2k\pi) - \ln R - j2k\pi = 2\pi j \ .$$

Man hat so folgendes Ergebnis:

Integriert man F(s) längs des Kreises K um den Pol α, so bleibt von der gesamten Laurententwicklung nur der Term mit $\nu = -1$ übrig:

$$\int_K F(s)ds = a_{-1}\cdot 2\pi j \ . \tag{7.6}$$

Man bezeichnet deshalb den Koeffizienten a_{-1} als Residuum der Funktion F(s) zum Pol α und schreibt

$$a_{-1} = \text{res}_{\alpha}\, F(s).$$

Aus (7.6) folgt für das Residuum

$$a_{-1} = \text{res}_{\alpha}\, F(s) = \frac{1}{2\pi j} \int_K F(s)ds \ . \tag{7.7}$$

Die Beziehung (7.7) ist Spezialfall eines allgemeineren Satzes. Ersetzt man den Kreis K durch eine geschlossene, sich nicht selbst überschneidende Kurve C der s-Ebene und läßt man zu, daß die Funktion F(s) innerhalb C endlich viele Pole $\alpha_1,\ldots,\alpha_m$ hat (Bild 7/2), im übrigen aber auf und innerhalb C holomorph ist, so gilt in geradliniger Verallgemeinerung von (7.7):

$$\frac{1}{2\pi j} \int_C F(s)ds = \sum_{\nu=1}^{m} \text{res}_{\alpha_\nu} F(s) \ . \tag{7.8}$$

Dies ist der Residuensatz, der im übrigen nicht nur für Pole, sondern auch für sogenannte "wesentliche Singularitäten" gilt, die uns jedoch im folgenden nicht interessieren (Beweis etwa in [11], [12], [13]).

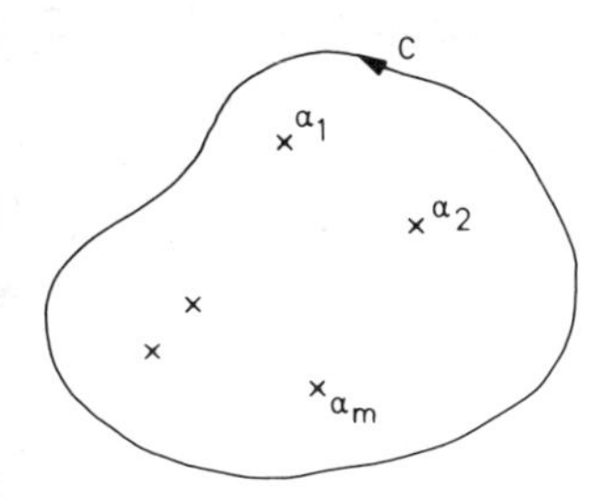

Bild 7/2 Zum Residuensatz

Für die Anwendungen ist der Residuensatz vor allem deshalb von Bedeutung, weil sich mit seiner Hilfe Integrale in der komplexen Ebene berechnen lassen. Mit den Hilfsmitteln der reellen Analysis (partielle Integration, Substitution) sind sie selbst in ganz einfachen Fällen nicht zu erhalten.

Betrachten wir zur Erläuterung ein Beispiel (Bild (7/3). Es soll $\int_C \cot s \, ds$ berechnet werden, wobei C der Polygonzug im Bild 7/3 ist. Hier ist

$$F(s) = \cot s = \frac{\cos s}{\sin s} \, .$$

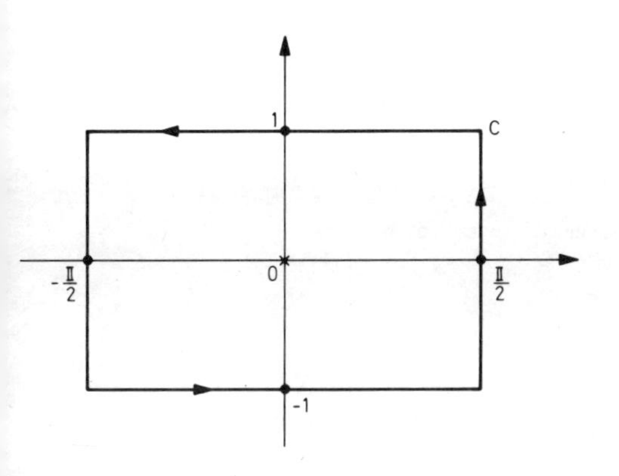

Bild 7/3 Beispiel zur Anwendung des Residuensatzes

Pole liegen an den Nullstellen des sin s vor, also für $s = k\pi$, k beliebig ganz. Von ihnen liegt nur der Pol $s = 0$ im Innern von C. Das zugehörige Residuum ist nach Beispiel 1 dieses Kapitels gleich 1:

$$\text{res}_o \cot s = 1 \, .$$

Nach (7.8) ist deshalb

$$\frac{1}{2\pi j} \int_C \cot s \, ds = 1 \, .$$

Ernsthafte Anwendungsbeispiele kommen in den nächsten Kapiteln. Das Verfahren ist stets das gleiche: Um $\int_C F(s)ds$ zu berechnen, bestimmt man zuerst die Pole von $F(s)$ innerhalb C und dann die zugehörigen Residuen. Letzteres kann grundsätzlich mittels Laurententwicklung geschehen. Da man aber nicht an der gesamten Laurententwicklung interessiert ist, sondern nur an dem Koeffizienten a_{-1}, empfiehlt es sich, Formeln für diesen zu entwickeln, die leicht auszuwerten sind.

Einen in manchen Fällen brauchbaren Rechenausdruck erhält man durch Multiplikation der Laurententwicklung (7.4) mit $(s-\alpha)^n$:

$$F(s)(s-\alpha)^n = a_{-n} + \dots + a_{-1}(s-\alpha)^{n-1} + \dots .$$

Das ist eine Potenzreihe für die Funktion $F(s)(s-\alpha)^n$. Der Koeffizient a_{-1} bei der Potenz $(s-\alpha)^{n-1}$ ergibt sich demgemäß wegen (2.36) zu

$$a_{-1} = \operatorname{res}_\alpha F(s) = \frac{1}{(n-1)!}\left[\left(\frac{d^{n-1}}{ds^{n-1}}\left(F(s)(s-\alpha)^n\right)\right)\right]_{s=\alpha} . \qquad (7.9)$$

Handelt es sich speziell um einen Pol 1. Ordnung, ist also $n = 1$, so folgt unmittelbar aus (7.4)

$$a_{-1} = \lim_{s\to\alpha} F(s)(s-\alpha) = \lim_{s\to\alpha} \frac{P(s)}{Q(s)}(s-\alpha), \text{ also wegen } Q(\alpha) = 0 :$$

$$a_{-1} = \lim_{s\to\alpha} P(s) \frac{s-\alpha}{Q(s)-Q(\alpha)} = P(\alpha)\frac{1}{Q'(\alpha)}. \text{ Somit ist dann}$$

$$a_{-1} = \operatorname{res}_\alpha F(s) = \frac{P(\alpha)}{Q'(\alpha)} . \qquad (7.10)$$

Hat $G(s)$ den einfachen Pol α und ist $F(s)$ bei $s = \alpha$ holomorph, so kann man das Residuum des Produktes $F(s)G(s)$ sofort angeben:

$$\operatorname{res}_\alpha [F(s)G(s)] = F(\alpha)\operatorname{res}_\alpha G(s) . \qquad (7.11)$$

Es ist nämlich $F(s)G(s) = \left[F_o + F_1(s-\alpha) + \dots\right]\left[\frac{G_{-1}}{s-\alpha} + G_o + G_1(s-\alpha) + \dots\right]$,

wobei

$$F_o = F(\alpha) \text{ und } G_{-1} = \operatorname{res}_\alpha G(s)$$

ist. Durch Ausmultiplizieren folgt

$$F(s)G(s) = \frac{F_oG_{-1}}{s-\alpha} + F_1G_{-1} + F_oG_o + \text{Potenzen von } s-\alpha .$$

Somit ist das Residuum von F(s)G(s) in der Tat durch

$$F_o G_{-1} = F(\alpha)\,\mathrm{res}_\alpha G(s)$$

gegeben.

7.3 Laurententwicklung und Partialbruchzerlegung

Es liegt auf der Hand, daß zwischen der Laurententwicklung und der Partialbruchzerlegung ein Zusammenhang bestehen muß, da beides Entwicklungen nach Potenzen mit negativen Exponenten sind.

Sei α ein n-facher Pol der rationalen Funktion R(s). Dann hat R(s) die Partialbruchzerlegung

$$R(s) = \frac{r_n}{(s-\alpha)^n} + \ldots + \frac{r_1}{s-\alpha} + \text{restliche Partialbrüche.}$$

Für $s = \alpha$ nehmen die restlichen Partialbrüche, die sich ja auf andere Pole beziehen, endliche Werte an. Infolgedessen ist ihre Summe bei $s = \alpha$ eine holomorphe Funktion und kann deshalb in eine Potenzreihe entwickelt werden:

$$R(s) = \frac{r_n}{(s-\alpha)^n} + \ldots + \frac{r_1}{s-\alpha} + r_o + r_1(s-\alpha) + \ldots .$$

Diese Darstellung zeigt unmittelbar:

> Die Summe der zu einem Pol α gehörenden Partialbrüche einer rationalen Funktion R(s) ist der Hauptteil der Laurententwicklung von R(s) um α.

Daraus folgt sogleich weiter:

> Die gesamte Partialbruchzerlegung von R(s) ist gleich der Summe der Hauptteile der Laurententwicklungen von R(s) um die Pole.

Es gilt also

$$R(s) = \sum_k H_k(s) = \sum_k \sum_{\nu=1}^{n_k} \frac{r_{k\nu}}{(s-\alpha_k)^\nu} . \qquad (7.12)$$

Dabei ist vorausgesetzt, daß in R(s) der Zählergrad kleiner als der Nennergrad ist. Andernfalls tritt in (7.12) noch ein Polynom in s zu den Partialbrüchen hinzu (das auf eine Konstante zusammenschrumpft, wenn der Zählergrad gleich dem Nennergrad ist).

Sind speziell sämtliche Pole $\alpha_1,...,\alpha_n$ einfach, so geht (7.12) in die Darstellung

$$R(s) = \sum_{k=1}^{n} \frac{r_k}{s-\alpha_k}$$

über. Der zum Pol α_k gehörende Hauptteil der Laurententwicklung besteht dann nur aus dem ersten Summanden

$$\frac{r_k}{s-\alpha_k},$$

wobei also r_k das Residuum zum Pol α_k ist. Man kann daher sagen:

> Sind die Pole der rationalen Funktion R(s) einfach, so sind die Koeffizienten der Partialbrüche gleich den Residuen.

Hier liegt vielleicht die Frage nahe, ob sich die Partialbruchzerlegung, diese für die Anwendungen so überaus zweckmäßige Darstellung einer Funktion, auf allgemeinere als rationale Funktionen ausdehnen läßt. Das ist in der Tat möglich, und zwar läßt sich die Partialbruchentwicklung auf meromorphe Funktionen erweitern. Darunter versteht man eindeutige Funktionen von s, die in der endlichen s-Ebene mit Ausnahme von Polen holomorph sind. Über den Punkt $s = \infty$ ist nichts ausgesagt. Er kann eine kompliziertere Singularität der Funktion darstellen.

Es ist klar, daß die rationalen Funktionen meromorph sind. Beispiele anderer meromorpher Funktionen sind $R(s) + e^{-s}$ mit rationalem R(s), tan s, cot s, $\frac{1}{e^s-1}$. Die letztgenannten Funktionen sind gewiß nicht rational, weil sie unendlich viele Pole haben. So hat z.B.

$$\cot s = \frac{\cos s}{\sin s}$$

als Pole die Nullstellen von sin s.

In Analogie zu den rationalen Funktionen liegt nun folgendes Vorgehen nahe, um zur Partialbruchzerlegung einer meromorphen Funktion $F(s) = P(s)/Q(s)$ zu gelangen:

a) Man bestimmt die Pole α_k von F(s).

b) Man entwickelt F(s) um α_k in die Laurentreihe, wobei nur der Hauptteil

$$H_k(s) = \sum_{\nu=1}^{n_k} \frac{r_{k\nu}}{(s-\alpha_k)^{\nu}}$$

von Interesse ist.

c) Dann ist

$$F(s) = \sum_k H_k(s) = \sum_k \sum_{\nu=1}^{n_k} \frac{r_{k\nu}}{(s-\alpha_k)^\nu} . \qquad (7.13)$$

Falls alle Pole α_k einfach sind, ist speziell

$$F(s) = \sum_k \frac{r_k}{s-\alpha_k} = \sum_k \frac{P(\alpha_k)}{Q'(\alpha_k)} \frac{1}{s-\alpha_k} , \qquad (7.14)$$

letzteres wegen (7.10).

In speziellen Fällen ist die Darstellung (7.13) bzw. (7.14) zutreffend, leider aber nicht im allgemeinen Fall. Das hat zwei Gründe. Einmal kann die Summe der Partialbrüche unendlich sein und braucht dann nicht zu konvergieren. Indem man von jedem Hauptteil einen geeignet gewählten Anfangsabschnitt seiner Potenzreihenentwicklung um s = 0 subtrahiert, kann man die Reihenentwicklung konvergent machen. Zweitens kann zu der Partialbruchsumme noch eine ganze Funktion hinzutreten, d.h. eine in der gesamten (endlichen) s-Ebene holomorphe Funktion - entsprechend dem Polynom, das bei der rationalen Funktion zu den Partialbrüchen hinzukommen kann. Ändert man den Ansatz (7.13) in dieser Weise ab, so gelangt man zu einer allgemein gültigen Partialbruchzerlegung der meromorphen Funktionen, die im Satz von Mittag-Leffler [11, 12, 13] ihren Niederschlag gefunden hat. Jedoch ist die Anwendung dieses Satzes nicht mehr einfach. Vor allem stellt die Ermittlung der ganzen Funktion, die möglicherweise zu den Partialbrüchen hinzutritt, in jedem Einzelfall eine schwierige Aufgabe dar.

Bei praktischen Problemen kann man so vorgehen, daß man F(s) einfach in der Form (7.13) bzw. (7.14) ansetzt, die so erhaltene Reihe gliedweise in den Zeitbereich übersetzt und versucht, die Richtigkeit des Ergebnisses auf Grund der konkreten Problemstellung zu verifizieren. Handelt es sich z.B. um die Lösung einer Differentialgleichung, so hat man nachzuweisen, daß die erhaltene Zeitfunktion in der Tat die Differentialgleichung samt Anfangs- (und eventuell Rand-) bedingungen erfüllt. Natürlich geht dieses Verfahren nur gut, wenn die ganze Funktion, die als Summand in der meromorphen Funktion auftritt, Null ist und konvergenzerzeugende Zusatzterme entbehrlich sind. Bei manchen Anwendungsproblemen ist das der Fall.

7.4 Zwei Beispiele zur Partialbruchentwicklung einer meromorphen Funktion

Betrachten wir als erstes Beispiel

$$F(s) = \frac{1}{s(1+e^{-s})} .$$

Die Pole ergeben sich als Nullstellen des Nenners. Neben $\alpha = 0$ hat man die Gleichung

$$e^{-s} = -1 \quad \text{bzw.}$$

$$-s = \ln(-1) \tag{7.15}$$

zu lösen. Nun ist allgemein

$$\ln z = \ln re^{j(\varphi+2k\pi)} = \ln r + \ln e^{j(\varphi+2k\pi)}, \text{ also}$$

$$\ln z = \ln r + j(\varphi+2k\pi), \text{ k beliebig ganz.} \tag{7.16}$$

Hier ist also

$$\ln(-1) = \ln 1 + j(\pi+2k\pi) = (2k+1)\pi j .$$

Damit sind die Nullstellen von (7.15)

$$\alpha_k = -(2k+1)\pi j, \text{ k beliebig ganz.} \tag{7.17}$$

Nachdem so die Pole von F(s) bestimmt sind, hat man die Residuen zu berechnen, am einfachsten mittels (7.10). Im vorliegenden Fall ist

$$P(s) = 1, \quad Q(s) = s(1+e^{-s}) , \quad \text{also}$$

$$Q'(s) = 1 + e^{-s} + s(-e^{-s}) = 1+(1-s)e^{-s} .$$

Daraus folgt

$$Q'(\alpha) = 2 ,$$

$$Q'(\alpha_k) = 1 + e^{(2k+1)\pi j}[1+(2k+1)\pi j] , \text{ also wegen}$$

$$e^{(2k+1)\pi j} = -1 :$$

$$Q'(\alpha_k) = -(2k+1)\pi j .$$

Daher ist

$$r = \frac{1}{2} , \quad r_k = -\frac{1}{(2k+1)\pi j} , \quad \text{k beliebig ganz.} \tag{7.18}$$

Nach (7.14) führt dies zur Partialbruchzerlegung

$$F(s) = \frac{1}{2}\,\frac{1}{s} - \sum_{k=-\infty}^{+\infty} \frac{1}{(2k+1)\pi j}\,\frac{1}{s+(2k+1)\pi j} =$$

$$= \frac{1}{2s} - \left[\underbrace{\frac{1}{\pi j}\,\frac{1}{s+\pi j}}_{k=0} - \underbrace{\frac{1}{\pi j}\,\frac{1}{s-\pi j}}_{k=-1}\right] - \left[\underbrace{\frac{1}{3\pi j}\,\frac{1}{s+3\pi j}}_{k=1} - \underbrace{\frac{1}{3\pi j}\,\frac{1}{s-3\pi j}}_{k=-2}\right] - \ldots =$$

$$= \frac{1}{2s} - \frac{1}{\pi j}\,\frac{-2\pi j}{s^2+\pi^2} - \frac{1}{3\pi j}\,\frac{-6\pi j}{s^2+3^2\pi^2} - \ldots .$$

Somit ist

$$F(s) = \frac{1}{s(1+e^{-s})} = \frac{1}{2s} + 2\sum_{k=0}^{\infty} \frac{1}{s^2+(2k+1)^2\pi^2} . \qquad (7.19)$$

Die gliedweise Rücktransformation in den Zeitbereich liefert die Originalfunktion

$$f(t) = \frac{1}{2} + 2\sum_{k=0}^{\infty} \frac{\sin(2k+1)\pi t}{(2k+1)\pi} , \qquad (7.20)$$

sofern die Partialbruchzerlegung (7.19) in Ordnung ist.

Nun kann man im vorliegenden Fall F(s) auch viel einfacher zurücktransformieren, nämlich mittels der Entwicklung in die geometrische Reihe, wie im Kapitel 4:

$$F(s) = \frac{1}{s}\,(1 - e^{-s} + e^{-2s} -+ \ldots) .$$

Daraus folgt sofort

$$f(t) = \sigma(t) - \sigma(t-1) + \sigma(t-2) -+ \ldots . \qquad (7.21)$$

Diese Rechteckschwingung, die im Bild 7/4 dargestellt ist, hat auf den ersten Blick keine Ähnlichkeit mit der Darstellung (7.20).

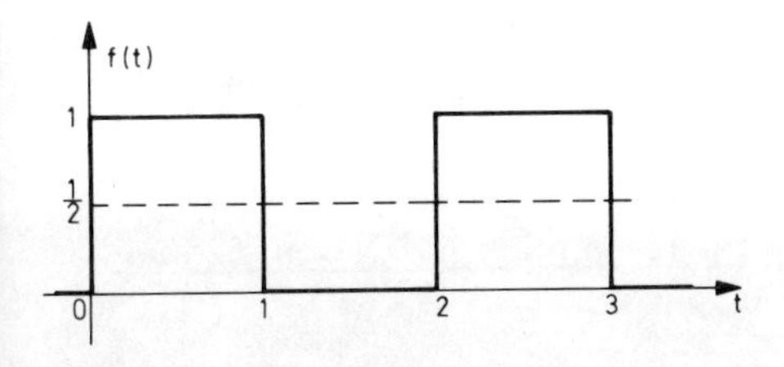

Bild 7/4 Rechteckschwingung

Auf den zweiten Blick liegt die Vermutung nahe, daß (7.20) nichts anderes ist als die Fourierentwicklung von (7.21). Das läßt sich leicht nachweisen. Denkt man sich die Rechteckschwingung im Bild 7/4 in den Bereich negativer t fortgesetzt, so sieht man, daß es sich um eine ungerade Funktion bezüglich der Mittellinie 1/2 handelt, die abwechselnd die Werte + 1/2 und - 1/2 annimmt. Daher ist

$$f(t) = \frac{1}{2} + \sum_{\nu=1}^{\infty} b_\nu \sin \nu\omega t \quad \text{mit} \quad \omega = \frac{2\pi}{2} = \pi , \tag{7.22}$$

wobei

$$b_\nu = \int_{-1}^{0} \left(-\frac{1}{2}\right) \sin \nu\pi t \, dt + \int_{0}^{1} \frac{1}{2} \sin \nu\pi t \, dt = \begin{cases} 0 & \text{, wenn } \nu \text{ gerade} \\ \frac{2}{\nu\pi} & \text{, wenn } \nu \text{ ungerade} \end{cases}$$

Mit $\nu = 2k+1$, $k = 0,1,\ldots$, wird aus (7.22) die Darstellung (7.20) für $f(t)$, womit zugleich die Gültigkeit von (7.20) nachgewiesen ist.

Als zweites Beispiel wollen wir eine Funktion betrachten, die im Kapitel 9 bei der Lösung der Wärmeleitungsgleichung auftritt:

$$F(s) = \frac{\sinh zs}{\sinh ls}, \quad 0 < z < l, \quad l > 0.$$

Die Pole erhält man aus

$$\sinh ls = \frac{1}{2}\left(e^{ls} - e^{-ls}\right) = 0, \text{ also}$$

$$e^{2ls} = 1 .$$

Aus dieser Gleichung folgt

$$2ls = k\, 2\pi j , \quad \text{also}$$

$$\alpha_k = k \frac{\pi}{l} j , \quad k \text{ beliebig ganz.} \tag{7.23}$$

Da $\frac{d}{ds}(\sinh ls) = l \cosh ls$ ist und der hyperbolische Sinus und Cosinus nicht an den gleichen Stellen verschwinden, liegen Pole 1. Ordnung vor. Nur für $k = 0$ ergibt sich kein Pol, da bei $s = 0$ auch der Zähler $\sinh zs$ Null wird. (7.23) liefert also die Pole von $F(s)$, wenn $k \neq 0$, sonst aber beliebig ganzzahlig ist.

Weiterhin ist

$$P(\alpha_k) = \sinh z\alpha_k = \frac{1}{2}\left(e^{k\frac{\pi z}{l}j} - e^{-k\frac{\pi z}{l}j}\right) = j \sin\frac{k\pi z}{l} ,$$

$$Q'(\alpha_k) = l \cosh l\alpha_k = \frac{l}{2}\left(e^{k\pi j} + e^{-k\pi j}\right) = l \cos k\pi = l(-1)^k .$$

Damit wird aus (7.14)

$$F(s) = \sum_{\substack{k=-\infty \\ k\neq 0}}^{+\infty} \frac{j}{l} \frac{\sin\frac{k\pi z}{l}}{(-1)^k} \frac{1}{s - \frac{k\pi j}{l}} \quad \text{oder}$$

$$F(s) = \frac{j}{l}\sum_{k=1}^{\infty}\left[\frac{\sin\frac{k\pi z}{l}}{(-1)^k}\frac{1}{s-\frac{k\pi j}{l}} + \frac{\sin\frac{(-k)\pi z}{l}}{(-1)^{-k}}\frac{1}{s+\frac{k\pi j}{l}}\right],$$

also wegen $\frac{1}{(-1)^k} = (-1)^k$, $\sin(-\alpha) = -\sin\alpha$:

$$F(s) = \frac{j}{l}\sum_{k=1}^{\infty} (-1)^k \sin\frac{k\pi z}{l}\left[\frac{1}{s-\frac{k\pi j}{l}} - \frac{1}{s+\frac{k\pi j}{l}}\right],$$

$$F(s) = \frac{j}{l}\sum_{k=1}^{\infty} (-1)^k \sin\frac{k\pi z}{l}\,\frac{2\frac{k\pi j}{l}}{s^2+\frac{k^2\pi^2}{l^2}} .$$

Damit hat man schließlich

$$\frac{\sinh zs}{\sinh ls} = \frac{2\pi}{l^2}\sum_{k=1}^{\infty} (-1)^{k-1} k \sin\frac{k\pi z}{l}\,\frac{1}{s^2+\frac{k^2\pi^2}{l^2}} . \qquad (7.24)$$

Ersetzt man hierin s durch $\sqrt{s}$, so erhält man

$$\frac{\sinh z\sqrt{s}}{\sinh l\sqrt{s}} = \frac{2\pi}{l^2}\sum_{k=1}^{\infty} (-1)^{k-1} k \sin\frac{k\pi z}{l}\,\frac{1}{s+\frac{k^2\pi^2}{l^2}} . \qquad (7.25)$$

Gliedweise Rücktransformation ergibt die Originalfunktion

$$\frac{\sinh z\sqrt{s}}{\sinh l\sqrt{s}} \bullet\!\!-\!\!\circ \frac{2\pi}{l^2} \sum_{k=1}^{\infty} (-1)^{k-1} k \sin \frac{k\pi z}{l} e^{-\frac{k^2\pi^2 t}{l^2}} \qquad (7.26)$$

Diese Korrespondenz werden wir bei der Lösung der Wärmeleitungsgleichung benötigen. Gemäß der Bemerkung am Schluß des letzten Abschnitts ist durch Einsetzen der Zeitfunktion in die Differentialgleichung (nebst Rand- und Anfangsbedingungen) zu verifizieren, daß sie tatsächlich eine Lösung darstellt.

8 Komplexe Umkehrformel der Laplace-Transformation

Die schwierigste Aufgabe bei der Anwendung der Laplace-Transformation zur Lösung von Funktionalbeziehungen ist die Rücktransformation. Sie besteht darin, zu einer gegebenen Bildfunktion F(s) die zugehörige Originalfunktion f(t) zu finden. Das heißt: Man hat die Integralgleichung

$$\int_0^\infty f(t)e^{-st}dt = F(s) \tag{8.1}$$

nach der Funktion f(t) aufzulösen.

Bislang haben wir die direkte Lösung dieser Aufgabe umgangen. Das war dadurch möglich, daß wir die gegebene Funktion F(s) in Partialbrüche zerlegten oder in eine Reihe entwickelten, auf jeden Falls als Summe einfacher komplexer Funktionen darstellten. Von diesen waren die Originalfunktionen bereits durch Ausrechnen spezieller Korrespondenzen bekannt, so daß eine gliedweise Rücktransformation möglich war.

Wie wirkungsvoll dieses Vorgehen ist, zeigen die Ergebnisse der Kapitel 2, 3, 4 und 7.4. Es funktioniert stets dann, wenn sich die Bildfunktion F(s) als Summe einfacher Funktionen darstellen läßt, die gliedweise in den Originalbereich übersetzt werden kann. Das braucht nicht immer der Fall zu sein. Beispielsweise versagt es bei der Funktion

$$F(s) = e^{-z\sqrt{s}},$$

wobei z ein Parameter > O ist.

In solchen Fällen bleibt nichts anderes übrig, als die Integralgleichung (8.1) direkt anzugehen und nach f(t) aufzulösen. Man gelangt so zu der komplexen Umkehrformel, welche nun hergeleitet werden soll.

8.1 Herleitung der komplexen Umkehrformel

Das Laplace-Integral (8.1) sei absolut konvergent in der rechten Halbebene Re s > a. Dort gilt also die Beziehung

$$F(s) = \int_0^\infty f(t)e^{-st}dt .$$

Setzt man f(t) = O für t < O, so kann man hierfür auch schreiben

$$F(s) = \int_{-\infty}^{+\infty} f(t)e^{-st}dt .$$

Multiplikation mit $e^{\tau s}$ führt zu

$$F(s)e^{\tau s} = \int_{-\infty}^{+\infty} f(t)e^{(\tau-t)s}dt \ .$$

Beide Seiten dieser Gleichung integriert man längs eines Geradenstückes, das in der Halbebene der absoluten Konvergenz parallel zur j-Achse liegt (Bild 8/1):

$$\int_{c-jA}^{c+jA} F(s)e^{\tau s}ds = \int_{c-jA}^{c+jA}\left[\int_{-\infty}^{+\infty} f(t)e^{(\tau-t)s}dt\right]ds \ . \qquad (8.2)$$

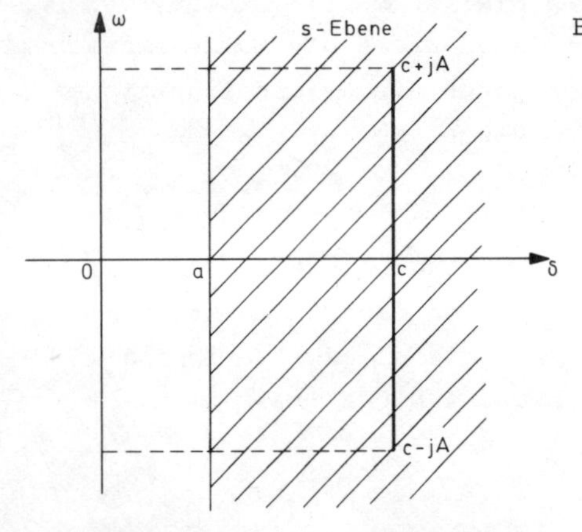

Bild 8/1 Zur Herleitung der komplexen Umkehrformel.
Schraffiert: Halbebene der absoluten Konvergenz des Laplace-Integrals F(s)

Vertauscht man die beiden Integrale auf der rechten Seite dieser Gleichung, so wird aus dem Doppelintegral

$$\int_{-\infty}^{+\infty} f(t)\left[\int_{c-jA}^{c+jA} e^{(\tau-t)s}ds\right]dt \ .$$

Nun ist

$$ds = d(c+j\omega) = jd\omega \ ,$$

wobei die neue Integrationsvariable ω von -A bis A läuft. Aus dem inneren Integral wird daher

$$\int_{-A}^{A} e^{(\tau-t)(c+j\omega)}jd\omega = je^{c(\tau-t)}\int_{-A}^{A} e^{(\tau-t)j\omega}d\omega = \frac{je^{c(\tau-t)}}{j(\tau-t)}\left[e^{(\tau-t)jA}-e^{-(\tau-t)jA}\right] =$$

$$= 2je^{c(\tau-t)}\ \frac{\sin A(\tau-t)}{\tau-t} \ .$$

Setzt man diesen Ausdruck in (8.2) anstelle des inneren Integrals ein, so wird

$$\int_{c-jA}^{c+jA} F(s)e^{\tau s}ds = \int_{-\infty}^{+\infty} f(t)\cdot 2je^{c(\tau-t)} \frac{\sin A(\tau-t)}{\tau-t}\, dt \,. \qquad (8.3)$$

Nun ersetzt man die Integrationsvariable t durch die neue Variable $v = A(\tau-t)$. Wegen

$$\tau-t = \frac{v}{A}\,, \quad t = \tau - \frac{v}{A}\,, \quad dt = -\frac{dv}{A}$$

wird dann aus (8.3)

$$\int_{c-jA}^{c+jA} F(s)e^{\tau s}ds = 2j \int_{+\infty}^{-\infty} f(\tau - \frac{v}{A})e^{\frac{cv}{A}} \frac{\sin v}{\frac{v}{A}} (-\frac{dv}{A})$$

$$= 2j \int_{-\infty}^{+\infty} f(\tau - \frac{v}{A})e^{\frac{cv}{A}} \frac{\sin v}{v}\, dv \,. \qquad (8.4)$$

Läßt man hierin $A \to +\infty$ gehen, so strebt $e^{\frac{cv}{A}} \to 1$, und man erhält

$$\int_{c-j\infty}^{c+j\infty} F(s)e^{\tau s}ds = 2j \int_{-\infty}^{+\infty} f(\tau) \frac{\sin v}{v}\, dv \,.$$

$f(\tau)$ hängt nicht von der Integrationsvariablen v ab und kann vorgezogen werden. Da das verbleibende Integral

$$\int_{-\infty}^{+\infty} \frac{\sin v}{v}\, dv = \pi$$

ist (siehe z.B. [14], [15]), hat man

$$\int_{c-j\infty}^{c+j\infty} F(s)e^{\tau s}ds = 2j\, f(\tau)\pi$$

oder, wenn man nachträglich wieder t an Stelle von τ schreibt:

$$f(t) = \frac{1}{2\pi j} \int_{c-j\infty}^{c+j\infty} F(s)e^{ts}ds \,. \qquad (8.5)$$

Hiermit hat man eine Formel erhalten, welche die gesuchte Zeitfunktion f(t) in Abhängigkeit von der gegebenen Laplace-Transformierten F(s) darstellt, also die verlangte Auflösung von (8.1) nach f(t) leistet. Sie wird als komplexe Umkehrformel der Laplace-Transformation bezeichnet. Bei ihr wird die Funktion F(s) längs einer Parallelen zur j-Achse integriert, die in der Halbebene der absoluten Konvergenz des Laplace-Integrals von F(s) liegt.

Die Beziehung (8.5) ist noch in einem Punkt zu ergänzen. Bei dem Grenzübergang $A \to +\infty$ in (8.4) wurde stillschweigend vorausgesetzt, daß die Zeitfunktion f an der Stelle τ stetig ist. Sollte das nicht der Fall sein, so ergibt sich für $v > 0$ der Grenzwert $f(\tau-0)$, für $v < 0$ hingegen der Grenzwert $f(\tau+0)$. Schreibt man daher (8.4) in der Form

$$\int_{c-jA}^{c+jA} F(s)e^{\tau s}ds = 2j\int_{-\infty}^{0} f(\tau - \frac{v}{A})e^{\frac{cv}{A}} \frac{\sin v}{v}\,dv + 2j\int_{0}^{+\infty} f(\tau - \frac{v}{A})e^{\frac{cv}{A}} \frac{\sin v}{v}\,dv ,$$

so liefert der Grenzübergang $A \to +\infty$:

$$\int_{c-j\infty}^{c+j\infty} F(s)e^{\tau s}ds = 2j\int_{-\infty}^{0} f(\tau+0) \frac{\sin v}{v}\,dv + 2j\int_{0}^{\infty} f(\tau-0) \frac{\sin v}{v}\,dv =$$

$$= 2jf(\tau+0)\,\frac{\pi}{2} + 2jf(\tau-0)\,\frac{\pi}{2} ,$$

da $\int_{-\infty}^{0} \frac{\sin v}{v}\,dv = \int_{0}^{+\infty} \frac{\sin v}{v}\,dv = \frac{\pi}{2}$ ist.

Man hat dann also

$$\frac{1}{2\pi j}\int_{c-j\infty}^{c+j\infty} F(s)e^{\tau s}ds = \frac{1}{2}\left[f(\tau-0)+f(\tau+0)\right]$$

oder mit t statt τ:

$$\frac{1}{2}\left[f(t-0)+f(t+0)\right] = \frac{1}{2\pi j}\int_{c-j\infty}^{c+j\infty} F(s)e^{ts}ds . \qquad (8.6)$$

D.h.: An Sprungstellen von f(t) liefert das komplexe Umkehrintegral das arithmetische Mittel aus links- und rechtsseitigem Grenzwert.

Falls f an der Stelle t stetig ist, gilt

$$f(t-0) = f(t+0) = f(t) ,$$

so daß (8.6) in (8.5) übergeht.

Da für negative t $f(t) = 0$ gesetzt war, muß das komplexe Umkehrintegral für $t < 0$ Null sein. An der Stelle $t = 0$ hat man nach (8.6), da ja $f(-0) = 0$ ist:

$$\frac{1}{2} f(+0) = \frac{1}{2\pi j} \int_{c-j\infty}^{c+j\infty} F(s) e^{ts} ds . \tag{8.7}$$

Zusammenfassend kann man schreiben:

$$\frac{1}{2\pi j} \int_{c-j\infty}^{c+j\infty} F(s) e^{ts} ds = \begin{cases} f(t), \ t > 0 \text{ und Stetigkeitsstelle von } f \\ \frac{1}{2} \left[f(t-0) + f(t+0) \right], \ t > 0 \text{ und Sprungstelle von } f \\ 0, \ t < 0 \\ \frac{1}{2} f(+0), \ t = 0 . \end{cases} \tag{8.8}$$

Im folgenden schreiben wir dafür kurz

$$f(t) = \frac{1}{2\pi j} \int_{c-j\infty}^{c+j\infty} F(s) e^{ts} ds .$$

Dieses Integral ist, wie aus seiner Herleitung hervorgeht, als

$$\lim_{A \to +\infty} \int_{c-jA}^{c+jA} F(s) e^{ts} ds \tag{8.9}$$

definiert. Obere und untere Grenze streben also in der gleichen Weise ins Unendliche. Das ist etwas anderes, als wenn sie sich unabhängig voneinander bewegen:

$$\lim_{\substack{A_1 \to +\infty \\ A_2 \to +\infty}} \int_{c-jA_1}^{c+jA_2} \tag{8.10}$$

Der Grenzwert (8.9) kann existieren, auch wenn der Grenzwert (8.10) nicht vorhanden ist. In der mathematischen Literatur schreibt man für den Grenzwert (8.9) auch

$$\text{V.P.} \int_{c-j\infty}^{c+j\infty} F(s)e^{ts}ds$$

und spricht vom "Cauchyschen Hauptwert" (= valor principalis).

Abschließend noch eine mathematische Anmerkung zur komplexen Umkehrformel. Man setzt voraus, daß f(t) von beschränkter Variation (Schwankung) ist (siehe [2]). Das ist sicher der Fall, wenn f(t) eine stückweise stetige Ableitung aufweist.

Übrigens kann man das Integral in (8.8) über die Funktion F(s) auch längs einer Geraden nehmen, die nicht in der Halbebene der absoluten Konvergenz liegt (sofern nur das Integral existiert). Die resultierende Zeitfunktion braucht dann aber weder die Originalfunktion zu F(s) im Sinne der Laplace-Transformation zu sein noch für $t < 0$ zu verschwinden.

Das Umkehrintegral läßt sich mit den aus der reellen Integralrechnung geläufigen Verfahren nicht ausrechnen. Im Residuensatz steht jedoch ein geeignetes Hilfsmittel zur Verfügung. Ehe das gezeigt wird, soll im nächsten Abschnitt eine einfache Anwendung der komplexen Umkehrformel gebracht werden.

8.2 Herleitung der Multiplikationsregel für Zeitfunktionen

Sie wurde schon im Kapitel 5 erwähnt und in der dortigen Tabelle aufgeführt, kann aber erst jetzt hergeleitet werden.

Aus

$$\mathcal{L}\{f_1(t)f_2(t)\} = \int_0^{\infty} f_1(t)f_2(t)e^{-st}dt$$

folgt mittels der Umkehrformel $f_1(t) = \frac{1}{2\pi j} \int_{c-j\infty}^{c+j\infty} F_1(z)e^{zt}dz$:

$$\mathcal{L}\{f_1(t)f_2(t)\} = \int_0^{\infty} \left[\frac{1}{2\pi j} \int_{c-j\infty}^{c+j\infty} F_1(z)e^{zt}dz\right] f_2(t)e^{-st}dt \; .$$

Um Verwechslungen zu vermeiden, ist die zweite komplexe Variable mit z statt mit s bezeichnet. Durch Vertauschung der Integrationen wird

$$\mathcal{L}\{f_1(t)f_2(t)\} = \frac{1}{2\pi j}\int_{c-j\infty}^{c+j\infty} F_1(z)\int_0^{\infty} f_2(t)e^{-(s-z)t}dt\,dz \;.$$

Das innere Integral ist aber nichts anderes als $F_2(s-z)$. Damit hat man das Resultat

$$\mathcal{L}\{f_1(t)f_2(t)\} = \frac{1}{2\pi j}\int_{c-j\infty}^{c+j\infty} F_1(z)F_2(s-z)dz \;. \tag{8.11}$$

Dieses Ergebnis ist in der Tat richtig, wenn es zwei reelle Zahlen δ_1 und δ_2 gibt derart, daß

$$\int_0^{\infty} e^{-\delta_1 t}|f_1(t)|dt < +\infty, \int_0^{\infty} e^{-2\delta_1 t}|f_1(t)|^2 dt < +\infty,$$

$$\int_0^{\infty} e^{-\delta_2 t}|f_2(t)|dt < +\infty, \int_0^{\infty} e^{-2\delta_2 t}|f_2(t)|^2 dt < +\infty.$$

Die beiden linken Ungleichungen sichern die absolute Konvergenz des Laplace-Integrals $F_1(s)$ bzw. $F_2(s)$ für Re $s \geqq \delta_1$ bzw. Re $s \geqq \delta_2$. Die beiden rechten Ungleichungen werden verständlich, wenn man die absolute Konvergenz des Laplace-Integrals des Produktes $f_1(t)f_2(t)$ sichern will.

Weiterhin sei $c \geqq \delta_1$. Dann gilt die Beziehung (8.11) für alle s mit Re $s \geqq c+\delta_2$.

Auch die Auswertung des Integrals (8.11) ist mit den üblichen, aus dem Reellen bekannten Integrationsverfahren kaum möglich. Man benötigt dazu den Residuensatz.

8.3 Berechnung des Umkehrintegrals mittels des Residuensatzes

F(s) sei eine Laplace-Transformierte, die in der endlichen s-Ebene (s-Ebene ohne den Punkt ∞) als einzige Singularitäten Pole besitzt.[1] Da F(s) in einer rechten Halbebene holomorph ist, liegen diese Pole sämtlich in einer linken Halbebene. In der Halbebene der absoluten Konvergenz des zu F(s) gehörenden Laplace-Integrals werde nun eine Gerade g parallel zur j-Achse gelegt (Bild 8/2).

1) Der Punkt $s = \infty$ braucht dann kein Pol von F(s) zu sein. Beispielsweise ist er für $F(s) = \frac{1}{s}$ überhaupt keine Singularität, während er für $F(s) = \frac{1}{s} + e^s$ eine wesentlich singuläre Stelle darstellt (siehe etwa [13], Abschnitt I.17).

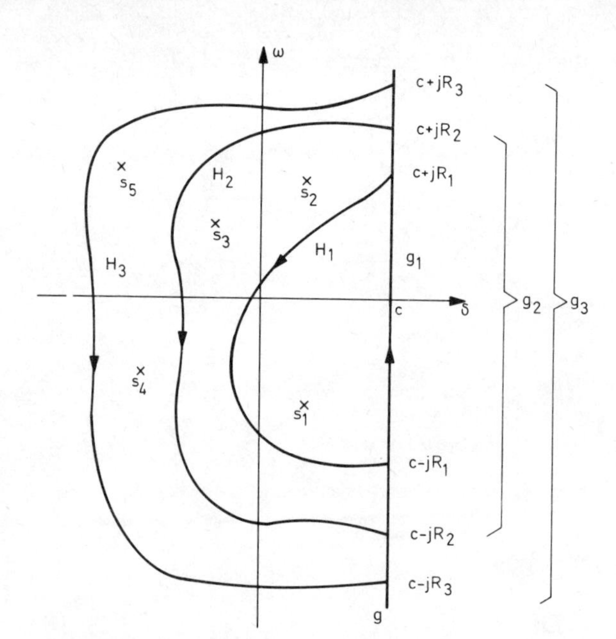

Bild 8/2 Zur Berechnung des komplexen Umkehrintegra

Von g ausgehend werden Kurven H_n, n = 1,2,..., gezogen, die in $c+jR_n$ beginnen und in $c-jR_n$ enden. Dabei soll $R_n \to +\infty$ gehen für $n \to \infty$, d.h. die Kurven H_n sollen mit wachsendem n unbegrenzt größer werdende Stücke g_n von g umgreifen, so daß im Grenzfall g_n in die gesamte Gerade g übergeht. Überdies sollen die H_n so gelegt sein, daß jede folgende Kurve außer den von der vorhergehenden Kurve schon umschlossenen Polen noch mindestens einen weiteren Pol umschließt (siehe Bild 8/2). Falls F(s) nur endlich viele Pole hat, ist diese Forderung dann hinfällig, wenn alle Pole von einem H_n schon umschlossen werden. Jedes weitere H_n soll dann ebenfalls sämtliche Pole einschließen.

Bezeichnet man die aus g_n und H_n bestehende geschlossene Kurve mit C_n, also

$$C_n = g_n + H_n ,$$

so gilt nach dem Residuensatz

$$\frac{1}{2\pi j} \int\limits_{C_n} F(s)e^{ts}ds = \sum_k \operatorname{res}_{s_k}\left[F(s)e^{ts}\right] . \qquad (8.12)$$

Dabei ist die Summe über alle Pole s_k von $F(s)e^{ts}$ zu nehmen, die innerhalb C_n liegen. Da e^{ts} in der endlichen Ebene überall holomorph ist, fallen die Pole von $F(s)e^{ts}$ mit den Polen von F(s) zusammen. Für (8.12) kann man auch schreiben

$$\frac{1}{2\pi j} \int\limits_{g_n} F(s)e^{ts}ds + \frac{1}{2\pi j} \int\limits_{H_n} F(s)e^{ts}ds = \sum_k \operatorname{res}_{s_k}\left[F(s)e^{ts}\right] . \qquad (8.13)$$

Läßt man nun $n \to \infty$ streben und geht dabei

$$\frac{1}{2\pi j} \int_{H_n} F(s) e^{ts} ds \to 0 \;, \qquad (8.14)$$

so folgt aus (8.13) wegen $g_n \to g$:

$$\frac{1}{2\pi j} \int_{c-j\infty}^{c+j\infty} F(s) e^{ts} ds = \sum_k \operatorname{res}_{s_k} \left[F(s) e^{ts} \right] \;,$$

wobei jetzt die <u>Summe über sämtliche Pole s_k von F(s) zu erstrecken</u> ist. Nach (8.8) ist dieses Integral für t > 0 gleich f(t), und somit hat man das Resultat

$$f(t) = \sum_k \operatorname{res}_{s_k} \left[F(s) e^{ts} \right] \;, \quad t > 0 \;. \qquad (8.15)$$

An Sprungstellen von f ist gemäß (8.8) für f(t) das arithmetische Mittel $\frac{1}{2}\left[f(t-0)+f(t+0)\right]$ zu nehmen. Darauf soll von jetzt an nicht mehr besonders hingewiesen werden.

Während die Residuen von $F(s)e^{st}$ nach den im Abschnitt 7.2 dargestellten Methoden im allgemeinen leicht auszurechnen sind, ist der Nachweis der Grenzrelation (8.14) nicht so einfach. Er hängt stark von der geschickten Wahl der Kurven H_n ab. Häufig kommt man mit Halbkreisen oder einer Kombination von Kreisbögen und Geradenstücken durch.

Falls es sich um Halbkreise handelt, hilft das <u>Jordansche Lemma</u> weiter:

> H_n sei ein Halbkreis um s_o, links von g gelegen (Bild 8/3), mit $R_n \to \infty$ für $n \to \infty$. Auf H_n sei $|F(s)| \leqq M_n$. M_n strebe $\to 0$ für $n \to +\infty$. Dann gilt für jedes t > 0
>
> $$\int_{H_n} F(s) e^{ts} ds \to 0 \quad \text{für} \quad n \to \infty.$$

Wesentlich ist hierin die Voraussetzung t > 0. Da H_n links von g liegt, wird mit wachsendem n ein immer größerer Teil von H_n auch links der j-Achse liegen. Dort ist Re s < 0 und damit der Exponent von $|e^{ts}| = e^{t \operatorname{Re} s}$ negativ. Da überdies F(s) beschränkt ist und die Schranke $M_n \to 0$ strebt für $n \to \infty$, wird es verständlich, daß trotz des immer länger werdenden Integrationsweges das Integral $\to 0$ strebt (Beweis des Lemmas in [2]).

Zwei Zusatzbemerkungen leuchten von hier aus unmittelbar ein:

a) Das Jordansche Lemma kann auch für $t < 0$ angewandt werden, nur muß dann der Halbkreis um s_0 rechts von der Geraden g (Parallele zur j-Achse durch s_0) liegen (Bild 8/4).

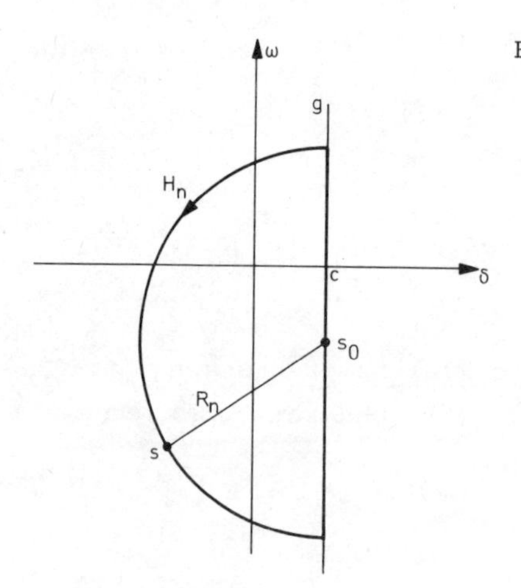

Bild 8/3 Zum Jordanschen Lemma für $t > 0$

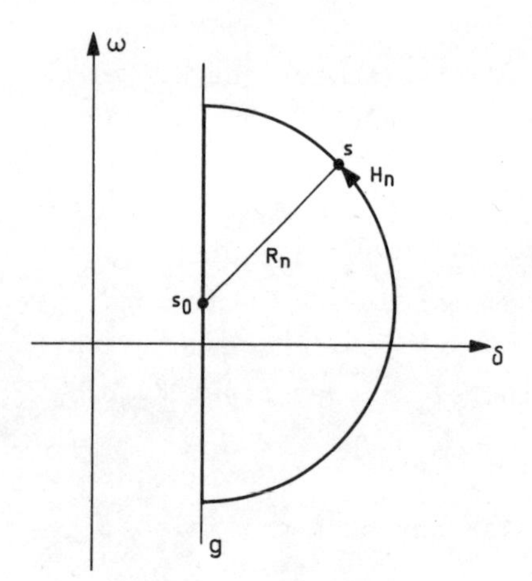

Bild 8/4 Zum Jordanschen Lemma für $t < 0$

Dieser Fall ist zwar für die Berechnung des Umkehrintegrals der Laplace-Transformation uninteressant, da man von vornherein weiß, daß dieses Integral für $t < 0$ den Wert 0 liefert. Er wird aber bei der Fourier-Transformation eine Rolle spielen.

b) Das Jordansche Lemma gilt auch für Teilbögen der Halbkreise.

Im folgenden Abschnitt soll die Berechnung einer Originalfunktion mittels der komplexen Umkehrformel an einem Beispiel gezeigt werden. Es liegt auf der Hand, daß ein solches Beispiel, wenn es ernsthaft sein soll, nicht mehr so einfach ausfallen kann wie die Berechnung der bisherigen Korrespondenzen. Aber es hat wenig Sinn, die Anwendung der Umkehrformel an Fällen zu zeigen, die man leichter auf andere Weise erledigen kann. Beispielsweise hieße es mit Kanonen auf Spatzen schießen, wenn man etwa die Rücktransformation einer rationalen Funktion mit der Umkehrformel vornehmen wollte. Hier führt ja die Partialbruchzerlegung viel einfacher zum Ziel.

Auf einen Punkt von allgemeiner Bedeutung sei noch hingewiesen. Die Umkehrformel bietet manchmal die Möglichkeit, Korrespondenzen, die man vermutungsweise erhalten hat, als richtig zu erweisen. Dies gilt z.B. dann, wenn die Originalfunktion über die Partialbruchzerlegung einer meromorphen Funktion in der heuristischen Weise von Abschnitt 7.4 gewonnen wurde. Soll der Weg über die komplexe Umkehrformel gesichert sein, muß man allerdings die Grenzbeziehung (8.14) nachweisen, was - wie schon gesagt - sehr mühsam sein kann.

8.4 Berechnung der Originalfunktion zu $e^{-z\sqrt{s}}$

Gegeben sei die Bildfunktion

$$F(s) = e^{-z\sqrt{s}}, \quad z > 0, \tag{8.16}$$

die bei der Lösung der Wärmeleitungsdifferentialgleichung auftritt (Kapitel 9). Es handelt sich diesmal um eine mehrdeutige Funktion. Ist

$$s = re^{j(\varphi+\nu 2\pi)}, \quad \nu \text{ beliebig ganz}, \; -\pi < \varphi \leqq \pi,$$

so ist

$$\sqrt{s} = s^{\frac{1}{2}} = r^{\frac{1}{2}} e^{j(\frac{\varphi}{2}+\nu\pi)},$$

so daß man entsprechend der Doppeldeutigkeit der Quadratwurzel die beiden verschiedenen Werte

$$\sqrt{s} = \begin{cases} \sqrt{r}\, e^{j\frac{\varphi}{2}} \\ \sqrt{r}\, e^{j(\frac{\varphi}{2}+\pi)} = -\sqrt{r}\, e^{j\frac{\varphi}{2}}, \end{cases} \quad -\pi < \varphi \leqq \pi, \tag{8.17}$$

hat. Der erste Wert mit dem Realteil $\text{Re}\sqrt{s} = \sqrt{r}\cos\frac{\varphi}{2}$, $-\pi < \varphi \leqq \pi$, wird als <u>Hauptwert</u> bezeichnet. Den beiden Werten von $\sqrt{s}$ entsprechen zwei Werte von $e^{-z\sqrt{s}}$. Umläuft man in der s-Ebene den Nullpunkt auf einer geschlossenen Kurve, so geht beim Überschreiten der negativen reellen Achse der eine Wert in den anderen über. Der Punkt $s = 0$ stellt eine Singularität von $\sqrt{s}$ und auch von $e^{-z\sqrt{s}}$ dar, die man als <u>Verzweigungspunkt</u> bezeichnet.

<u>Da der Residuensatz nur für eindeutige Funktionen gilt, muß man sich</u> bei seiner Anwendung <u>auf einen Wert von F(s), etwa den Hauptwert, beschränken</u>

und hat die Kurve C so zu wählen, daß die negative reelle Achse nicht überschritten wird. Das ist bei der Kurve

$$C = C_1 + C_2 + \ldots + C_6$$

im Bild 8/5 der Fall. Da in ihrem Innern F(s) holomorph, ist die Residuensumme Null, und es gilt

$$\frac{1}{2\pi j} \int_C e^{-z\sqrt{s}} e^{-st} ds = 0 \; . \tag{8.18}$$

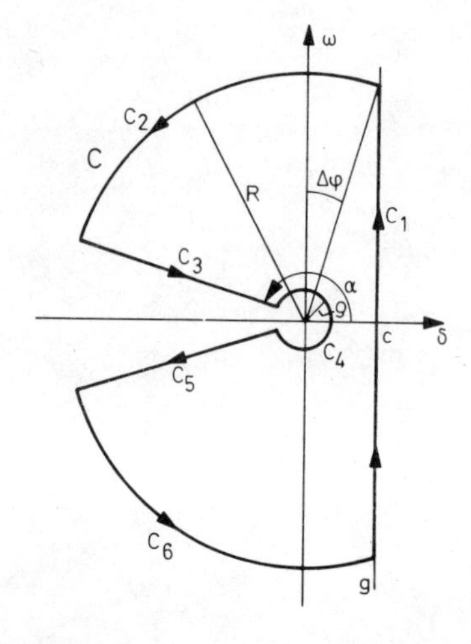

Bild 8/5 Integrationsweg zur Rücktransformation von $e^{-z\sqrt{s}}$

Man hat nun die Integrale längs der einzelnen Kurvenstücke zu berechnen und festzustellen, was für $R \to \infty$ und $\rho \to 0$ aus ihnen wird.

Was zunächst diejenigen Stücke von C_2 und C_6 betrifft, die rechts der j-Achse liegen, so geht das zugehörige Integral $\to 0$ für $R \to \infty$. Betrachtet man etwa das C_2-Stück rechts der j-Achse, so ist längs diesem

$$\left| \int e^{-z\sqrt{s}} e^{ts} ds \right| \leqq \int_{\frac{\pi}{2}-\Delta\varphi}^{\frac{\pi}{2}} \left| e^{-z\sqrt{s}} \right| \left| e^{ts} \right| \left| ds \right| = \int_{\frac{\pi}{2}-\Delta\varphi}^{\frac{\pi}{2}} e^{-z\sqrt{R}\cos\frac{\varphi}{2}} e^{t\delta} R d\varphi \; . \tag{8.19}$$

Da $e^{-z\sqrt{R}\cos\frac{\varphi}{2}} \leqq e^{-z\sqrt{R}\cos\frac{\pi}{4}} = e^{-z\sqrt{\frac{R}{2}}}$

und $e^{t\delta}$ wegen $0 \leqq \delta \leqq c$ beschränkt, etwa $\leqq N$, ist das Integral (8.19)

$$\leqq e^{-z\sqrt{\frac{R}{2}}} NR\Delta\varphi \; .$$

Für $R \to \infty$ strebt der 1. Faktor $\to 0$, während $R\Delta\varphi$ nach Bild 8/5 $\to c$ geht.

Damit verschwindet das Integral.

Auf die links der j-Achse gelegenen Stücke von C_2 und C_6 kann das Jordansche Lemma angewandt werden. Etwa für C_2 gilt nämlich

$$|F(s)| = |e^{-z\sqrt{s}}| = e^{-z\mathrm{Re}\sqrt{s}} = e^{-z\sqrt{R}\cos\frac{\varphi}{2}} \leqq e^{-z\sqrt{R}\cos\frac{\alpha}{2}},$$

wenn $\alpha < \pi$ den Neigungswinkel des Geradenstückes C_3 bezeichnet. Somit ist $F(s)$ auf diesem C_2-Stück beschränkt mit der Schranke

$$M = e^{-z\sqrt{R}\cos\frac{\alpha}{2}} \to 0 \quad \text{für } R \to \infty.$$

Nach dem Jordanschen Lemma verschwindet daher das Umkehrintegral längs C_2 und C_6, wenn $R \to \infty$ geht.

Was den Kreisbogen C_4 um 0 mit dem Radius ρ betrifft, so ist der Integrand

$$e^{-z\sqrt{s}}e^{ts}$$

bei $s = 0$ gewiß beschränkt, während die Länge des Integrationsweges $\leqq 2\pi\rho$ ist. Daher strebt das Umkehrintegral längs C_4 gegen 0 für $\rho \to 0$.

Man erhält so als Zwischenresultat für $R \to \infty$ und $\rho \to 0$ aus (8.18)

$$\frac{1}{2\pi j}\int_{c-j\infty}^{c+j\infty} e^{-z\sqrt{s}}e^{ts}ds + \frac{1}{2\pi j}\int_{g_3} e^{-z\sqrt{s}}e^{ts}ds + \frac{1}{2\pi j}\int_{g_5} e^{-z\sqrt{s}}e^{ts}ds = 0\,, \quad (8.20)$$

wobei g_3 und g_5 die durch den Grenzübergang aus C_3 und C_5 entstandenen Nullstrahlen sind, die zusammen einen "Winkelhaken" bilden (Bild 8/6). Das 1. Integral in (8.20) ist wegen der komplexen Umkehrformel gleich $f(t)$. Damit wird aus (8.20)

$$f(t) = -\frac{1}{2\pi j}\int_{g_3} e^{-z\sqrt{s}}e^{ts}ds - \frac{1}{2\pi j}\int_{g_5} e^{-z\sqrt{s}}e^{ts}ds\,, \quad t > 0\,. \quad (8.21)$$

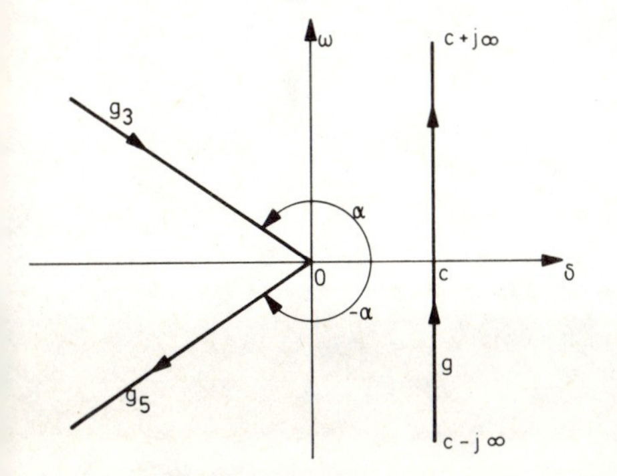

Bild 8/6 Integrationsweg von Bild 8/5 für $R \to \infty$ und $\rho \to 0$

Auf g_3 ist

$$s = r\,e^{j\alpha}\ ,\quad \sqrt{s} = \sqrt{r}\,e^{j\frac{\alpha}{2}}\ ,\quad ds = dr\,e^{j\alpha}\ ,\quad \frac{\pi}{2} < \alpha < \pi\ ,$$

also

$$\int\limits_{g_3} e^{-z\sqrt{s}}\,e^{ts}ds = \int\limits_{r=\infty}^{r=0} e^{-z\sqrt{r}\,e^{j\frac{\alpha}{2}}} \cdot e^{tr\,e^{j\alpha}} \cdot e^{j\alpha}dr\ .$$

Auf g_5 gilt entsprechend

$$s = r\,e^{-j\alpha}\ ,\quad \sqrt{s} = \sqrt{r}\,e^{-j\frac{\alpha}{2}}\ ,\quad ds = dr\,e^{-j\alpha}\ ,$$

so daß

$$\int\limits_{g_5} e^{-z\sqrt{s}}\,e^{ts}ds = \int\limits_{r=0}^{r=\infty} e^{-z\sqrt{r}\,e^{-j\frac{\alpha}{2}}} \cdot e^{tr\,e^{-j\alpha}} \cdot e^{-j\alpha}dr\ ,\quad \frac{\pi}{2} < \alpha < \pi\ .$$

Dies ist in (8.21) einzusetzen. Dann gilt (8.21) für jedes $\alpha < \pi$. Für $\alpha \rightarrow \pi$ erhält man daraus wegen $e^{\pm j\frac{\pi}{2}} = \pm j,\ e^{\pm j\pi} = -1$:

$$2\pi j f(t) = -\int\limits_{\infty}^{0} e^{-z\sqrt{r}j}e^{-tr}(-1)\,dr - \int\limits_{0}^{\infty} e^{z\sqrt{r}j}e^{-tr}(-1)\,dr\ .$$

Vertauscht man im 1. Integral die Grenzen, wodurch sich dessen Vorzeichen umkehrt, und faßt dann beide Integrale zusammen, so ergibt sich

$$f(t) = \frac{1}{2\pi j}\int\limits_{0}^{\infty} e^{-tr}\left[e^{z\sqrt{r}j} - e^{-z\sqrt{r}j}\,dr\right]. \qquad (8.22)$$

Da f(t) zusätzlich vom Parameter z abhängt, wollen wir statt f(t) lieber $\psi(z,t)$ schreiben. Aus (8.22) folgt dann weiter

$$\psi(z,t) = \frac{1}{\pi}\int\limits_{0}^{\infty} e^{-tr}\sin z\sqrt{r}\,dr\ . \qquad (8.23)$$

Damit ist das Umkehrproblem gelöst: $\psi(z,t)$ stellt die Zeitfunktion (mit dem Parameter z) dar, deren Laplace-Transformation die gegebene Bildfunktion $e^{-z\sqrt{s}}$ liefert.

Aber die Darstellung (8.23) ist nicht sehr befriedigend, insofern ψ in Form eines Parameterintegrales gegeben ist. Nun ist die Definition einer Funktion durch ein Parameterintegral durchaus möglich; man denke etwa an die Eulersche Definition der Γ-Funktion (siehe [12, 14, 15]). Sofern es geht, möchte man das Integral aber ausrechnen, d.h. durch elementare Funktionen ausdrücken. Ob das möglich ist, kann man einem relativ komplizierten Ausdruck wie (8.23) nicht auf den ersten Blick ansehen. Man muß es versuchen. Dafür sind zwei Verfahren gebräuchlich.

Erstens kann man versuchen, das Integral in den komplexen Bereich zu übersetzen, um es dann mittels des Residuensatzes auszuwerten. Diese Vorgehensweise scheidet hier aus, da wir ja gerade aus dem komplexen Bereich kommen.

Zweitens besteht die Möglichkeit, das Integral als Funktion eines Parameters aufzufassen, eine Differentialgleichung für diese Funktion herzuleiten und die Funktion dann als Lösung der Differentialgleichung zu gewinnen. Diesen Weg wollen wir einschlagen.

Zunächst vereinfachen wir das Integral durch eine Substitution:

$$tr = v^2, \text{ also } \sqrt{r} = \frac{v}{\sqrt{t}}, \quad dr = \frac{1}{t}\, 2v\, dv\ .$$

Damit wird aus (8.23)

$$\psi(z,t) = \frac{2}{\pi t}\int_0^\infty v\, e^{-v^2} \sin\frac{z}{\sqrt{t}}\, v\, dv\ .$$

Das Integral hängt jetzt nur noch von dem einen Parameter

$$\alpha = \frac{z}{\sqrt{t}} \tag{8.24}$$

ab. Wir können deshalb schreiben

$$\psi(z,t) = \frac{2}{\pi t}\,\varphi(\alpha) \tag{8.25}$$

mit

$$\varphi(\alpha) = \int_0^\infty v\, e^{-v^2} \sin \alpha v\, dv \tag{8.26}$$

oder

$$\varphi(\alpha) = -\frac{1}{2}\int_0^\infty \frac{d}{dv}\left(e^{-v^2}\right) \sin \alpha v\, dv\ . \tag{8.27}$$

Diese Funktion ist zu bestimmen.

Aus (8.27) folgt durch partielle Integration

$$-2\varphi(\alpha) = \left[e^{-v^2} \sin \alpha v \right]_0^\infty - \alpha \int_0^\infty e^{-v^2} \cos \alpha v \, dv \text{ , also}$$

$$\frac{2}{\alpha}\,\varphi(\alpha) = \int_0^\infty e^{-v^2} \cos \alpha v \, dv \, . \tag{8.28}$$

Differentiation nach dem Parameter α führt zu

$$-\frac{2}{\alpha^2}\,\varphi(\alpha) + \frac{2}{\alpha}\,\varphi'(\alpha) = -\int_0^\infty v\, e^{-v^2} \sin \alpha v \, dv = -\varphi(\alpha) \, ,$$

letzteres wegen (8.26). Damit hat man eine Differentialgleichung 1. Ordnung für $\varphi(\alpha)$ erhalten:

$$\varphi' = \left(\frac{1}{\alpha} - \frac{\alpha}{2}\right)\varphi \, .$$

Trennung der Veränderlichen liefert

$$\ln|\varphi| = \ln|\alpha| - \frac{\alpha^2}{4} + \text{const} \, ,$$

$$\varphi = c\,\alpha\, e^{-\frac{\alpha^2}{4}} \, . \tag{8.29}$$

Nun hat man noch den Integrationsparameter c zu ermitteln. Setzt man (8.29) in (8.28) ein, so wird

$$2c\, e^{-\frac{\alpha^2}{4}} = \int_0^\infty e^{-v^2} \cos \alpha v \, dv \, .$$

Speziell für $\alpha = 0$ ist daher

$2c = \int_0^\infty e^{-v^2} dv = \frac{1}{2}\sqrt{\pi}$ (siehe z.B. [14], [15]), also $c = \frac{1}{4}\sqrt{\pi}$.

Aus (8.29) wird so

$$\varphi(\alpha) = \frac{1}{4}\sqrt{\pi}\,\alpha e^{-\frac{\alpha^2}{4}}$$

und damit nach (8.25)

$$\psi(z,t) = \frac{1}{2\sqrt{\pi t}}\,\alpha e^{-\frac{\alpha^2}{4}} .$$

Wegen (8.24) erhält man daraus endgültig die Korrespondenz

$$\psi(z,t) = \frac{1}{2\sqrt{\pi}}\frac{z}{t^{\frac{3}{2}}}\,e^{-\frac{z^2}{4t}} \circ\!\!-\!\!\bullet\; e^{-z\sqrt{s}}, \quad z > 0 . \tag{8.30}$$

9 Anwendung der Laplace-Transformation auf partielle Differentialgleichungen

Wenn in diesem Kapitel von der Anwendung der Laplace-Transformation auf partielle Differentialgleichungen die Rede ist, so soll an Hand eines typischen Beispiels ein Eindruck vermittelt werden, wie die Anwendung erfolgen kann. An eine umfassendere Darstellung ist dabei nicht gedacht. Dafür sind drei Gründe maßgebend:

- Eine eingehendere Behandlung des Themas geht über die Darstellung von Grundlagen, wie sie das vorliegende Buch vermitteln will, beträchtlich hinaus.
- In vielen Anwendungsgebieten, so der Systemtheorie, Regelungstechnik, Netzwerktheorie, spielen partielle Differentialgleichungen eine geringere Rolle als gewöhnliche Differentialgleichungen.
- Vielfach ist die Chance einer analytischen Lösung so gering, daß man die partielle Differentialgleichung von vornherein durch ein System von gewöhnlichen Differentialgleichungen approximiert.

Für eine ausführliche Behandlung der Lösung partieller Differentialgleichungen mittels der Laplace-Transformation sei auf [2], [3], [4] verwiesen.

9.1 Prinzipielles Vorgehen

Bisher hatten wir im Originalbereich ausschließlich Funktionen betrachtet, die nur von einer Variablen, nämlich der Zeit t, abhängen. Daß es sich bei dieser unabhängigen Variablen gerade um die Zeit handelt, ergibt sich zwangsläufig aus konkreten Aufgabenstellungen, in denen eben Zeitfunktionen miteinander verknüpft werden. Vom mathematischen Standpunkt aus ist es gleichgültig, welche physikalische Bedeutung die unabhängige Variable in der Originalfunktion f hat. Es kann sich z.B. auch um eine Ortsvariable handeln. Davon werden wir bald Gebrauch machen. Wichtig ist nur, daß sich der Definitionsbereich der unabhängigen Variablen der Originalfunktion von 0 bis $+\infty$ erstreckt.

Es gibt nun aber Probleme, bei denen die durch die physikalischen Gesetze miteinander verknüpften Funktionen nicht nur von der Zeit t, sondern zusätzlich von einer Ortsvariablen abhängen, die ein-, zwei- oder dreidimensional sein kann. Dann entstehen bei der Beschreibung dynamischer Systeme partielle Differentialgleichungen.

Wir wollen im folgenden als typisches Beispiel den "linearen Wärmeleiter" betrachten, d.h. ein Medium, dessen Temperatur x außer von der Zeit t noch von der eindimensionalen Ortsvariablen z abhängt. Sie kann sich im Bereich $0 \leqq z \leqq 1$ bewegen. Man darf sich unter dem linearen Wärmeleiter z.B. einen Stab vernachlässigbarer Dicke vorstellen. Die Ränder des linearen Wärmeleiters sind durch $z = 0$ und $z = 1$ gegeben.

Sind keine Wärmequellen vorhanden, so wird der Temperaturverlauf $x(z,t)$ durch die homogene Wärmeleitungsdifferentialgleichung

$$\frac{\partial x}{\partial t} - \frac{\partial^2 x}{\partial z^2} = 0$$

beschrieben, wobei die Parameter einfachheitshalber zu 1 normiert sind. Die Übergangsvorgänge werden hier allein durch die Anfangs- und Randbedingungen verursacht.

Falls Wärmequellen vorhanden sind, geht die obige Beziehung in eine inhomogene Differentialgleichung über:

$$\frac{\partial x}{\partial t} - \frac{\partial^2 x}{\partial z^2} = u \ . \qquad (9.1)$$

Darin charakterisiert die Quellenfunktion $u(z,t)$ die Einwirkung der Wärmequellen, bei dem oben erwähnten Stab z.B. die Umgebungstemperatur.[1)]

Gesucht ist die Lösung $x(z,t)$ von (9.1), die im Bereich $0 < z < 1$, $0 < t < +\infty$ (Bild 9/1) unter dem Einfluß der Quellenfunktion $u(z,t)$ sowie der Anfangs- und Randbedingungen entsteht.

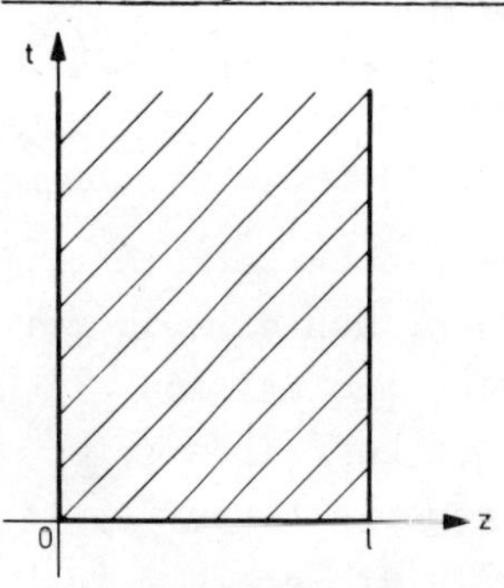

Bild 9/1 Definitionsbereich der Wärmeleitungsgleichung

1) Bei anderen physikalischen Annahmen kann auch die Differentialgleichung

$$\frac{\partial x}{\partial t} - \frac{\partial^2 x}{\partial z^2} + x = u$$

entstehen, die aber von (9.1) nicht wesentlich verschieden ist.

Diese Bedingungen lauten:

$$x(z,+0) = x_0(z) \;,\; 0 < z < 1 \quad \text{(unterer Rand im Bild 9/1)}, \qquad (9.2)$$

$$x(+0,t) = u_0(t) \;,\; 0 < t < +\infty \quad \text{(linker Rand im Bild 9/1)}, \qquad (9.3)$$

$$x(1-0,t) = u_1(t) \;,\; 0 < t < +\infty \quad \text{(rechter Rand im Bild 9/1)}. \qquad (9.4)$$

Physikalisch bedeutet das folgendes. Zur Anfangszeit t = 0 muß die Temperaturverteilung über den Ort, das sog. _Temperaturprofil_, vorgegeben sein: $x_0(z)$. Diese Randbedingung, die sich auf die Zeit bezieht, bezeichnet man als _Anfangsbedingung_. Weiterhin sind am linken und am rechten Rand die Temperaturverläufe für alle Zeiten t vorgeschrieben, z.B. als konstant vorgegeben. Dies sind die eigentlichen _Randbedingungen_. Erst durch die Anfangs- und Randbedingungen wird die Lösung einer partiellen Differentialgleichung eindeutig festgelegt.

Statt der Randtemperaturen selbst können auch ihre Ableitungen gegeben sein:

$$\left.\frac{\partial x}{\partial z}\right|_{z=+0} = u_0(t) \;,\quad \left.\frac{\partial x}{\partial z}\right|_{z=1-0} = u_1(t) \;,\quad 0 < t < +\infty . \qquad (9.5)$$

Physikalisch bedeutet das die Vorgabe der Wärmeströme an den Stabenden. Bei Wärmeisolierung z.B. lauten die Randbedingungen

$$\left.\frac{\partial x}{\partial z}\right|_{z=+0} = 0 \;,\quad \left.\frac{\partial x}{\partial z}\right|_{z=1-0} = 0 \;. \qquad (9.6)$$

Man bezeichnet Randbedingungen vom Typ (9.3), (9.4), wenn also die Werte der gesuchten Funktion selbst am Rand vorgegeben sind, als _Dirichletsche Randbedingungen_, hingegen solche vom Typ (9.5) mit Vorgabe der Ableitung am Rande als _Neumannsche Randbedingungen_. Schließlich kann eine Kombination beider Forderungen auftreten:

$$ax + \left.\frac{\partial x}{\partial z}\right|_{z=+0} = u_0(t) \;,\quad ax + \left.\frac{\partial x}{\partial z}\right|_{z=1-0} = u_1(t) \;. \qquad (9.7)$$

Dann liegen _Cauchysche Randbedingungen_ vor. Allgemein nennt man die _Randbedingungen homogen_, wenn die rechte Seite Null ist. So stellen die Gleichungen (9.6) homogene Neumannsche Randbedingungen dar.

Welche Anfangs- und Randbedingungen zu einer bestimmten Differentialgleichung gehören, geht aus der physikalischen bzw. technischen Fragestellung hervor. Auf einen Punkt sei ausdrücklich hingewiesen: Die vorgegebenen

Anfangs- und Randwerte sind als Grenzwerte aufzufassen, denen die Funktion $x(z,t)$ zustrebt. Es gilt also z.B.

$$\lim_{z \to +0} x(z,t) = x(+0,t) = u_o(t) \ ,$$

wie dies auch schon in der Bezeichnung zum Ausdruck gebracht wurde.

Die Anwendung der Laplace-Transformation erfolgt nun in ganz geradliniger Weise: Man faßt in $x(z,t)$ die Ortsvariable z als Parameter auf und nimmt die Laplace-Transformation bezüglich t vor:

$$\mathcal{L}\{x(z,t)\} = \int_0^\infty x(z,t)e^{-st}dt = X(z,s) \ . \tag{9.8}$$

Die Laplace-Transformierte hängt dann also noch zusätzlich von z ab. Da sich an der Definition der Laplace-Transformation nichts geändert hat, gelten auch die Rechenregeln unverändert. So ist z.B.

$$\mathcal{L}\left\{\frac{\partial}{\partial t} x(z,t)\right\} = sX(z,s) - x(z,+0) \ . \tag{9.9}$$

Hier wie überhaupt im Kapitel 9 ist unter den partiellen Differentialquotienten die gewöhnliche Ableitung zu verstehen, so daß in der Differentiationsregel die Anfangswerte bei +0 zu nehmen sind.

Handelt es sich um die Differentiation nach der Variablen z, die ja bezüglich der Laplace-Transformation nur ein Parameter ist, so gilt z.B.

$$\mathcal{L}\left\{\frac{\partial^2 x}{\partial z^2}\right\} = \int_0^\infty \frac{\partial^2}{\partial z^2} x(z,t)e^{-st}dt = \frac{\partial^2}{\partial z^2} \int_0^\infty x(z,t)e^{-st}dt = \frac{\partial^2}{\partial z^2} X(z,s) \ .$$

D.h. also: Differentiation nach der Ortsvariablen und Laplace-Transformation (bezüglich t) werden vertauscht.

Die Laplace-Transformation der partiellen Differentialgleichung (9.1) führt daher zur Gleichung

$$sX(z,s) - x(z,+0) - \frac{\partial^2}{\partial z^2} X(z,s) = U(z,s) \ , \tag{9.10}$$

wobei also $U(z,s) = \mathcal{L}\{u(z,t)\}$ ist. Die partielle Differentiation nach x kann man nunmehr durch die gewöhnliche Differentiation ersetzen. Berücksichtigt man noch die Anfangsbedingung (9.2), so wird aus (9.10)

$$\frac{d^2X(z,s)}{dz^2} - sX(z,s) = -x_o(z) - U(z,s) \quad . \tag{9.11}$$

Das ist eine gewöhnliche Differentialgleichung für X als Funktion von z, wobei s als Parameter auftritt. Die Randbedingungen (9.3) und (9.4) gehen durch Laplace-Transformation ohne weiteres in Randbedingungen des Bildbereiches über:

$$X(+0,s) = U_o(s) \quad , \quad X(1-0,s) = U_1(s) \quad . \tag{9.12}$$

Was hier am Beispiel gezeigt wurde, gilt allgemein: Eine partielle Differentialgleichung mit der Zeitvariablen t und der Ortsvariablen z geht durch Laplace-Transformation bezüglich t in eine gewöhnliche Differentialgleichung bezüglich z über, in der die Anfangsbedingung bereits berücksichtigt ist. Aus dem Rand- und Anfangswertproblem einer partiellen Differentialgleichung wird so ein Randwertproblem einer gewöhnlichen Differentialgleichung, was eine erhebliche Vereinfachung bedeutet. Das Randwertproblem der gewöhnlichen Differentialgleichung kann man nun entweder in der üblichen Weise über die Greensche Funktion lösen oder eventuell durch nochmalige Anwendung der Laplace-Transformation, diesmal bezüglich der Variablen z, behandeln.

Wenn eine partielle Differentialgleichung mit einer 2- oder 3-dimensionalen Ortsvariablen vorliegt, ist ganz entsprechend vorzugehen. Durch Laplace-Transformation bezüglich t geht sie in eine partielle Differentialgleichung über, die nur noch von den Ortsvariablen abhängt und hierdurch immerhin schon vereinfacht ist.

Ganz ähnlich wie bei gewöhnlichen Differentialgleichungen kann man das Lösungsverfahren in einem Schema zusammenfassen (nach G. DOETSCH):

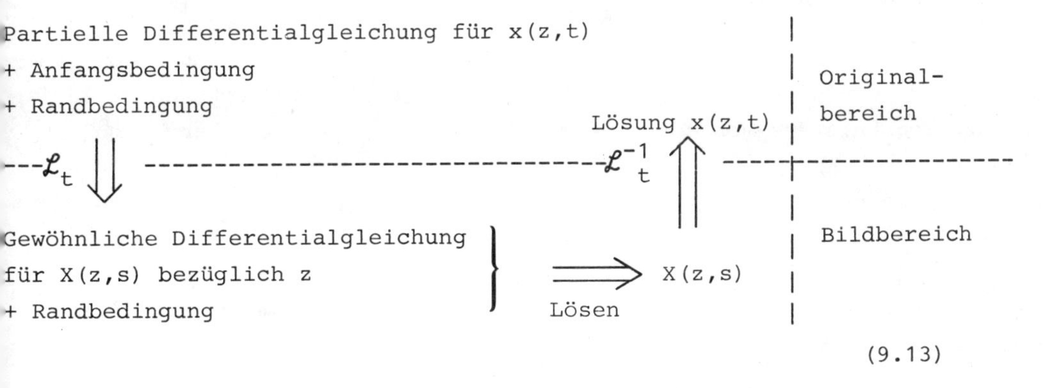

(9.13)

Aus der allgemeinen Beschreibung des Lösungsvorganges erkennt man bereits eine Steigerung des Schwierigkeitsgrades gegenüber der Lösung gewöhnlicher Differentialgleichungen: Während dort die Laplace-Transformation auf eine leicht zu lösende algebraische Gleichung führte, muß man hier das

Randwertproblem einer gewöhnlichen Differentialgleichung lösen. Die Hauptschwierigkeit besteht jedoch in der Rücktransformation, für die es keine einfache und schematisch anzuwendende Methode wie die Partialbruchzerlegung bei den gewöhnlichen Differentialgleichungen gibt.

Was nun die Durchführung der Lösung im einzelnen betrifft, so gehen wir von den Gleichungen (9.11) und (9.12) im Bildbereich aus. Wie man aus ihnen erkennt, wirken auf die partielle Differentialgleichung drei Einflüsse ein:

. die Randwertfunktionen $u_o(t)$ und $u_1(t)$ bzw. $U_o(s)$ und $U_1(s)$,
. die Quellenfunktion $u(z,t)$ bzw. $U(z,s)$,
. die Anfangswertfunktion $x_o(z)$.

Um den Formalismus nach Möglichkeit zu reduzieren, wollen wir diese Einflüsse getrennt voneinander betrachten und haben daher drei Untersuchungen durchzuführen:

(I) Lösung der Wärmeleitungsgleichung bzw. von (9.11), (9.12) unter alleiniger Einwirkung der Randbedingungen, also für $u(z,t) = 0$, $x_o(z) = 0$.

(II) Lösung der Wärmeleitungsgleichung bzw. von (9.11), (9.12) unter alleiniger Einwirkung der Quellenfunktion, also für $u_o(t) = 0$, $u_1(t) = 0$, $x_o(z) = 0$.

(III) Lösung der Wärmeleitungsgleichung bzw. von (9.11), (9.12) unter alleiniger Einwirkung der Anfangsbedingung, also für $u_o(t) = 0$, $u_1(t) = 0$, $u(z,t) = 0$.

Da es sich um ein lineares Problem handelt, erhält man die allgemeine Lösung durch Überlagerung der Lösungen (I), (II) und (III).

Die Reihenfolge, in der die Probleme (I), (II) und (III) behandelt werden, ist natürlich ohne Belang. Die Lösung bei alleiniger Einwirkung der Randbedingungen wurde deshalb vorangestellt, weil sie am einfachsten verläuft und das Ergebnis dem von den gewöhnlichen Differentialgleichungen her Bekannten noch am ähnlichsten ist. Die Einwirkung der Anfangsbedingung ist für technische Probleme oftmals ohne besonderes Interesse, z.B. dann, wenn es um die gezielte Beeinflussung eines Systems geht, die nur über dauernd wirksame Einflüsse wie die Quellenfunktion oder die Randwertfunktion erfolgen kann. Deshalb wurde (III) hintangestellt, um so mehr, als es im vorliegenden Fall in der gleichen Weise wie (II) erledigt werden kann.

9.2 Lösung der Wärmeleitungsgleichung unter alleiniger Einwirkung der Randbedingungen

Aus (9.11) folgt hier wegen $u(z,t) = 0$, also $U(z,s) = 0$, und $x_o(z) = 0$

$$\frac{d^2X}{dz^2} - sX = 0 \; . \tag{9.14}$$

Zur Lösung dieser Differentialgleichung 2. Ordnung für X(z,s) macht man den e-Ansatz

$$X = e^{\alpha z} \; ,$$

woraus die charakteristische Gleichung

$$\alpha^2 - s = 0$$

folgt. Sie hat die Nullstellen

$$\alpha_{1,2} = \pm \sqrt{s} \, .$$

Daher ist die allgemeine Lösung der Differentialgleichung (9.14)

$$X(z,s) = c_1 e^{z\sqrt{s}} + c_2 e^{-z\sqrt{s}} \; , \tag{9.15}$$

worin c_1, c_2 Integrationsparameter sind. Sie sind aus den Randbedingungen (9.12) zu berechnen. Mit (9.15) folgt aus diesen

$$\begin{aligned} c_1 \quad + c_2 \quad &= U_o(s) \\ c_1 e^{l\sqrt{s}} + c_2 e^{-l\sqrt{s}} &= U_1(s) \; . \end{aligned} \tag{9.16}$$

Statt l - O kann man hier einfach l schreiben, weil die e-Funktionen stetig sind und daher diese Grenzwerte mit den Funktionswerten übereinstimmen. (9.16) ist ein Gleichungssystem für die Unbekannten c_1, c_2. Man erhält aus ihm

$$c_1 = \frac{U_1 - U_o e^{-l\sqrt{s}}}{e^{l\sqrt{s}} - e^{-l\sqrt{s}}}, \quad c_2 = - \frac{U_1 - U_o e^{l\sqrt{s}}}{e^{l\sqrt{s}} - e^{-l\sqrt{s}}} \, . \tag{9.17}$$

Die Integrationsparameter hängen also von s ab. Man muß sich hier, wie überhaupt nach der Durchführung der Laplace-Transformation und während der Lösung der gewöhnlichen Differentialgleichung, stets vor Augen halten, daß z die Variable und s lediglich ein Parameter ist.

Setzt man (9.17) in (9.15) ein, so wird

$$X(z,s) = U_o \, \frac{e^{(l-z)\sqrt{s}} - e^{-(l-z)\sqrt{s}}}{e^{l\sqrt{s}} - e^{-l\sqrt{s}}} + U_1 \, \frac{e^{z\sqrt{s}} - e^{-z\sqrt{s}}}{e^{l\sqrt{s}} - e^{-l\sqrt{s}}}$$

oder wegen $\frac{1}{2}(e^x - e^{-x}) = \sinh x$:

$$X(z,s) = \frac{\sinh((l-z)\sqrt{s})}{\sinh(l\sqrt{s})} U_o(s) + \frac{\sinh(z\sqrt{s})}{\sinh(l\sqrt{s})} U_1(s) . \tag{9.19}$$

Damit hat man die Lösung des vorgelegten Randwertproblems, allerdings erst im Bildbereich. Sie ist für die Untersuchung des Übertragungsverhaltens aber ebenso interessant wie die Lösung im Zeitbereich. Gegenüber dieser hat sie den Vorzug, erheblich übersichtlicher zu sein, denn die Zeitbereichslösung wird durch eine unendliche Reihe dargestellt, wie wir alsbald sehen werden.

Die Beziehung (9.19) hat die Gestalt

$$X(z,s) = G_o(z,s)U_o(s) + G_1(z,s)U_1(s) \tag{9.20}$$

und erinnert hierdurch sofort an die komplexe Übertragungsgleichung

$$Y(s) = G(s)U(s) .$$

In der Tat handelt es sich um die gleiche Beziehung. Eingangsgrößen sind dabei die Randwertfunktionen $u_o(t)$ und $u_1(t)$. Daß es zwei Eingangsgrößen sind, ist wegen der Linearität des Systems unwesentlich. Setzt man $u_1(t)$ bzw. $u_o(t)$ Null, so erhält man die beiden Gleichungen

$$X(z,s) = G_o(z,s)U_o(s) \quad \text{und}$$

$$X(z,s) = G_1(z,s)U_1(s)$$

mit jeweils nur einer Eingangsgröße. Durch Überlagerung der beiden Ausgangsgrößen ergibt sich die Lösung (9.20).

Abweichend vom bisher Gewohnten hängen die Funktionen G_o und G_1 außer von der komplexen Variablen s noch vom Ortsparameter z ab. Betrachtet man eine beliebige, aber feste Stelle z, so stellt $G_o(z,s)$ die Übertragungsfunktion dar, welche die Einwirkung der Randwertfunktion $u_o(t)$ an die Stelle z überträgt. Entsprechendes gilt für $G_1(z,s)$. Bei Anwendungsproblemen kann es durchaus sein, daß nur die Einwirkung des Randes auf eine bestimmte Stelle z_o (oder auch einige wenige Stellen) interessiert. Dann wird das Verhalten des Systems durch einige Übertragungsfunktionen der uns geläufigen Art vollständig beschrieben. Man kann dann sagen, daß es aus einigen linearen zeitinvarianten Übertragungsgliedern aufgebaut ist.

Man darf somit $G_o(z,s)$ und $G_1(z,s)$ als Übertragungsfunktionen ansehen, die vom Ortsparameter z abhängen. Von den Übertragungsfunktionen, die uns bei gewöhnlichen Differentialgleichungen, Differenzengleichungen und Differenzendifferentialgleichungen begegnet sind, weichen sie insofern ab, als es sich um keine rationalen Funktionen von s und e^{Ts} handelt.

Die Übersetzung in den Zeitbereich liefert wie stets bei der Übertragungsfunktion die Gewichtsfunktion (oder Impulsantwort), die jetzt natürlich ebenfalls vom Parameter z abhängt. Auf Grund der Korrespondenztabelle erhält man

$$G_o(z,s) = \frac{\sinh((l-z)\sqrt{s})}{\sinh(l\sqrt{s})}$$

$$g_o(z,t) = \frac{2\pi}{l^2} \sum_{k=1}^{\infty} (-1)^{k-1} k \, \frac{\sin k\pi(l-z)}{l} \, e^{-\frac{k^2\pi^2 t}{l^2}} , \qquad (9.21)$$

$$G_1(z,s) = \frac{\sinh(z\sqrt{s})}{\sinh(l\sqrt{s})}$$

$$g_1(z,t) = \frac{2\pi}{l^2} \sum_{k=1}^{\infty} (-1)^{k-1} k \sin \frac{k\pi z}{l} \, e^{-\frac{k^2\pi^2 t}{l^2}} . \qquad (9.22)$$

Die Lösung im Zeitbereich erhält man nunmehr durch Anwendung der Faltungsregel auf (9.20):

$$x(z,t) = \int_0^t g_o(z,t-\tau)u_o(\tau)d\tau + \int_0^t g_1(z,t-\tau)u_1(\tau)d\tau . \qquad (9.23)$$

Setzt man hierin die Zeitfunktionen aus (9.21) und (9.22) ein, so hat man die Lösung des Randwertproblems der Wärmeleitungsgleichung (bei verschwindender Quellenfunktion und Anfangsbedingung).

Wie man sieht, ist die Struktur dieser Lösung die gleiche wie bei einer gewöhnlichen linearen Differentialgleichung mit konstanten Koeffizienten. Der Unterschied steckt in den Gewichtsfunktionen, die dort elementare Funktionen sind, während sie sich hier nur durch unendliche Reihen elementarer Funktionen darstellen lassen.

Um mit den Verhältnissen noch etwas mehr vertraut zu werden, wollen wir im folgenden Abschnitt einen Spezialfall untersuchen: den einseitig begrenzten Wärmeleiter, der durch $l = +\infty$ charakterisiert ist.

9.3 Spezialfall: Randwertproblem beim einseitig begrenzten Wärmeleiter

Hier tritt nur noch die Randbedingung am linken Rand auf. Demgemäß reduziert sich die Gleichung (9.20) auf

$$X(z,s) = G_o(z,s)U_o(s) \quad . \qquad (9.24)$$

Aus

$$G_o(z,s) = \frac{\sinh((l-z)\sqrt{s})}{\sinh(l\sqrt{s})} = \frac{e^{(l-z)\sqrt{s}}-e^{-(l-z)\sqrt{s}}}{e^{l\sqrt{s}}-e^{-l\sqrt{s}}}$$

wird durch Erweitern mit $e^{-l\sqrt{s}}$:

$$G_o(z,s) = \frac{e^{-z\sqrt{s}}-e^{-2l\sqrt{s}}e^{z\sqrt{s}}}{1-e^{-2l\sqrt{s}}} \quad .$$

Für $l \rightarrow +\infty$ entsteht daraus

$$G_o(z,s) = e^{-z\sqrt{s}} \, . \qquad (9.25)$$

Das ist also die Übertragungsfunktion des halbseitig begrenzten Wärmeleiters vom linken Rand bis zur Stelle z.

Nach der Korrespondenztabelle ist die zugehörige Originalfunktion

$$g_o(z,t) = \psi(z,t) = \frac{1}{2\sqrt{\pi}} \frac{z}{t^{\frac{3}{2}}} e^{-\frac{z^2}{4t}} \quad . \qquad (9.26)$$

In ihr hat man die Gewichtsfunktion (Impulsantwort) des durch die Übertragungsfunktion (9.25) definierten linearen und zeitinvarianten Übertragungsgliedes. Wird am linken Rand des Wärmeleiters die Randwertfunktion

$$u_o(t) = \delta(t) \quad ,$$

also ein Temperaturstoß, aufgeschaltet, so ist der zeitliche Temperaturverlauf an der Stelle z durch

$$x(z,t) = g_o(z,t)$$

gegeben. Aus (9.26) kann man ihn für jedes $z > 0$ bestimmen, indem man die Abhängigkeit von t untersucht. Es zeigt sich, daß die Temperatur mit Null beginnt, für $t_m = \frac{z^2}{6}$ ihr Maximum $x_m = 3\sqrt{\frac{6}{\pi}}\, e^{-\frac{3}{2}} \frac{1}{z^2}$ erreicht und mit wachsendem t wieder gegen Null strebt.

Noch anschaulicher dürfte es sein, $\psi(z,t)$ in Abhängigkeit von z zu betrachten und t als Parameter anzusehen. Man erhält dann das <u>Temperaturprofil</u>, d.h. den Verlauf der Temperatur über der z-Achse zum Zeitpunkt t.

Die Funktion $\psi(z,t)$ ist für alle z erklärt und stellt eine ungerade Funktion von z dar, die für $z \to \pm\infty$ gegen Null strebt und in $z = 0$ verschwindet. Ihre Ableitung nach z ist

$$\frac{\partial\psi}{\partial z} = \frac{1}{2\sqrt{\pi}} \frac{1}{t^{\frac{3}{2}}} \left(1 - \frac{z^2}{2t}\right) e^{-\frac{z^2}{t}} .$$

Sie hat daher (im Bereich $z > 0$) genau ein Maximum bei

$$z_{max} = \sqrt{2t}$$

mit dem Wert

$$\psi_{max} = \frac{1}{\sqrt{2\pi e}\, t} .$$

In $z = 0$ ist

$$\frac{\partial\psi}{\partial z} = \frac{1}{2\sqrt{\pi}} \frac{1}{t^{\frac{3}{2}}} .$$

Bild 9/2 zeigt die so erhaltenen Temperaturprofile.

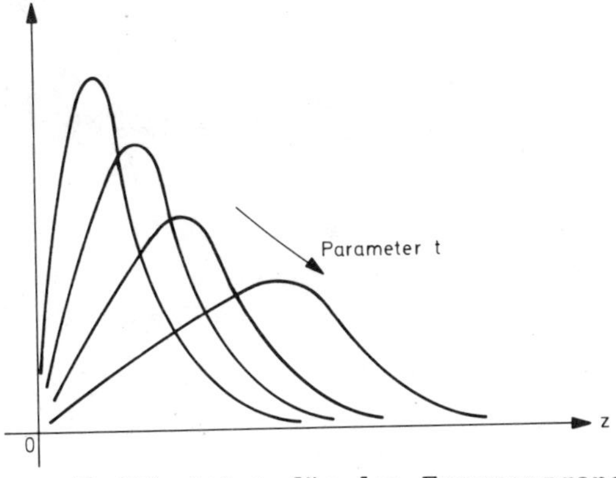

Bild 9/2 Skizze der Funktion $\psi(z,t)$

Aus (9.25) folgt für den <u>Frequenzgang zwischen dem linken Rand (z = 0) und der Stelle z</u>

$$G_o(z,j\omega) = e^{-z\sqrt{j\omega}} . \tag{9.27}$$

Wegen

$$\sqrt{j} = \cos\frac{\pi}{4} + j\sin\frac{\pi}{4} = \frac{1}{\sqrt{2}} + j\frac{1}{\sqrt{2}}$$

ist also

$$G_o(z,j\omega) = e^{-z\sqrt{\frac{\omega}{2}} - jz\sqrt{\frac{\omega}{2}}},$$

so daß

$$|G_o(z,j\omega)| = e^{-z\sqrt{\frac{\omega}{2}}}, \quad \angle G_o(z,j\omega) = -z\sqrt{\frac{\omega}{2}}. \qquad (9.28)$$

Betrag und Phase weichen also beträchtlich von dem bei rationalen Übertragungsgliedern Gewohnten ab.

Nun werde am linken Rand eine harmonische Wärmeschwingung erzeugt. Betrachtet man eine feste Stelle $z > 0$, so findet an dieser im eingeschwungenen Zustand (d.h. nach Abklingen eventueller Einschwingvorgänge) ebenfalls eine harmonische Schwingung statt (siehe Abschnitt 6.5). Deren Amplitude (bezogen auf die Amplitude der Randerregung) und Phasenverschiebung sind durch (9.28) gegeben. Mit zunehmender Entfernung z vom Eingriffsort der Erregung nimmt, wie zu erwarten, die Amplitude ab, während die Phasennacheilung anwächst.

Die Antwort auf $u_o(t) = \sin\omega t$ ist also im eingeschwungenen Zustand

$$x(z,t) = e^{-z\sqrt{\frac{\omega}{2}}}\sin(\omega t - z\sqrt{\tfrac{\omega}{2}}) \quad \text{oder}$$

$$x(z,t) = e^{-z\sqrt{\frac{\omega}{2}}}\sin\left[\omega\left(t - \frac{z}{\sqrt{2\omega}}\right)\right]. \qquad (9.29)$$

Betrachtet man nunmehr nicht nur eine feste Stelle z, sondern sieht t <u>und</u> z gleichzeitig als veränderlich an, so erkennt man, daß es sich um eine <u>fortschreitende gedämpfte Wärmewelle</u> handelt, deren Ausbreitungsgeschwindigkeit

$$v = \sqrt{2\omega}$$

ist, also von der Frequenz der Anregung abhängt.

9.4 Eine andere Darstellung der Gewichtsfunktionen

Wir kehren wieder zum allgemeinen Fall des beidseitig begrenzten Wärmeleiters zurück und wollen noch eine andere Darstellung der Gewichtsfunktionen $g_o(z,t)$ und $g_1(z,t)$ angeben.

Die bisher entwickelten Reihen in (9.21) und (9.22) konvergieren wegen der Faktoren $e^{-\frac{k^2\pi^2}{l^2}t}$ gut für nicht zu kleine t. Für kleine t kann man jedoch besser konvergierende Reihen angeben, die überdies einfacher zu erhalten sind als die bisherigen, über die Partialbruchentwicklung meromorpher Funktionen gewonnenen. Das sei etwa für

$$G_1(z,s) = \frac{\sinh(z\sqrt{s})}{\sinh(l\sqrt{s})} = \frac{e^{z\sqrt{s}}-e^{-z\sqrt{s}}}{e^{l\sqrt{s}}-e^{-l\sqrt{s}}}$$

gezeigt.

Erweitert man mit $e^{-l\sqrt{s}}$, so wird daraus

$$G_1(z,s) = \left[e^{-(l-z)\sqrt{s}}-e^{-(l+z)\sqrt{s}}\right]\frac{1}{1-e^{-2l\sqrt{s}}}.$$

Entwickelt man den Quotienten in die geometrische Reihe, so erhält man

$$\begin{aligned}G_1(z,s) &= \left[e^{-(l-z)\sqrt{s}} - e^{-(l+z)\sqrt{s}}\right]\left[1 + e^{-2l\sqrt{s}} + e^{-4l\sqrt{s}} + \dots\right] = \\ &= e^{-(l-z)\sqrt{s}} + e^{-(3l-z)\sqrt{s}} + e^{-(5l-z)\sqrt{s}} + \dots \\ &\quad - e^{-(l+z)\sqrt{s}} - e^{-(3l+z)\sqrt{s}} - e^{-(5l+z)\sqrt{s}} - \dots .\end{aligned}$$

Diese Reihe kann man mittels der Korrespondenz

$$e^{-z\sqrt{s}} \bullet\!\!-\!\!\circ\ \psi(z,t)$$

und der Regel für die Rechtsverschiebung gliedweise in den Zeitbereich übersetzen:

$$\begin{aligned}g_1(z,t) &= \psi(l-z,t)+\psi(3l-z,t)+\psi(5l-z,t)+\dots \\ &\quad - \psi(l+z,t)-\psi(3l+z,t)-\psi(5l+z,t)-\dots .\end{aligned}$$

Da $\psi(-z,t) = -\psi(z,t)$ ist, kann man hierfür auch schreiben

$$g_1(z,t) = \psi(l-z,t)+\psi(3l-z,t)+\ldots+\psi(-l-z,t)+\psi(-3l-z,t)+\ldots \quad \text{oder}$$

$$g_1(z,t) = \sum_{k=-\infty}^{+\infty} \psi((2k+1)l-z,t) \; . \tag{9.30}$$

Daraus erhält man die entsprechende Darstellung für $g_o(z,t)$, wenn man z durch l-z ersetzt. Die Reihen konvergieren gut für kleine t, weil dann nach (9.26) der negative Exponent der e-Funktion in ψ große Beträge annimmt.

9.5 Lösung der Wärmeleitungsgleichung unter alleiniger Einwirkung der Quellenfunktion

Jetzt sind Rand- und Anfangswertfunktionen Null:

$$u_o(t) = 0, \quad u_1(t) = 0, \quad x_o(z) = 0 \; .$$

Damit wird aus der Differentialgleichung (9.11)

$$\frac{d^2X}{dz^2} - sX = -U(z,s) \; , \tag{9.31}$$

wobei die Laplace-Transformierte der Quellenfunktion u(z,t) als bekannt anzusehen ist. Statt der homogenen Differentialgleichung (9.14) hat man diese inhomogene Differentialgleichung zu lösen, und zwar unter den verschwindenden Randbedingungen

$$X(+0,s) = 0, \quad X(l-0,s) = 0 \; . \tag{9.32}$$

Die Lösung des Randwertproblems der inhomogenen Differentialgleichung (9.31) ist nicht mehr so einfach wie bei der homogenen Differentialgleichung (9.14). Sie wird meist über die Konstruktion einer Greenschen Funktion durchgeführt.

Man kann aber leichter zum Ziel gelangen, wenn man nochmals die Laplace-Transformation anwendet, diesmal bezüglich der Variablen z.[1] Man darf sich nicht daran stören, daß z nur in dem endlichen Intervall von 0 bis l variiert. Man denke sich x(z,t) unter Erfüllung der rechten Randbedingung auch auf größere z fortgesetzt. Dann kann man die Laplace-Transformierte

$$\mathcal{L}_z\{X(z,s)\} = \int_0^\infty X(z,s)e^{-z\sigma}dz \equiv \tilde{X}(\sigma,s) \tag{9.33}$$

---

1) Diese "Methode der zweidimensionalen Laplace-Transformation" wird systematisch in [5] behandelt.

bilden. Dabei entspricht also der Zeit t die Ortsvariable z, der bisherigen komplexen Variable s die neue komplexe Variable σ. s ist jetzt lediglich ein Parameter. Der Index z weist darauf hin, daß das Laplace-Integral über z erstreckt wird.

Wendet man $\mathcal{L}_z$ auf die Differentialgleichung (9.31) an, so wird aus ihr

$$\sigma^2\tilde{X}(\sigma,s)-\sigma X(+0,s)-X_z(+0,s)-s\tilde{X}(\sigma,s) = -\tilde{U}(\sigma,s) \quad . \qquad (9.34)$$

Dabei ist

$$X_z(+0,s) = \left[\frac{\partial}{\partial z} X(z,s)\right]_{z=+0} \quad \text{und}$$

$$\tilde{U}(\sigma,s) = \int_0^\infty U(z,s)e^{-z\sigma}dz \quad .$$

Berücksichtigt man (9.32), so wird aus (9.34)

$$\tilde{X}(\sigma,s) = \frac{1}{\sigma^2-s}\left[X_z(+0,s)-\tilde{U}(\sigma,s)\right] \quad . \qquad (9.35)$$

Hierin ist die Funktion $X_z(+0,s)$ zunächst unbekannt, da ja über die Ableitung der Funktion x(z,t) nach z am linken Rand nichts vorausgesetzt ist. Man darf aber erwarten, daß sich die unbekannte Funktion $X_z(+0,s)$ mittels der noch nicht benutzten rechten Randbedingung

$$X(1-0,s) = 0$$

ermitteln läßt.

Als nächstes ist (9.35) in den z-Bereich zurückzutransformieren. Hierzu geht man von der Partialbruchzerlegung

$$\frac{1}{\sigma^2-s} = \frac{1}{(\sigma-\sqrt{s})(\sigma+\sqrt{s})} = \left[\frac{1}{\sigma-\sqrt{s}} - \frac{1}{\sigma+\sqrt{s}}\right]\frac{1}{2\sqrt{s}}$$

aus. Bei der Rücktransformation benutzt man die übliche Korrespondenz für die e-Funktion:

$$\frac{1}{s-\alpha} \;\bullet\!\!-\!\!\circ\; e^{\alpha t} \quad .$$

Man muß nur beachten, daß an die Stelle von s die Variable σ tritt, an die

Stelle von t aber z:

$$\frac{1}{\sigma-\alpha} \overset{\mathcal{L}_z}{\bullet\!\!-\!\!\circ} e^{\alpha z} ,$$

wobei α beliebig komplex sein darf. Damit gilt wegen $\alpha = \sqrt{s}$ bzw. $-\sqrt{s}$:

$$\frac{1}{\sigma^2-s} \overset{\mathcal{L}_z}{\bullet\!\!-\!\!\circ} \frac{1}{2\sqrt{s}} \left(e^{-\sqrt{s}z} - e^{-\sqrt{s}z}\right) = \frac{1}{\sqrt{s}} \sinh(z\sqrt{s}) .$$

Da $X_z(+0,s)$ bezüglich der $\mathcal{L}_z$-Transformation eine Konstante darstellt (s ist ja hier keine Variable, sondern ein Parameter), folgt daraus

$$\frac{1}{\sigma^2-s} X_z(+0,s) \bullet\!\!-\!\!\circ \frac{1}{\sqrt{s}} \sinh(z\sqrt{s}) X_z(+0,s) .$$

Was das Produkt $\frac{1}{\sigma^2-s} \tilde{U}(\sigma,s)$ betrifft, so hat man die Faltungsregel anzuwenden, natürlich bezüglich z. Es hat daher die Originalfunktion

$$\frac{1}{\sqrt{s}} \sinh(z\sqrt{s}) * U(z,s) = \int_0^z \frac{1}{\sqrt{s}} \sinh((z-\zeta)\sqrt{s}) U(\zeta,s)\,d\zeta .$$

Somit liefert die Rücktransformation von (9.35) (bezüglich z):

$$X(z,s) = \frac{1}{\sqrt{s}} \sinh(z\sqrt{s}) X_z(+0,s) - \int_0^z \frac{1}{\sqrt{s}} \sinh((z-\zeta)\sqrt{s}) U(\zeta,s)\,d\zeta . \qquad (9.36)$$

Hierin ist $X_z(+0,s)$ noch unbekannt, kann aber jetzt aus der noch nicht benutzten rechten Randbedingung

$$X(l-0,s) = 0$$

ermittelt werden. Aus (9.36) folgt für $z = l-0$:

$$0 = X(l-0,s) = \frac{1}{\sqrt{s}} \sinh(l\sqrt{s}) X_z(+0,s) - \int_0^l \frac{1}{\sqrt{s}} \sinh((l-\zeta)\sqrt{s}) U(\zeta,s)\,d\zeta .$$

Wegen der Stetigkeit der hier auftretenden Funktionen darf man statt l-0 einfach l schreiben. Aus der letzten Gleichung folgt

$$X_z(+0,s) = \int_0^l \frac{\sinh((l-\zeta)\sqrt{s})}{\sinh(l\sqrt{s})} U(\zeta,s)\,d\zeta .$$

Setzt man diesen Ausdruck in (9.36) ein, nimmt die Zerlegung

$$\int_0^l = \int_0^z + \int_z^l$$

vor und faßt die beiden Integrale von 0 bis z zusammen, so ergibt sich

$$X(z,s) = \int_0^z \frac{1}{\sqrt{s}} \frac{\sinh(z\sqrt{s})\sinh((l-\zeta)\sqrt{s}) - \sinh(l\sqrt{s})\sinh((z-\zeta)\sqrt{s})}{\sinh(l\sqrt{s})} U(\zeta,s)d\zeta$$

$$+ \int_z^l \frac{1}{\sqrt{s}} \frac{\sinh(z\sqrt{s})\sinh((l-\zeta)\sqrt{s})}{\sinh(l\sqrt{s})} U(\zeta,s)d\zeta \; .$$

Wendet man auf den Zähler des ersten Integranden das Additionstheorem des hyperbolischen Sinus an,

$$\sinh(\alpha-\beta) = \sinh\alpha \cosh\beta - \cosh\alpha \sinh\beta \; ,$$

so vereinfacht sich dieser Ausdruck zu

$$X(z,s) = \int_0^z \frac{1}{\sqrt{s}} \frac{\sinh(\zeta\sqrt{s})\sinh((l-z)\sqrt{s})}{\sinh(l\sqrt{s})} U(\zeta,s)d\zeta \; +$$

$$+ \int_z^l \frac{1}{\sqrt{s}} \frac{\sinh(z\sqrt{s})\sinh((l-\zeta)\sqrt{s})}{\sinh(l\sqrt{s})} U(\zeta,s)d\zeta \; . \qquad (9.37)$$

Die Beziehung wird übersichtlicher, wenn man sie in der folgenden Form schreibt:

$$X(z,s) = \int_0^l G(z,\zeta,s)U(\zeta,s)d\zeta \qquad (9.38)$$

mit

$$G(z,\zeta,s) = \begin{cases} \dfrac{1}{\sqrt{s}} \dfrac{\sinh(\zeta\sqrt{s})\sinh((l-z)\sqrt{s})}{\sinh(l\sqrt{s})} \; , & 0 \leqq \zeta \leqq z \; , \\ \\ \dfrac{1}{\sqrt{s}} \dfrac{\sinh(z\sqrt{s})\sinh((l-\zeta)\sqrt{s})}{\sinh(l\sqrt{s})} \; , & z \leqq \zeta \leqq l \; . \end{cases} \qquad (9.39)$$

Dies ist die Lösung der Wärmeleitungsgleichung bei alleiniger Einwirkung der Quellenfunktion u(z,t) im Bildbereich.

Ein Vergleich von (9.38) mit (9.20) zeigt, daß die Ausgangsgröße x(z,t) in ganz anderer Weise von der Quellenfunktion abhängt als von den Randwerten. Der letztere Zusammenhang ist durch eine komplexe Übertragungsgleichung vom Typ Y(s) = G(s)U(s) gegeben, wie man ihn von den gewöhnlichen Differentialgleichungen her kennt. Der Zusammenhang zwischen Ausgangsgröße und Quellenfunktion wird dagegen durch ein Integral über den Ortsbereich hergestellt. Das muß auch so sein, da die Quellenfunktion nicht nur wie eine Randwertfunktion an einer Stelle des Ortsbereiches erklärt ist, vielmehr über den gesamten Ortsbereich und von jeder Stelle ζ desselben auf die Ausgangsgröße an der Stelle z einwirkt. Die Summation dieser Einflüsse über sämtliche Stellen ζ des Ortsbereiches führt zum Integral (9.38). Die Quellenfunktion u(z,t) stellt eben einen örtlich verteilten Eingriff dar, während es sich bei den Randwertfunktionen $u_o(t)$ und $u_1(t)$ um örtlich konzentrierte oder punktuelle Eingriffe in z = 0 und z = 1 handelt.

Auch die Quellenfunktion kann man speziell so wählen, daß sie einen örtlich konzentrierten Eingriff darstellt:

$$u(z,t) = u^*(t)\delta(z-z^*) .$$

Sie wirkt dann nur an der Stelle z^* ein, und zwar mit der Zeitfunktion $u^*(t)$. Durch die $\mathcal{L}_t$-Transformation wird daraus

$$U(z,s) = U^*(s)\delta(z-z^*) .$$

Das gibt, in (9.38) eingesetzt:

$$X(z,s) = \int_0^1 G(z,\zeta,s)U^*(s)\delta(\zeta-z^*)d\zeta ,$$

also

$$X(z,s) = G(z,z^*,s)U^*(s) . \qquad (9.40)$$

Damit hat man wieder die komplexe Übertragungsgleichung. $G(z,z^*,s)$ ist eine Übertragungsfunktion, die beschreibt, wie sich die Einwirkung eines punktuellen Eingriffs an der Stelle z^* auf die Stelle z auswirkt.

Aus (9.39) erkennt man, daß sie unverändert bleibt, wenn Eingriffsort z^* und Meßort z miteinander vertauscht werden:

$$G(z,z^*,s) = G(z^*,z,s) . \qquad (9.41)$$

Es bleibt die Rücktransformation in den Zeitbereich durchzuführen. Die Originalfunktion zu $G(z,\zeta,s)$, etwa für das erste Intervall $0 \leqq \zeta \leqq z$, kann man ganz entsprechend herleiten wie die Korrespondenz (7.26), indem man zunächst $\sqrt{s}$ gleich einer neuen Variablen w setzt und die so entstehende Funktion in Partialbrüche zerlegt. Man hat dabei nur zu beachten, daß $w = 0$ zwar eine zweifache Nullstelle des Nenners ist, aber durch eine zweifache Zählernullstelle kompensiert wird, also keinen Pol darstellt. Man erhält so

$$\frac{1}{\sqrt{s}} \frac{\sinh(\zeta\sqrt{s})\sinh((l-z)\sqrt{s})}{\sinh(l\sqrt{s})} \;\bullet\!\!-\!\!\circ\; \frac{2}{l} \sum_{k=1}^{\infty} \sin\frac{k\pi z}{l} \sin\frac{k\pi\zeta}{l}\, e^{-\frac{k^2\pi^2 t}{l^2}} . \qquad (9.42)$$

Vertauscht man auf der linken Seite z und ζ, so wird aus ihr die untere Zeile von (9.39). Da bei dieser Vertauschung die Originalfunktion in (9.42) sich nicht ändert, ist sie Originalfunktion für die <u>gesamte</u> Funktion $G(z,\zeta,s)$:

$$G(z,\zeta,s) \;\bullet\!\!-\!\!\circ\; g(z,\zeta,t) = \frac{2}{l} \sum_{k=1}^{\infty} \sin\frac{k\pi z}{l} \sin\frac{k\pi\zeta}{l}\, e^{-\frac{k^2\pi^2 t}{l^2}} . \qquad (9.43)$$

Diese Reihe konvergiert gut für nicht zu kleine t-Werte. Ist t klein, so kann man ganz entsprechend wie im Abschnitt 9.4 vorgehen und eine besser konvergierende Reihenentwicklung für $g(z,\zeta,t)$ herleiten.

Gehen wir nun zur Rücktransformation von (9.38) über, so kann man sie unter dem Integral vornehmen, da dieses über ζ erstreckt ist. Man erhält so

$$x(z,t) = \int_0^l g(z,\zeta,t) * u(\zeta,t)\, d\zeta$$

oder ausführlich geschrieben

$$x(z,t) = \int_0^l \int_0^t g(z,\zeta,t-\tau)\, u(\zeta,\tau)\, d\tau\, d\zeta . \qquad (9.44)$$

Die Funktion g, welche aus (9.43) zu entnehmen ist, spielt hierbei die Rolle einer verallgemeinerten Gewichtsfunktion. (9.44) ist die <u>Lösung der Wärmeleitungsgleichung unter alleiniger Einwirkung der Quellenfunktion $u(z,t)$</u>.

9.6 Lösung der Wärmeleitungsgleichung unter alleiniger Einwirkung der Anfangsbedingung und allgemeine Lösung

Was die Lösung der Wärmeleitungsgleichung unter alleiniger Einwirkung der Anfangswertfunktion $x_o(z)$ betrifft, so können wir uns kurz fassen. Wie man aus (9.11) sieht, ergibt sich dieselbe Gleichung, ob man nun $x_o(z) = 0$ setzt, wie im vorigen Abschnitt, oder $U(z,s) = 0$, wie im jetzt zu behandelnden Fall. Man kann daher die Lösung (9.38) übernehmen, nur daß eben $x_o(z)$ statt $U(z,s)$ zu setzen ist:

$$X(z,s) = \int_0^1 G(z,\zeta,s)x_o(\zeta)d\zeta \tag{9.45}$$

mit $G(z,\zeta,s)$ aus (9.39). Die Rücktransformation von (9.45) in den Zeitbereich kann man wieder unter dem Integral vornehmen, da dieses ja über ζ erstreckt ist:

$$x(z,t) = \int_0^1 g(z,\zeta,t)x_o(\zeta)d\zeta \ , \tag{9.46}$$

mit $g(z,\zeta,t)$ aus (9.43). Damit liegt auch die <u>Lösung des Anfangswertproblems der Wärmeleitungsgleichung</u> vor.

Die allgemeine Lösung der Wärmeleitungsgleichung, die bei gleichzeitiger Einwirkung von Quellenfunktion, Anfangs- und Randbedingungen entsteht, erhält man nun einfach durch Überlagerung der drei Einzellösungen. Das gibt im Bildbereich gemäß (9.38), (9.45) und (9.20):

$$\begin{aligned}
X(z,s) = & & \text{Einfluß der} \\
= & \int_0^1 G(z,\zeta,s)U(\zeta,s)d\zeta \ + & \text{Quellenfunktion} \quad u(z,t)\ , \\
+ & \int_0^1 G(z,\zeta,s)x_o(\zeta)d\zeta \ + & \text{Anfangswertfunktion} \quad x_o(z)\ , \\
+ & \ G_o(z,s)U_o(s) + G_1(z,s)U_1(s) & \text{Randwertfunktionen} \quad u_o(t),\ u_1(t)\ .
\end{aligned}$$

Dabei sind $G(z,\zeta,s)$ aus (9.39), $G_o(z,s)$ und $G_1(z,s)$ aus (9.21) und (9.22) zu entnehmen.

Durch Rücktransformation erhält man die allgemeine Lösung im Zeitbereich:

$$x(z,t) = \int_0^1 \int_0^t g(z,\zeta,t-\tau)u(\zeta,\tau)d\tau d\zeta +$$

$$+ \int_0^1 g(z,\zeta,\tau)x_o(\zeta)d\zeta +$$

$$+ \int_0^t g_o(z,t-\tau)u_o(\tau)d\tau + \int_0^t g_1(z,t-\tau)u_1(\tau)d\tau \ .$$

Die darin vorkommenden Gewichtsfunktionen sind durch unendliche Reihen gemäß (9.43), (9.21) und (9.22) gegeben.

10 Zweiseitige Laplace-Transformation und Fourier-Transformation

10.1 Zweiseitige Laplace-Transformation

Die Laplace-Transformation, wie wir sie bisher betrachtet haben, berücksichtigt von einer Zeitfunktion f(t) nur den Verlauf dieser Funktion für $t > 0$. In vielen Fällen genügt das, weil der vorhergehende Verlauf nicht interessiert oder weil für $t < 0$ $f(t) = 0$ angenommen werden darf, beispielsweise bei Einschaltvorgängen. Wie leistungsfähig die so definierte Laplace-Transformation ist, hat sich im vorhergehenden bei der Lösung verschiedener Typen von Funktionalbeziehungen, wie gewöhnlicher und partieller Differentialgleichungen, Differenzengleichungen, Differenzendifferentialgleichungen, sowie bei der Einführung grundlegender Begriffe zur Beschreibung dynamischer Systeme, insbesondere der Übertragungsfunktion, gezeigt.

Es treten jedoch auch Fälle auf, in denen der Verlauf von f(t) auf der gesamten t-Achse von Interesse ist. Dies trifft z.B. häufig bei Problemen der Nachrichtentechnik zu. Um auch derartige Zeitvorgänge zu erfassen, ist es naheliegend, das bisherige Laplace-Integral so abzuändern, daß als untere Grenze nicht $t = 0$, sondern $t = -\infty$ genommen wird:

$$F(s) = \int_{-\infty}^{+\infty} f(t)e^{-st}dt \; . \tag{10.1}$$

Als Grenzwert geschrieben lautet dieses uneigentliche Integral:

$$F(s) = \lim_{\substack{A_1 \to -\infty \\ A_2 \to +\infty}} \int_{A_1}^{A_2} f(t)e^{-st}dt \; .$$

Die beiden Grenzen streben unabhängig voneinander ins Unendliche. Der Grenzwert ist daher nicht im Sinne des Cauchyschen Hauptwertes zu verstehen.

Die so geschaffene Zuordnung einer komplexen Funktion F(s) zu einer Zeitfunktion f(t) wird zweiseitige Laplace-Transformation genannt und durch

$$F(s) = \mathcal{L}_{II}\{f(t)\}$$

bezeichnet.

Damit diese Definition sinnvoll ist, muß das uneigentliche Integral (10.1) in einem gewissen Bereich der s-Ebene konvergieren. Es ist gleich

$$\int_{-\infty}^{0} f(t)e^{-st}dt + \int_{0}^{+\infty} f(t)e^{-st}dt \; .$$

Das rechte Integral ist absolut konvergent in einer rechten Halbebene, das linke entsprechend in einer linken Halbebene. Haben beide Halbebenen einen Streifen gemeinsam, so ist dort das Integral (10.1) absolut konvergent. Der Bereich der absoluten Konvergenz umfaßt bei der $\mathcal{L}_{II}$-Transformation also einen Streifen parallel zur j-Achse. Natürlich kann dieser Bereich auch leer sein.

Völlig entsprechend wie bei der einseitigen Laplace-Transformation kann auch hier die Beziehung (10.1) nach f(t) aufgelöst werden (Abschnitt 8.1). Man erhält so wieder die komplexe Umkehrformel

$$f(t) = \frac{1}{2\pi j} \int_{c-j\infty}^{c+j\infty} F(s)e^{ts}ds \,. \qquad (10.2)$$

Die Gerade $\delta = c$, längs der integriert wird, muß dabei im Streifen der absoluten Konvergenz liegen (Bild 10/1). An zweierlei sei erinnert. Das uneigentliche Integral (10.2) ist im Sinn des Cauchyschen Hauptwertes zu verstehen, also gleich

$$\lim_{A \to \infty} \int_{c-jA}^{c+jA} F(s)e^{ts}ds \,.$$

An Sprungstellen von f liefert es statt f(t) wiederum

$$\frac{1}{2}\left[f(t-0)+f(t+0)\right] \,.$$

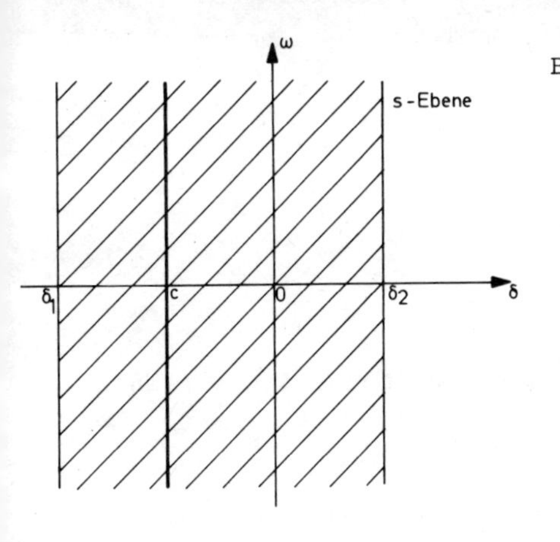

Bild 10/1 Streifen der absoluten Konvergenz beim zweiseitigen Laplace-Integral

Im Unterschied zur Umkehrformel des (einseitigen) Laplace-Integrals ist (10.2) für $t < 0$ im allgemeinen nicht Null, sondern liefert eben den Wert f(t) der Originalfunktion. Damit man diese erhält, ist es wesentlich, längs einer Geraden im Streifen der absoluten Konvergenz zu integrieren. Ist der Integrationsweg von (10.2) eine Parallele zur j-Achse, die außerhalb dieses Streifens liegt, so kann das Integral sehr wohl existieren. Die von ihm erzeugte Zeitfunktion ist dann aber nicht gleich der Originalfunktion zu F(s) im Sinne der $\mathcal{L}_{II}$-Transformation.

Als Beispiel zur $\mathcal{L}_{II}$-Transformation berechnen wir die Bildfunktion zu

$$f(t) = e^{-a|t|} \quad , \quad a > 0 .$$

Da für $t \leqq 0$ $|t| = -t$ gilt, ist

$$f(t) = \begin{cases} e^{+at} & \text{für } t \leqq 0 \\ e^{-at} & \text{für } t \geqq 0 \end{cases} .$$

Aus (10.1) folgt deshalb

$$F(s) = \int_{-\infty}^{0} e^{at} e^{-st} dt + \int_{0}^{+\infty} e^{-at} e^{-st} dt =$$

$$= \left[\frac{1}{a-s} \, e^{(a-s)t}\right]_{t=-\infty}^{t=0} + \left[\frac{1}{-(a+s)} \, e^{-(a+s)t}\right]_{t=0}^{t=+\infty} .$$

Was den ersten Term betrifft, so strebt die e-Funktion gegen 0 für $t \to -\infty$, wenn $\mathrm{Re}(a-s) > 0$ (t ist ja negativ!). Aus der Ungleichung folgt $\mathrm{Re}\, a - \mathrm{Re}\, s > 0$ oder $\mathrm{Re}\, s < a$, da a reell ist. Der erste Term hat dann den Wert $\frac{1}{a-s}$. Entsprechend wird aus dem zweiten Term $\frac{1}{a+s}$, sofern $\mathrm{Re}(a+s) > 0$ oder $\mathrm{Re}\, s > -a$. Somit ist

$$\mathcal{L}_{II}\left\{e^{-a(t)}\right\} = \frac{1}{a-s} + \frac{1}{a+s} = \frac{2a}{a^2-s^2} \qquad (10.3)$$

für $-a < \mathrm{Re}\, s < a$.

Mit diesen Bemerkungen zur zweiseitigen Laplace-Transformation wollen wir es bewenden lassen, denn die Transformation wird in ihrer allgemeinen Form in den Anwendungen kaum benutzt. Von sehr großer Bedeutung ist jedoch ein Spezialfall der $\mathcal{L}_{II}$-Transformation: die Fourier-Transformation. Mit ihr wollen wir uns im folgenden beschäftigen.

10.2 Definition der Fourier-Transformation

Betrachtet man die $\mathcal{L}_{II}$-Transformation lediglich auf der j-Achse, so wird aus dem $\mathcal{L}_{II}$-Integral und der komplexen Umkehrformel wegen $s = j\omega$ und $c = 0$:

$$F(j\omega) = \int_{-\infty}^{+\infty} f(t)e^{-j\omega t}dt \quad \text{und}$$

$$f(t) = \frac{1}{2\pi j} \int_{-j\infty}^{j\infty} F(j\omega)e^{j\omega t}d(j\omega) \ .$$

Schreibt man, wie es allgemein üblich ist, $F(\omega)$ statt $F(j\omega)$, so gehen diese Ausdrücke in

$$F(\omega) = \int_{-\infty}^{+\infty} f(t)e^{-j\omega t}dt \ , \tag{10.4}$$

$$f(t) = \frac{1}{2\pi} \int_{-\infty}^{+\infty} F(\omega)e^{j\omega t}d\omega \tag{10.5}$$

über. Wie schon bei der allgemeinen $\mathcal{L}_{II}$-Transformation bemerkt, ist das uneigentliche Integral (10.5) als Cauchyscher Hauptwert aufzufassen, das Integral (10.4) jedoch nicht. Bei diesem streben die Grenzen also unabhängig voneinander ins Unendliche. Durch (10.4) wird einer Zeitfunktion $f(t)$ eine Funktion von ω zugeordnet. Diese Zuordnung sei als Fourier-Transformation bezeichnet, das Integral in (10.4) als Fourier-Integral. (10.5) ist die zugehörige Umkehrformel.

Der Sprachgebrauch ist allerdings nicht einheitlich. Manchmal wird auch (10.5) als Fourier-Integral bezeichnet. Unsere Benennung ergibt sich zwangsläufig, wenn man von der Laplace-Transformation aus zum Fourier-Integral gelangt.

In Analogie zur Laplace-Transformation schreiben wir

$$F(\omega) = \mathcal{F}\{f(t)\}$$

oder auch

$$F(\omega) \bullet\!\!-\!\!\circ f(t) \ .$$

Die Darstellung (10.5) von $f(t)$ läßt sich in sehr anschaulicher Weise physikalisch deuten, und zwar in Analogie zur Fourierreihe. Ist eine Funktion $f(t)$ periodisch, so kann man sie als unendliche Summe von harmonischen Schwingungen darstellen. Deren Frequenzen sind die Vielfachen einer Grundfrequenz ω_o. In komplexer Darstellung lautet eine solche Fourier-entwicklung

$$f(t) = \sum_{n=-\infty}^{+\infty} c_n e^{jn\omega_o t} .$$

Einen ganz analogen Aufbau zeigt (10.5). Auch hier ist die (nichtperiodische) Funktion f(t) aus harmonischen Schwingungen $e^{j\omega t}$ aufgebaut. Dabei sind aber nicht nur Schwingungen mit diskreten Frequenzen $n\omega_o$ beteiligt, sondern grundsätzlich Schwingungen aller Frequenzen von $\omega = -\infty$ bis $\omega = +\infty$. Jede dieser Schwingungen ist mit der infinitesimalen komplexen Amplitude $\frac{1}{2\pi} F(\omega)d\omega$ beteiligt. Ihre Summation führt zu dem Integral (10.5). Man nennt $F(\omega)$ die Spektralfunktion, auch Spektraldichte oder Frequenzfunktion, $|F(\omega)|$ die Amplitudendichte von f(t).

Was die Koeffizienten der Integrale in (10.4) und (10.5) betrifft, so werden sie verschieden angegeben. Manchmal sind sie gerade umgekehrt verteilt, also

$$F(\omega) = \frac{1}{2\pi} \int_{-\infty}^{+\infty} f(t)e^{-j\omega t}dt, \quad f(t) = \int_{-\infty}^{+\infty} F(\omega)e^{j\omega t}d\omega ,$$

manchmal auch symmetrisch:

$$F(\omega) = \frac{1}{\sqrt{2\pi}} \int_{-\infty}^{+\infty} f(t)e^{-j\omega t}dt, \quad f(t) = \frac{1}{\sqrt{2\pi}} \int_{-\infty}^{+\infty} F(\omega)e^{j\omega t}d\omega .$$

Statt der Kreisfrequenz ω kann man auch die Frequenz $f = \frac{\omega}{2\pi}$ einführen und die beiden Integrale unter Wegfall der Koeffizienten so schreiben:

$$X(f) = \int_{-\infty}^{+\infty} x(t)e^{-j2\pi ft}dt, \quad x(t) = \int_{-\infty}^{+\infty} X(f)e^{j2\pi ft}df .$$

Die von uns gewählte Bezeichnungsweise ist die in der Literatur vorwiegend übliche [1, 7, 8, 16, 17, 18, 19].

Die Eigenschaften und Rechenregeln der Fourier-Transformation sind natürlich unabhängig von der Schreibweise. Wenn man aber Spektralfunktionen oder Zeitfunktionen aus einer Tabelle der Fourier-Transformation entnimmt, muß man darauf achten, welche Schreibweise der jeweilige Autor verwendet.

Wann existiert nun das Fourier-Integral? Wegen

$$\left| \int_{-\infty}^{+\infty} f(t) e^{-j\omega t} dt \right| \leqq \int_{-\infty}^{+\infty} |f(t)| dt$$

sicherlich dann, wenn

$$\int_{-\infty}^{+\infty} |f(t)| dt < +\infty , \tag{10.6}$$

wenn also $f(t)$ absolut integrabel in $(-\infty, \infty)$. Dann existiert auch das Umkehrintegral (10.5), wobei es an Sprungstellen von f wieder das arithmetische Mittel des links- und rechtsseitigen Grenzwertes liefert.

Die Bedingung (10.6) ist z.B. erfüllt für alle Funktionen, die beschränkt und außerhalb eines endlichen Intervalles Null sind. Darüber hinaus ist sie gewiß erfüllt für alle beschränkten Funktionen, die für $t \to \pm\infty$ mindestens wie $e^{-a|t|}$ mit irgendeinem $a > 0$ fallen.

Die Bedingung (10.6) ist allerdings nicht notwendig. Das Fourier-Integral kann also existieren, auch wenn (10.6) einmal nicht erfüllt ist. Ein Beispiel dafür ist die Funktion

$$f(t) = \frac{\sin \omega_o t}{t} .$$

Hier existiert

$$\int_{-\infty}^{+\infty} \left| \frac{\sin \omega_o t}{t} \right| dt$$

nicht (siehe z.B. [13]), wohl aber existiert das Fourierintegral, wie man mittels des Residuensatzes zeigen kann. Wir werden das Ergebnis indessen später auf bequemere Weise erhalten.

An einigen Beispielen sei nun die Berechnung des Fourier-Integrals durchgeführt. Im ersten Beispiel betrachten wir den Rechteckimpuls

$$r_T(t) = \begin{cases} 1 \ , & |t| < T \\ 0 \ , & |t| > T \end{cases} , \tag{10.7}$$

der im Bild 10/2 wiedergegeben ist. Für ihn ist

$$F(\omega) = \int_{-\infty}^{+\infty} r_T(t) e^{-j\omega t} dt = \int_{-T}^{T} e^{-j\omega t} dt = -\frac{1}{j\omega} (e^{-j\omega T} - e^{j\omega T})$$

$$= \frac{2}{\omega} \frac{1}{2j} \left(e^{j\omega T} - e^{-j\omega T}\right) = \frac{2}{\omega} \sin \omega T \,.$$

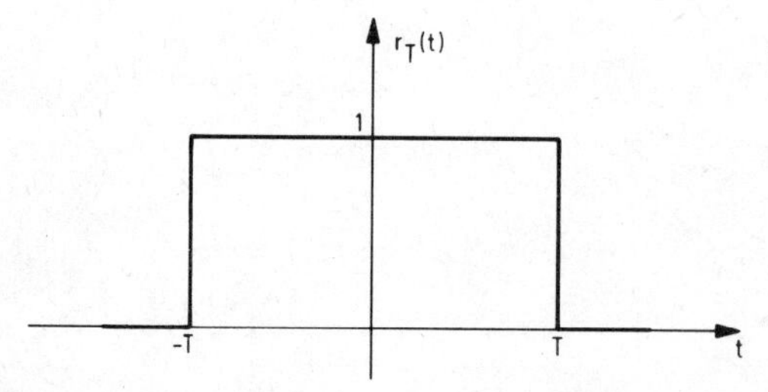

Bild 10/2 Rechteckimpuls

Es gilt also die Korrespondenz

$$r_T(t) \circ\!\!-\!\!\bullet\; 2\,\frac{\sin \omega T}{\omega} = 2T\,\frac{\sin \omega T}{\omega T}\,. \qquad (10.8)$$

Hierin ist eine Funktion vom Typ $\frac{\sin x}{x}$ enthalten, die bei Anwendungen des Fourier-Integrals häufig vorkommt. Sie wird mit si x bezeichnet:

$$\text{si}\, x = \frac{\sin x}{x}\,.$$

Das Resultat (10.8) kann man deshalb auch in der Form

$$r_T(t) \circ\!\!-\!\!\bullet\; 2T\, \text{si}\, \omega T$$

schreiben. Diese Spektralfunktion ist im Bild 10/3 skizziert.

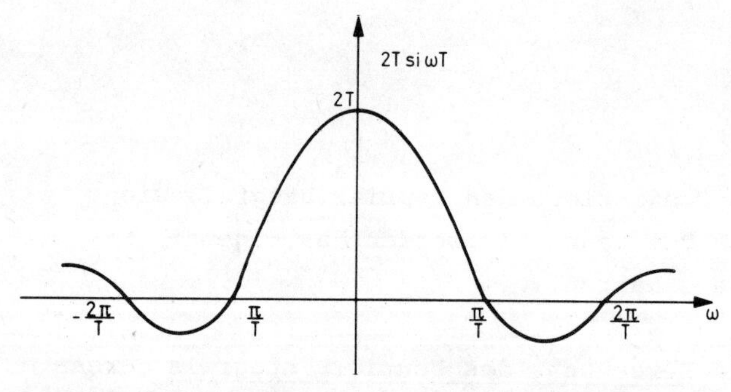

Bild 10/3 Fourier-Transformiert des Rechteckimpulses

Bei x = 0 hat sie wegen

$$\frac{\sin x}{x} = \frac{1}{x}\left[x - \frac{x^3}{3!} +- \ldots\right] = 1 - \frac{x^2}{3!} +- \ldots$$

den Wert 2T.

Aus dem Bild 10/3 erkennt man, daß am Aufbau des Rechteckimpulses harmonische Schwingungen $e^{j\omega t}$ aller Frequenzen beteiligt sind. Die Schwingungen aus dem Frequenzbereich $|\omega| < \frac{\pi}{T}$ herrschen jedoch vor. Wenn daher in dem Integral

$$r_T(t) = \frac{1}{2\pi} \int_{-\infty}^{+\infty} F(\omega) e^{j\omega t} d\omega$$

nur der Frequenzbereich $|\omega| < \frac{\pi}{T}$ berücksichtigt wird, so ist keine allzu starke Verfälschung zu erwarten:

$$r_T(t) \approx \frac{1}{2\pi} \int_{-\pi/T}^{\pi/T} F(\omega) e^{j\omega t} d\omega \ .$$

Der Impuls $r_T(t)$ wird daher nicht zu sehr verzerrt werden, wenn er ein Übertragungsglied passiert, das nur Schwingungen bis $\omega = \frac{\pi}{T}$ durchläßt.

Noch eine zweite Tatsache ist von Interesse. Wird T kleiner, die Impulsdauer also kürzer, so wird das Frequenzband $|\omega| < \frac{\pi}{T}$ breiter, und umgekehrt. Man kann also sagen: Zu einem Signal von kurzer Dauer (Zeitfunktion nur in einem kleinen Intervall merklich von Null verschieden) gehört ein breites Frequenzband (Spektralfunktion in einem großen Intervall merklich von Null verschieden) und umgekehrt (Reziprozität von Zeit und Frequenz). Wie man sich leicht überzeugen kann, gilt das hier Gesagte auch für die später behandelten Zeitfunktionen und Spektralfunktionen.

Als nächstes Beispiel soll der im Bild 10/4 dargestellte Dreiecksimpuls $d_T(t)$ transformiert werden. Wegen

$$d_T(t) = \begin{cases} \frac{1}{T}(t+T) \ , & -T \leqq t \leqq 0 \\ -\frac{1}{T}(t-T) \ , & 0 \leqq t \leqq T \\ 0 \ , & |t| \geqq T \end{cases} \qquad (10.9)$$

ist

$$F(\omega) = \int_{-T}^{0} \frac{1}{T}(t+T) e^{-j\omega t} dt + \int_{0}^{T} (-\frac{1}{T})(t-T) e^{-j\omega t} dt \ ,$$

woraus durch partielle Integration folgt:

$$F(\omega) = \frac{1}{T\omega^2}(2 - e^{j\omega T} - e^{-j\omega T}) = \frac{2}{T\omega^2}(1 - \cos \omega T) \ .$$

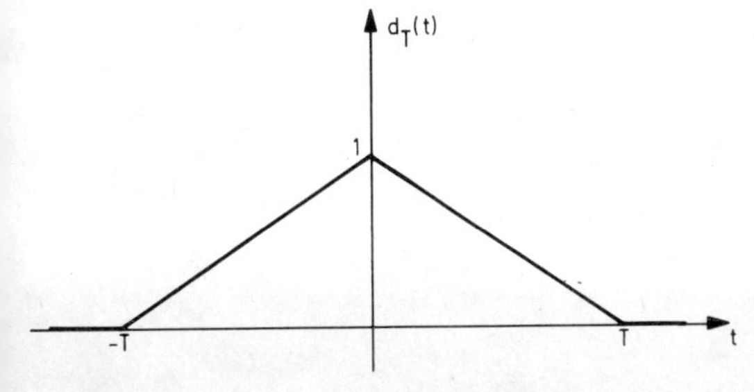

Bild 10/4 Dreiecksimpuls

Wegen $\frac{1}{2}$ (1-cos α) = $\sin^2 \frac{\alpha}{2}$ wird daraus

$$F(\omega) = \frac{4}{T\omega^2} \sin^2 \frac{T\omega}{2} \; . \qquad (10.10)$$

Diese Funktion ist im Bild 10/5 skizziert. Wie man sieht, sind wieder harmonische Schwingungen aller Frequenzen am Aufbau des Dreieckimpulses $d_T(t)$ beteiligt, wobei aber Schwingungen $e^{j\omega t}$ aus dem Frequenzbereich $|\omega| < \frac{2\pi}{T}$ stark überwiegen. Im übrigen gilt auch hier das schon beim Rechteckimpuls Gesagte.

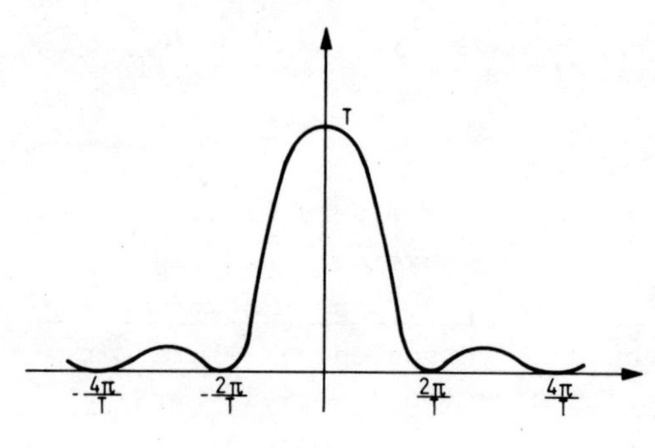

Bild 10/5 Fourier-Transformierte des Dreiecksimpulses

Im dritten Beispiel ist die Berechnung des Fourierintegrals nicht mehr so einfach wie bisher:

$$f(t) = e^{-t^2} \; .$$

Das Integral

$$F(\omega) = \int_{-\infty}^{+\infty} e^{-t^2 - j\omega t} dt \qquad (10.11)$$

kann nicht in elementarer Weise berechnet werden. Wie schon im Abschnitt 8.4 versuchen wir, eine Differentialgleichung für $F(\omega)$ herzuleiten und $F(\omega)$ daraus zu bestimmen. Durch Differentiation nach ω folgt aus (10.11)

$$F'(\omega) = \int_{-\infty}^{+\infty} (-jt) e^{-t^2 - j\omega t} dt \; . \qquad (10.12)$$

Andererseits ist

$$\frac{d}{dt} e^{-t^2 - j\omega t} = (-2t - j\omega) e^{-t^2 - j\omega t} = -2j(-jt + \frac{\omega}{2}) e^{-t^2 - j\omega t} \; .$$

Daher ist

$$- \frac{1}{2j} \frac{d}{dt} e^{-t^2-j\omega t} - \frac{\omega}{2} e^{-t^2-j\omega t} = -jte^{-t^2-j\omega t} .$$

Das gibt, in (10.12) eingesetzt

$$F'(\omega) = - \frac{1}{2j} \int_{-\infty}^{+\infty} \frac{d}{dt} e^{-t^2-j\omega t} dt - \frac{\omega}{2} \int_{-\infty}^{+\infty} e^{-t^2-j\omega t} dt . \tag{10.13}$$

Das erste dieser Integrale ist gleich

$$\left[e^{-t^2-j\omega t} \right]_{t=-\infty}^{t=+\infty} = 0 .$$

Das zweite ist gleich $F(\omega)$ selbst. Damit wird aus (10.13)

$$F'(\omega) = - \frac{\omega}{2} F(\omega) .$$

Das ist die gewünschte Differentialgleichung für $F(\omega)$. Aus ihr folgt

$$\frac{F'(\omega)}{F(\omega)} = - \frac{\omega}{2} ,$$

$$\ln|F(\omega)| = - \frac{\omega^2}{4} + \text{const} ,$$

$$F(\omega) = c\, e^{-\frac{\omega^2}{4}} .$$

Den Integrationsparameter c bekommt man wegen $c = F(0)$ aus (10.11):

$$F(0) = \int_{-\infty}^{+\infty} e^{-t^2} dt = \sqrt{\pi} \text{ (siehe z.B. [14], [15]).}$$

Somit ist

$$F(\omega) = \sqrt{\pi}\, e^{-\frac{\omega^2}{4}} . \tag{10.14}$$

10.3 Eigenschaften der Fourier-Transformation

Einige Grundeigenschaften der Fourier-Transformation, die oft benutzt werden, sind in Tabelle 10/1 (am Schluß von Kapitel 10) zusammengestellt. Sie folgen unmittelbar aus dem Fourier-Integral und der Umkehrformel. Eine Ausnahme bildet die Grenzaussage unter Nr. 12 der Tabelle, die eine Verallgemeinerung des Riemann-Lebesgueschen Lemmas auf ein unendliches

Intervall darstellt. Den Beweis findet man in [2].

Was die übrigen Eigenschaften betrifft, so brauchen wir nur auf wenige Punkte näher einzugehen. Da ist zunächst die unter Nr. 3 aufgeführte <u>Symmetrieeigenschaft der Fourier-Transformation:</u> <u>Aus</u> $f(t) \circ\!\!-\!\!\bullet F(\omega)$ <u>folgt</u> $F(t) \circ\!\!-\!\!\bullet 2\pi f(-\omega)$. Vertauscht man nämlich in

$$F(\omega) = \int_{-\infty}^{+\infty} f(t) e^{-j\omega t} dt$$

die Bezeichnungen t und ω, so erhält man

$$F(t) = \int_{-\infty}^{+\infty} f(\omega) e^{-jt\omega} d\omega \;.$$

Mit $v = -\omega$ wird daraus

$$F(t) = \int_{-\infty}^{+\infty} f(-v) e^{jtv} dv \;.$$

Schreibt man nachträglich wieder ω für v, so ergibt sich

$$F(t) = \frac{1}{2\pi} \int_{-\infty}^{+\infty} 2\pi f(-\omega) e^{jt\omega} d\omega \;.$$

Das ist aber wegen der Umkehrformel (10.5) gerade die Korrespondenz

$$F(t) \circ\!\!-\!\!\bullet 2\pi f(-\omega) \;.$$

Geht man also von einer gültigen Korrespondenz der Fourier-Transformation aus und vertauscht in ihr f und F, so entsteht wiederum eine gültige Korrespondenz, sofern man $-\omega$ statt ω nimmt und die neu entstandene Spektralfunktion mit 2π multipliziert.

Ein Beispiel mag den Zusammenhang erläutern. Bei der Behandlung der $\mathcal{L}_{II}$-Transformation (Abschnitt 10.1) hatten wir die Korrespondenz

$$e^{-a|t|} \circ\!\!-\!\!\bullet \frac{2a}{a^2-s^2} \tag{10.15}$$

hergeleitet. Da sie in $-a < \mathrm{Re}\, s < a$ gilt, ist sie speziell auch für

Re s = 0, also auf der j-Achse, gültig. Mit $s = j\omega$ erhalten wir daher aus (10.15) eine Korrespondenz der Fourier-Transformation:

$$f(t) = e^{-a|t|} \circ\!\!-\!\!\bullet \frac{2a}{a^2+\omega^2} = F(\omega) \ .$$

Wegen der Symmetrieeigenschaft muß gelten:

$$F(t) = \frac{2a}{a^2+t^2} \circ\!\!-\!\!\bullet 2\pi f(-\omega) = 2\pi e^{-a|\omega|} \ .$$

Damit ist eine neue Korrespondenz der Fourier-Transformation hergeleitet:

$$\frac{1}{t^2+a^2} \circ\!\!-\!\!\bullet \frac{\pi}{a} e^{-a|\omega|} \ . \qquad (10.16)$$

In der Tat ist

$$\frac{1}{2\pi} \int_{-\infty}^{+\infty} 2\pi e^{-a|\omega|} e^{j\omega t} d\omega = \int_{-\infty}^{0} e^{(a+jt)\omega} d\omega + \int_{0}^{\infty} e^{(-a+jt)\omega} d\omega =$$

$$= \frac{1}{a+jt} - \frac{1}{-a+jt} = \frac{2a}{a^2+t^2} \ .$$

Ein weiteres Beispiel: Wir hatten in (10.8) für den zeitlichen Rechteckimpuls die Korrespondenz

$$r_T(t) \circ\!\!-\!\!\bullet 2 \, \frac{\sin \omega T}{\omega}$$

hergeleitet. Mit der Symmetrieeigenschaft der Fourier-Transformation folgt daraus

$$2 \, \frac{\sin tT}{t} \circ\!\!-\!\!\bullet 2\pi r_T(\omega) \quad \text{oder}$$

$$\frac{\sin tT}{\pi t} \circ\!\!-\!\!\bullet r_T(\omega) \ .$$

Schreibt man ω_o für T, so hat man die neue Korrespondenz

$$\frac{\sin \omega_o t}{\pi t} \circ\!\!-\!\!\bullet r_{\omega_o}(\omega) = \begin{cases} 1 \ , & |\omega| < \omega_o \\ 0 \ , & |\omega| > \omega_o \end{cases} \ . \qquad (10.17)$$

Die direkte Auswertung des Fourierintegrals dieser Zeitfunktion mittels des Residuensatzes ist erheblich schwieriger. So kann die Ausnutzung der Symmetrieeigenschaft der Fourier-Transformation Rechenarbeit sparen.

Was die Darstellung von $F(\omega)$ in Nr. 9 der Tabelle 10/1 betrifft, so braucht man nur das Fourier-Integral ausführlich anzuschreiben. Mit

$f(t) = f_1(t) + jf_2(t)$ wird

$$F(\omega) = \int_{-\infty}^{+\infty} [f_1(t) + jf_2(t)]\,[\cos \omega t - j \sin \omega t]\,dt =$$

$$= \int_{-\infty}^{+\infty} [f_1(t) \cos \omega t + f_2(t) \sin \omega t]\,dt +$$

$$+ j \int_{-\infty}^{+\infty} [f_2(t) \cos \omega t - f_1(t) \sin \omega t]\,dt \; .$$

Ist <u>f(t) reell</u>, so wird $f_2(t) = 0$, $f_1(t) = f(t)$ und damit

$$F(\omega) = \int_{-\infty}^{+\infty} f(t) \cos \omega t \, dt - j \int_{-\infty}^{+\infty} f(t) \sin \omega t \, dt \; .$$

Ist zusätzlich $f(t)$ gerade, so ist die Funktion $f(t) \sin \omega t$ ungerade, so daß das zweite Integral Null wird. Da weiterhin $f(t) \cos \omega t$ eine gerade Funktion darstellt, hat man

$$F(\omega) = 2 \int_{0}^{\infty} f(t) \cos \omega t \, dt \; .$$

Entsprechend ist für ungerades $f(t)$

$$F(\omega) = -2j \int_{0}^{\infty} f(t) \sin \omega t \, dt \; .$$

Mit Hilfe der Umkehrformel erhält man ganz entsprechend die Darstellung von $f(t)$ in Nr. 10.

Die Abschätzung für $F(\omega)$ unter Nr. 11 der Tabelle 10/1 folgt sofort aus

$$|F(\omega)| \leqq \int_{-\infty}^{+\infty} |f(t)|\,dt \; .$$

Ist nämlich $f(t) \geqq 0$, so gilt $|f(t)| = f(t)$ und damit

$$|F(\omega)| \leqq \int_{-\infty}^{+\infty} f(t)dt \; .$$

Da aus $F(\omega) = \int_{-\infty}^{+\infty} f(t)e^{-j\omega t}dt$

$$F(0) = \int_{-\infty}^{+\infty} f(t)dt$$

folgt, hat man so

$$|F(\omega)| \leqq F(0) \; .$$

Schließlich noch einige Bemerkungen zu Nr. 13 der Tabelle. Bekanntlich kann man jede Funktion $f(t)$ in einen geraden und einen ungeraden Bestandteil zerlegen, wie dies in der Tabelle angegeben ist. Dann folgt z.B. für $f_g(t)$ wegen Nr. 2:

$$\mathcal{F}\{f_g(t)\} = \frac{1}{2}\,F(\omega) + \frac{1}{2}\,F(-\omega) = \frac{1}{2}\,[R(\omega)+jI(\omega)] + \frac{1}{2}\,[R(-\omega)+jI(-\omega)] \; .$$

Nach Nr. 6 der Tabelle ist R gerade und I ungerade, also $R(-\omega) = R(\omega)$, $I(-\omega) = -I(\omega)$ und damit

$$\mathcal{F}\{f_g(t)\} = R(\omega) \; .$$

Wegen Nr. 9 und 10 folgt daraus weiter, da sowohl $f_g(t)$ als auch $R(\omega)$ reell und gerade:

$$R(\omega) = 2\int_{0}^{\infty} f_g(t)\cos\,\omega t\;dt \; ,$$

$$f_g(t) = \frac{1}{\pi}\int_{0}^{\infty} R(\omega)\cos\,\omega t\;d\omega \; .$$

Entsprechend erhält man die Beziehungen zu $f_u(t)$ in Nr. 13.

10.4 Rechenregeln der Fourier-Transformation

Wie bei der Laplace-Transformation gibt es auch bei der Fourier-Transformation Rechenregeln, die angeben, wie eine Operation im Zeitbereich sich im Frequenzbereich widerspiegelt. Sie sind in der Tabelle 10/2 (am Ende von Kapitel 10) zusammengestellt. Da sie den Rechenregeln der Laplace-Transformation weitgehend entsprechen, können wir uns auf einige Anmerkungen beschränken.

Bei der "Differentiation der Zeitfunktion" ist die gewöhnliche Differentiation gemeint. Die Differentiationsregel hat hier nicht die Bedeutung wie bei der Laplace-Transformation. Der "Integration der Zeitfunktion" entspricht im Bildbereich keine so einfache Operation wie bei der Laplace-Transformation. Die Herleitung dieser Regel wird im folgenden Abschnitt gebracht.

Die Operation "Glätten der Originalfunktion", welche in einer Mittelwertbildung um die Stelle t besteht, wurde bei der Laplace-Transformation nicht gebracht. Ihre Übersetzung in den Bildbereich kann leicht mittels der vorangegangenen Integrationsregel erfolgen. Zunächst ist

$$\frac{1}{2T}\int_{t-T}^{t+T} f(\tau)d\tau = \frac{1}{2T}\left\{\int_{-\infty}^{t+T} f(\tau)d\tau - \int_{-\infty}^{t-T} f(\tau)d\tau\right\}. \qquad (10.18)$$

Ersetzt man in

$$\int_{-\infty}^{t} f(\tau)d\tau \circ\!\!-\!\!\bullet \frac{F(\omega)}{j\omega} + \pi F(0)\delta(\omega)$$

t durch t+T und wendet die Regel für die Zeitverschiebung an, so erhält man

$$\int_{-\infty}^{t+T} f(\tau)d\tau \circ\!\!-\!\!\bullet e^{j\omega T}\left[\frac{F(\omega)}{j\omega} + \pi F(0)\delta(\omega)\right].$$

Nun ist generell

$$f(t)\delta(t-t_o) = f(t_o)\delta(t-t_o) , \qquad (10.19)$$

weil ja $\delta(t-t_o)$ außer in $t = t_o$ überall verschwindet. Daher ist im vorliegenden Fall $e^{j\omega T}\delta(\omega) = \delta(\omega)$, und somit gilt

$$\int_{-\infty}^{t+T} f(\tau)d\tau \circ\!\!-\!\!\bullet e^{j\omega T}\frac{F(\omega)}{j\omega} + \pi F(0)\delta(\omega) .$$

Ganz entsprechend ist

$$\int_{-\infty}^{t-T} f(\tau)d\tau \quad \circ\!\!-\!\!\bullet \quad e^{-j\omega T} \frac{F(\omega)}{j\omega} + \pi F(0)\delta(\omega) \ .$$

Mittels der letzten beiden Korrespondenzen wird aus (10.18)

$$\frac{1}{2T} \int_{t-T}^{t+T} f(\tau)d\tau \quad \circ\!\!-\!\!\bullet \quad \frac{F(\omega)}{2Tj\omega} (e^{j\omega T}-e^{-j\omega T}) = \frac{F(\omega)}{\omega T} \sin \omega T \ .$$

Aus der letzten der in der Tabelle 10/2 angegebenen Rechenregeln läßt sich eine viel benutzte Beziehung zwischen zwei Zeitfunktionen und ihren Spektralfunktionen herleiten. Ausführlich geschrieben lautet die Regel der komplexen Faltung

$$\mathcal{F}\{f_1(t)f_2(t)\} = \frac{1}{2\pi} F_1(\omega)*F_2(\omega)$$

oder

$$\int_{-\infty}^{+\infty} f_1(t)f_2(t)e^{-j\omega t}dt = \frac{1}{2\pi} \int_{-\infty}^{+\infty} F_1(v)F_2(\omega-v)dv \ .$$

Für $\omega = 0$ wird daraus

$$\int_{-\infty}^{+\infty} f_1(t)f_2(t)dt = \frac{1}{2\pi} \int_{-\infty}^{+\infty} F_1(v)F_2(-v)dv \ . \qquad (10.20)$$

Ersetzt man hierin $f_2(t)$ durch die konjugiert komplexe Funktion $\bar{f}_2(t)$, so ist nach Tabelle 10/1 an Stelle von $F_2(\omega)$ die Funktion $\bar{F}_2(-\omega)$ zu nehmen. Damit wird aus (10.20)

$$\int_{-\infty}^{+\infty} f_1(t)\bar{f}_2(t)dt = \frac{1}{2\pi} \int_{-\infty}^{+\infty} F_1(\omega)\bar{F}_2(\omega)d\omega \ , \qquad (10.21)$$

wenn man nachträglich v wieder durch ω ersetzt. Diese Beziehung wird als Parsevalsche Gleichung bezeichnet.

Da man den Ausdruck

$$\int_{-\infty}^{+\infty} \varphi_1(t)\bar{\varphi}_2(t)dt = (\varphi_1, \varphi_2)$$

auch als skalares oder inneres Produkt der beiden Funktionen φ_1, φ_2 bezeichnet, kann man die Parsevalsche Gleichung in der Form

$$(f_1, f_2) = \frac{1}{2\pi} (F_1, F_2)$$

schreiben. Sie bringt dann zum Ausdruck, daß das skalare Produkt bei der Fourier-Transformation nur um den festen Faktor $\frac{1}{2\pi}$ geändert wird.

Speziell für $f_1 = f_2 = f$ wird aus (10.21) wegen $f\bar{f} = |f|^2$

$$\int_{-\infty}^{+\infty} |f(t)|^2 dt = \frac{1}{2\pi} \int_{-\infty}^{+\infty} |F(\omega)|^2 d\omega \ . \qquad (10.22)$$

Da

$$\sqrt{\int_{-\infty}^{+\infty} |\varphi(t)|^2 dt} = ||\varphi||$$

die Norm der Funktion φ genannt wird, kann man (10.22) auf die Form

$$||f|| = \frac{1}{\sqrt{2\pi}} ||F|| \qquad (10.23)$$

bringen. D.h.: Die Norm bleibt bei der Fourier-Transformation bis auf den festen Faktor $\frac{1}{\sqrt{2\pi}}$ erhalten.

Handelt es sich um eine reelle Funktion $f(t)$, so geht (10.22) wegen $|f(t)|^2 = (f(t))^2$ in

$$\int_{-\infty}^{+\infty} (f(t))^2 dt = \frac{1}{2\pi} \int_{-\infty}^{+\infty} |F(\omega)|^2 d\omega \qquad (10.24)$$

über. Eine physikalische Deutung der hierin vorkommenden Terme erhält man durch die Vorstellung, daß $f(t)$ der an einem Widerstand von 1Ω auftretende Spannungsverlauf ist. Dann stellt $(f(t))^2$ die am Widerstand abgegebene Leistung dar und $\int_{-\infty}^{+\infty} (f(t))^2 dt$ die gesamte dort abgegebene Energie. Deshalb heißt $|F(\omega)|^2$ auch das Energiespektrum oder die spektrale Energiedichte. Diese ist somit das Quadrat der Amplitudendichte.

Wie schon bei der Laplace-Transformation kann man mittels der Rechenregeln aus bekannten Korrespondenzen neue herleiten. Dafür seien zwei Beispiele gebracht. Als erstes betrachten wir den im Bild 10/6 wiedergegebenen Doppelrechteckimpuls. Bezeichnet $r_{T/2}(t)$ den Rechteckimpuls, welcher von $-\frac{T}{2}$ bis $+\frac{T}{2}$ die Höhe 1 hat, sonst aber Null ist, so kann der Doppelrechteckimpuls f(t) durch

$$f(t) = r_{T/2}(t - \tfrac{T}{2}) - r_{T/2}(t + \tfrac{T}{2}) \qquad (10.25)$$

beschrieben werden.

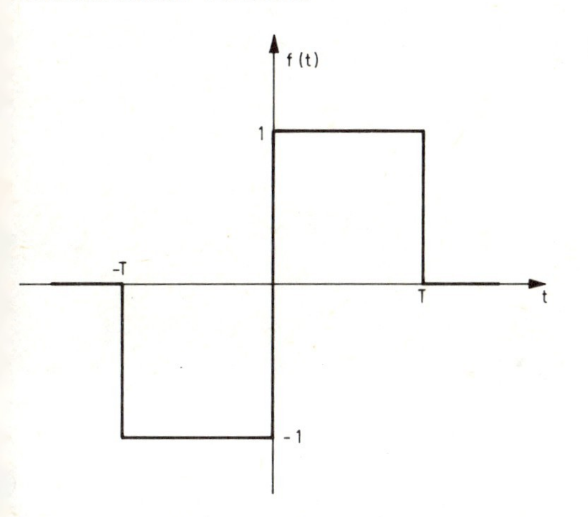

Bild 10/6 Doppelrechteckimpuls

Nun gilt nach (10.8)

$$r_{T/2}(t) \circ\!\!-\!\!\bullet\; 2\,\frac{\sin \frac{T}{2}\omega}{\omega} \qquad (10.26)$$

Nach der Verschiebungsregel im Zeitbereich folgt daraus

$$r_{T/2}(t - \tfrac{T}{2}) \circ\!\!-\!\!\bullet\; 2\,\frac{\sin \frac{T}{2}\omega}{\omega}\, e^{-j\omega\frac{T}{2}} ,$$

$$r_{T/2}(t + \tfrac{T}{2}) \circ\!\!-\!\!\bullet\; 2\,\frac{\sin \frac{T}{2}\omega}{\omega}\, e^{j\omega\frac{T}{2}}$$

und damit aus (10.25)

$$F(\omega) = 2\,\frac{\sin \frac{T}{2}\omega}{\omega}\left(e^{-j\omega\frac{T}{2}} - e^{j\omega\frac{T}{2}}\right),$$

$$F(\omega) = -4j\,\frac{\sin^2 \frac{T}{2}\omega}{\omega} . \qquad (10.27)$$

Dies ist also die Spektraldichte zum Doppelrechteckimpuls.

Als zweites Beispiel betrachten wir den mit dem Rechteckimpuls $r_T(t)$ modulierten Cosinus (Bild 10/7):

$$f(t) = r_T(t)\cos \omega_o t \; .$$

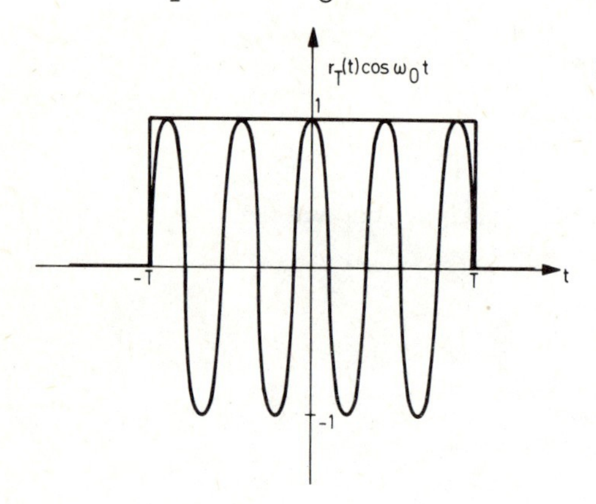

Bild 10/7 Modulation des Cosinus durch einen Rechteckimpuls

Es ist also

$$f(t) = \frac{1}{2}\, r_T(t)e^{j\omega_o t} + \frac{1}{2}\, r_T(t)e^{-j\omega_o t} \; .$$

Aus (10.8) folgt daraus durch Anwendung des Verschiebungssatzes im Frequenzbereich

$$r_T(t)e^{j\omega_o t} \quad \circ\!\!-\!\!\bullet \quad 2\,\frac{\sin T(\omega+\omega_o)}{\omega+\omega_o} \; ,$$

$$r_T(t)e^{-j\omega_o t} \quad \circ\!\!-\!\!\bullet \quad 2\cdot\frac{\sin T(\omega-\omega_o)}{\omega-\omega_o} \; .$$

Damit gilt

$$f(t) = r_T(t)\cos \omega_o t \quad \circ\!\!-\!\!\bullet \quad \frac{\sin T(\omega+\omega_o)}{\omega+\omega_o} + \frac{\sin T(\omega-\omega_o)}{\omega-\omega_o} \; . \qquad (10.28)$$

10.5 Korrespondenzen der Fourier-Transformation

Im vorhergehenden wurde bereits eine Anzahl von Korrespondenzen der Fourier-Transformation hergeleitet. Sie sind in einer Tabelle 10/3 (am Schluß von Kapitel 10) zusammengestellt, vermehrt um einige weitere, die mit der δ-Funktion zusammenhängen. Eine solche Berücksichtigung der δ-Funktion läßt sich hier noch weit weniger vermeiden als bei der Laplace-Transformation, was daran liegt, daß das Fourier-Integral bereits bei ganz geläufigen Funktionen wie dem Einheitssprung $\sigma(t)$, $\sin \omega_o t$ und dergleichen im üblichen Sinn nicht konvergent ist und ihm erst durch Hinzunahme der δ-Funktion ein Sinn beigelegt werden kann. Es muß allerdings darauf hingewiesen werden, daß die naive Auffassung der δ-Funktion als eines hohen und schmalen Impulses hierbei an der Grenze ihrer Leistungsfähigkeit angelangt ist. Für ein eingehenderes Studium der Fourier-Transformation ist die Theorie der Distributionen erforderlich. Für eine solche tiefergehende Darstellung sei auf [7] verwiesen.

Was zunächst die Fourier-Transformation der δ-Funktion selbst betrifft, so gilt wegen (2.19)

$$\mathcal{F}\{\delta(t+\alpha)\} = \int_{-\infty}^{+\infty} \delta(t+\alpha)\, e^{-j\omega t} dt = e^{-j\omega(-\alpha)} \quad \text{oder}$$

$$\delta(t+\alpha) \circ\!\!-\!\!\bullet\; e^{j\omega\alpha} \; . \qquad (10.29)$$

Daraus folgt wegen der Symmetrieeigenschaft der Fourier-Transformation

$$e^{jt\alpha} \circ\!\!-\!\!\bullet\; 2\pi\delta(-\omega+\alpha) = 2\pi\delta(\omega-\alpha) \; ,$$

letzteres deshalb, weil die δ-Funktion eine gerade Funktion ist. Schreibt man jetzt ω_o statt α, so hat man die Korrespondenz

$$e^{j\omega_o t} \circ\!\!-\!\!\bullet\; 2\pi\delta(\omega-\omega_o) \; . \qquad (10.30)$$

Die Spektralfunktion der harmonischen Schwingung $e^{j\omega_o t}$ ist also überall Null, außer an der Stelle $\omega = \omega_o$, wo sie unendlich groß wird. Das ist physikalisch einleuchtend. Die Spektralfunktion von f(t) gibt ja allgemein an, welche harmonischen Schwingungen am Aufbau von f(t) beteiligt sind. Im vorliegenden Fall ist die Zeitfunktion selbst eine harmonische Schwingung mit der Frequenz ω_o. Es liegt auf der Hand, daß in ihr keine weiteren harmonischen Anteile enthalten sind. Daher ist ihre Spektralfunktion überall Null, außer an der Stelle ω_o, wo sie unendlich groß wird, da an dieser Stelle gewissermaßen das gesamte Spektrum konzentriert ist. Das ist völlig entsprechend wie bei einer Massenverteilung: Ist die Masse in einem Punkt konzentriert, so wird dort die Dichte unendlich groß.

Man kann (10.30) ohne weiteres verifizieren:

$$\frac{1}{2\pi} \int_{-\infty}^{+\infty} 2\pi\delta(\omega-\omega_o) \cdot e^{j\omega t} d\omega = e^{j\omega_o t} \; .$$

Speziell für $\alpha = 0$ folgt aus (10.29)

$$\delta(t) \circ\!\!-\!\!\bullet\ 1 \ . \tag{10.31}$$

Das heißt: Die Spektralfunktion eines sehr kurzen Zeitimpulses ist konstant über der gesamten ω-Achse. Entsprechend folgt für $\omega_o = 0$ aus (10.30)

$$1 \circ\!\!-\!\!\bullet\ 2\pi\delta(\omega) \ . \tag{10.32}$$

Die Spektralfunktion einer überall konstanten Zeitfunktion ist also die δ-Funktion (mit dem Faktor 2π). Während die Beziehung (10.31) mit der entsprechenden Korrespondenz der Laplace-Transformation übereinstimmt, hat (10.32) dort kein Analogon. Beide Korrespondenzen der Fourier-Transformation demonstrieren, und zwar in extremer Weise, die oben erwähnte Reziprozität von Zeit und Frequenz: Zu einem kurzdauernden Zeitsignal gehört eine ausgedehnte Spektralfunktion und umgekehrt.

Wir wollen nun versuchen, die Fourier-Transformation des Einheitssprunges $\sigma(t)$ zu bestimmen. Die direkte Ausrechnung ist nicht in der üblichen Weise durchführbar, weil das Integral nur noch im Sinn der Distributionentheorie existiert. Wir müssen deshalb einen Umweg einschlagen. Von der Laplace-Transformation her ist die Korrespondenz

$$\frac{1}{s} \bullet\!\!\overset{\mathcal{L}}{-}\!\!\circ\ \sigma(t)$$

geläufig. Wir gehen deshalb bei der Fourier-Transformation von $\frac{1}{j\omega}$ aus und fragen nach der Originalfunktion:

$$\frac{1}{j\omega} \bullet\!\!\overset{\mathcal{F}}{-}\!\!\circ\ ?$$

Um die Frage zu beantworten, gehen wir von dem Umkehrintegral

$$f(t) = \frac{1}{2\pi} \int_{-\infty}^{\infty} \frac{e^{tj\omega}}{j\omega}\, d\omega = \frac{1}{2\pi j} \int_{-j\infty}^{j\infty} \frac{e^{tj\omega}}{j\omega}\, d(j\omega) \tag{10.33}$$

aus und berechnen es mit dem Residuensatz gemäß den Anweisungen im Abschnitt 8.3. Wir wählen eine geschlossene Kurve (Bild 10/8), die aus dem großen Halbkreis H_n um 0 mit dem Radius R_n, dem kleinen Halbkreis h_n um 0 mit dem Radius ρ_n und den zwischen beiden gelegenen Strecken der j-Achse besteht, die zusammen mit g_n bezeichnet seien. Der kleine Halbkreis h_n ist notwendig, um den Pol s = 0 des Integranden $\frac{e^{ts}}{s}$ zu umgehen, denn <u>auf</u> dem Integrationsweg des Residuensatzes (Abschnitt 7.2) dürfen keine Pole des Integranden liegen. Da es keine Pole <u>innerhalb</u> der geschlossenen Kurve gibt, ist nach dem Residuensatz

$$\frac{1}{2\pi j} \int_{g_n} \frac{e^{tj\omega}}{j\omega} \, d(j\omega) + \frac{1}{2\pi j} \int_{H_n} \frac{e^{ts}}{s} \, ds + \frac{1}{2\pi j} \int_{h_n} \frac{e^{ts}}{s} \, ds = 0 . \qquad (10.34)$$

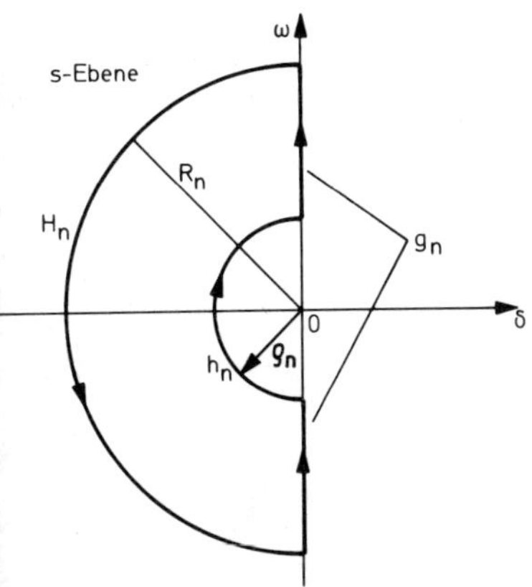

Bild 10/8 Zur Anwendung der Umkehrformel auf $F(j\omega) = \frac{1}{j\omega}$

Lassen wir nun $R_n \to +\infty$ und $\rho_n \to 0$ gehen, so geht g_n in die j-Achse über und das erste Integral strebt gegen

$$\frac{1}{2\pi j} \int_{-j\infty}^{j\infty} \frac{e^{tj\omega}}{j\omega} \, d(j\omega) = f(t) .$$

Auf das zweite Integral in (10.34) wenden wir das Jordansche Lemma an (Abschnitt 8.3). Auf H_n gilt:

$$|F(s)| = \left|\frac{1}{s}\right| = \frac{1}{R_n} = M_n \to 0 \quad \text{für} \quad n \to +\infty .$$

Da somit die Voraussetzung des Jordanschen Lemmas erfüllt ist, geht das Integral längs H_n gegen Null für $n \to +\infty$, <u>und zwar für jedes $t > 0$</u>.

Bleibt das dritte Integral in (10.34) zu untersuchen. Auf h_n ist

$$s = \rho_n e^{j\varphi}, \text{ also } ds = \rho_n j \, e^{j\varphi} d\varphi .$$

Damit wird

$$\frac{1}{2\pi j} \int_{h_n} \frac{e^{ts}}{s} \, ds = \frac{1}{2\pi} \int_{-\frac{\pi}{2}}^{-\frac{3}{2}\pi} e^{t\rho_n e^{j\varphi}} \, d\varphi .$$

Daraus wird für $\rho_n \to 0$:

$$\frac{1}{2\pi} \int_{-\frac{\pi}{2}}^{-\frac{3}{2}\pi} 1 d\varphi = -\frac{1}{2} .$$

Somit wird aus (10.34)

$$f(t) - \frac{1}{2} = 0 \quad \text{oder} \quad f(t) = \frac{1}{2} .$$

Dies gilt für $t > 0$.

Ganz entsprechend zeigt man für $t < 0$, indem man die geschlossene Kurve von Bild 10/8 auf die rechte Seite der j-Achse legt und dann das Jordansche Lemma für $t < 0$ anwendet, daß

$$f(t) = -\frac{1}{2} \quad \text{für} \quad t < 0 .$$

Dies folgt aber auch sofort aus der Tatsache, daß $F(j\omega) = \frac{1}{j\omega}$ ungerade ist. Dann muß nach Tabelle 10/1, Nr. 5 auch $f(t)$ ungerade sein.

Man hat so das Resultat (Bild 10/9)

$$\frac{1}{j\omega} \bullet\!\!-\!\!\circ\; f(t) = \begin{cases} -\frac{1}{2}, & t < 0 \\ \frac{1}{2}, & t > 0 \end{cases} . \tag{10.35}$$

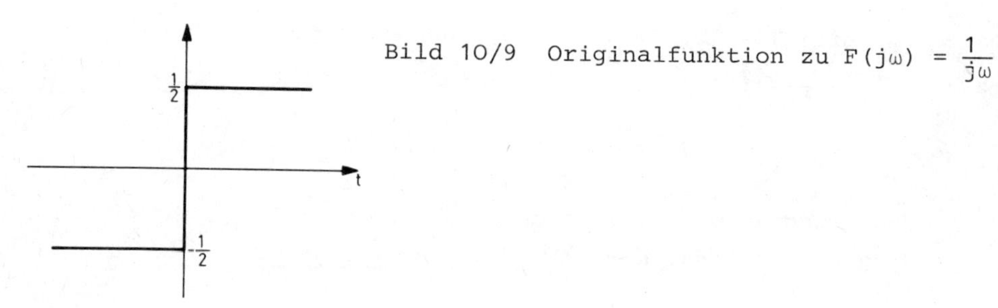

Bild 10/9 Originalfunktion zu $F(j\omega) = \frac{1}{j\omega}$

Mittels der <u>Signum- oder Vorzeichenfunktion</u>

$$\operatorname{sgn} t = \begin{cases} -1, & t < 0 \\ 1, & t > 0 \end{cases} \tag{10.36}$$

kann man $f(t) = \frac{1}{2} \operatorname{sgn} t$ schreiben. Aus (10.35) wird so

$$\operatorname{sgn} t \;\circ\!\!-\!\!\bullet\; \frac{2}{j\omega} . \tag{10.37}$$

Die Originalfunktion zu $\frac{1}{j\omega}$ ist also nicht der Einheitssprung, sondern eine Signum-Funktion. Zwischen beiden besteht aber ein einfacher Zusammenhang, wie man aus Bild 10/9 abliest:

$$\sigma(t) = \frac{1}{2} \operatorname{sgn} t + \frac{1}{2} .$$

Daraus folgt

$$\mathcal{F}\{\sigma(t)\} = \frac{1}{2}\mathcal{F}\{\mathrm{sgn}\ t\} + \frac{1}{2}\mathcal{F}\{1\}\ ,$$

also wegen (10.37) und (10.32):

$$\sigma(t) \ \circ\!\!-\!\!\bullet\ \frac{1}{j\omega} + \pi\delta(\omega)\ . \tag{10.38}$$

Es seien noch zwei Anwendungen der Korrespondenzen (10.37) und (10.38) gebracht. Aus (10.37) folgt wegen der Umkehrformel

$$\mathrm{sgn}\ t = \frac{1}{2\pi}\int_{-\infty}^{+\infty}\frac{2}{j\omega}\, e^{j\omega t}d\omega = \frac{1}{\pi}\int_{-\infty}^{+\infty}\frac{1}{j\omega}\, e^{j\omega t}d\omega\ , \quad \text{also}$$

$$\mathrm{sgn}(-t) = \frac{1}{\pi}\int_{-\infty}^{+\infty}\frac{1}{j\omega}\, e^{-j\omega t}d\omega\ .$$

Da die Signum-Funktion ungerade ist, gilt sgn t - sgn(-t) = 2 sgn t und damit

$$2\ \mathrm{sgn}\ t = \frac{1}{\pi}\int_{-\infty}^{+\infty}\frac{1}{j\omega}\,(e^{j\omega t}-e^{-j\omega t})d\omega\ , \quad \text{also}$$

$$\mathrm{sgn}\ t = \frac{1}{\pi}\int_{-\infty}^{+\infty}\frac{\sin\omega t}{\omega}\, d\omega\ . \tag{10.39}$$

Speziell für t = 1 folgt daraus wegen sgn1 = 1:

$$\pi = \int_{-\infty}^{+\infty}\frac{\sin\omega}{\omega}\, d\omega\ ,$$

womit man dieses häufig auftretende nichtelementare Integral berechnet hat.

Weiterhin können wir jetzt mittels (10.38) die Integrationsregel in Tabelle 10/2 herleiten. Zunächst ist nach der Definition des Faltungsintegrals, wie sie bei der Fourier-Transformation zugrunde zu legen ist,

$$f(t)*\sigma(t) = \int_{-\infty}^{+\infty} f(\tau)\sigma(t-\tau)d\tau\ . \tag{10.40}$$

Da der Einheitssprung für negative Werte seines Argumentes verschwindet, ist $\sigma(t-\tau) = 0$ für $\tau > t$. Wir können daher für (10.40) schreiben

$$f(t) * \sigma(t) = \int_{-\infty}^{t} f(\tau)\,d\tau \ .$$

Nach der Faltungsregel der Fourier-Transformation folgt daraus

$$\mathcal{F}\left\{ \int_{-\infty}^{t} f(\tau)\,d\tau \right\} = \mathcal{F}\{f(t) * \sigma(t)\} = F(\omega) \cdot \mathcal{F}\{\sigma(t)\} \ .$$

Mit (10.38) ist daher

$$\mathcal{F}\left\{ \int_{-\infty}^{t} f(\tau)\,d\tau \right\} = \frac{F(\omega)}{j\omega} + \pi F(\omega)\,\delta(\omega) \ ,$$

also gemäß (10.19)

$$\mathcal{F}\left\{ \int_{-\infty}^{t} f(\tau)\,d\tau \right\} = \frac{F(\omega)}{j\omega} + \pi F(0)\,\delta(\omega) \ .$$

Abschließend noch eine allgemeine Bemerkung zur Fourier-Transformation. Von der physikalischen Anschauung her ist die Fourier-Transformation eine sehr naheliegende Begriffsbildung. Denn nichts ist natürlicher als der Versuch, eine Zeitfunktion aus harmonischen Schwingungen aufzubauen, wie das im Umkehrintegral geschieht. Eine so suggestive Deutung ist bei der Laplace-Transformation nicht möglich.

Betrachtet man aber die Rechnungen im vorliegenden Abschnitt, so muß es auffallen, daß die Bestimmung der Fourier-Transformierten einer so simplen Funktion wie des Einheitssprunges relativ mühsam ist und zu einem den Rahmen der konventionellen Funktionen überschreitenden Resultat führt - sehr zum Unterschied von der Laplace-Transformation, wo solche Schwierigkeiten nicht auftreten. Dieses Beispiel deutet eine Tatsache an, die auch sonst durchgängig festzustellen ist, z.B. bei den Voraussetzungen zu den Rechenregeln, daß nämlich die Fourier-Transformation vom mathematischen Standpunkt aus erheblich komplizierter ist als die Laplace-Transformation. Es liegt dies daran, daß das Fourier-Integral vielfach den Randwert des Laplace-Integrals bildet, insofern das Laplace-Integral auf dem Rand seines Konvergenzbereiches in das Fourier-Integral übergeht. Das ist beispielsweise bei den Funktionen $\sigma(t)$ und sin ωt der Fall. Randwerte haben aber stets kompliziertere Eigenschaften als Funktionswerte im Innern des Konvergenzbereiches. Man denke nur an die Potenzreihen, die im Innern ihres Konvergenzkreises holomorphe Funktionen darstellen, während auf dem Rand nicht einmal die Konvergenz gesichert ist.

Nachdem im vorhergehenden die wichtigsten allgemeinen Eigenschaften der Fourier-Transformation behandelt wurden, soll in den letzten Kapiteln die Fourier-Transformation von zwei speziellen, in den Anwendungen häufig auftretenden Funktionstypen untersucht werden.

Tabelle 10/1 Eigenschaften der Fourier-Transformation

Fourier-Integral: $F(\omega) = \int_{-\infty}^{+\infty} f(t)e^{-j\omega t}dt$

Umkehrformel: $f(t) = \frac{1}{2\pi} \int_{-\infty}^{+\infty} F(\omega)e^{j\omega t}d\omega$

Bezeichnung: $f(t)$ ○—● $F(\omega)$

1.	$\bar{f}(t)$ ○—● $\bar{F}(-\omega)$ ($\bar{f}$ bzw. $\bar{F}$ konjugiert komplex zu f bzw. F)
2.	$f(-t)$ ○—● $F(-\omega)$
3.	$F(t)$ ○—● $2\pi f(-\omega)$ (Symmetrieeigenschaft)
4.	f gerade, d.h. $f(-t) = f(t) \Leftrightarrow F(\omega)$ gerade, d.h. $F(-\omega) = F(\omega)$
5.	f ungerade, d.h. $f(-t) = -f(t) \Leftrightarrow F(\omega)$ ungerade, d.h. $F(-\omega) = -F(\omega)$
6.	f reell $\Rightarrow$ Re $F(\omega)$ gerade, Im $F(\omega)$ ungerade
7.	f reell und gerade $\Leftrightarrow F(\omega)$ reell und gerade
8.	f reell und ungerade $\Leftrightarrow F(\omega)$ imaginär und ungerade
9.	f reell, gerade: $F(\omega) = 2 \int_{0}^{\infty} f(t)\cos \omega t\, dt$ f reell, ungerade: $F(\omega) = -2j \int_{0}^{\infty} f(t)\sin \omega t\, dt$

10.	F reell, gerade: $f(t) = \frac{1}{\pi}\int_0^{\infty} F(\omega)\cos\omega t\,d\omega$ F reell, ungerade: $f(t) = \frac{j}{\pi}\int_0^{\infty} F(\omega)\sin\omega t\,d\omega$
11.	$f(t) \geqq 0 \Longrightarrow \lvert F(\omega)\rvert \leqq F(0)$
12.	$F(\omega) \to 0$ für $\omega \to \pm\infty$, falls $\int_{-\infty}^{+\infty} \lvert f(t)\rvert dt < \infty$
13.	$f(t)$ reell $\circ\!\!-\!\!\bullet$ $F(\omega) = R(\omega) + jI(\omega)$ $f(t) = f_g(t) + f_u(t)$ mit $f_g(t) = \frac{1}{2}[f(t)+f(-t)]$, gerader Anteil von $f(t)$, $f_u(t) = \frac{1}{2}[f(t)-f(-t)]$, ungerader Anteil von $f(t)$. $\Downarrow$ $f_g(t) \circ\!\!-\!\!\bullet R(\omega)$ mit $f_g(t) = \frac{1}{\pi}\int_0^{\infty} R(\omega)\cos\omega t\,d\omega$, $R(\omega) = 2\int_0^{\infty} f_g(t)\cos\omega t\,dt$, $f_u(t) \circ\!\!-\!\!\bullet jI(\omega)$ mit $f_u(t) = -\frac{1}{\pi}\int_0^{\infty} I(\omega)\sin\omega t\,d\omega$, $I(\omega) = -2\int_0^{\infty} f_u(t)\sin\omega t\,dt$

Tabelle 10/2 Rechenregeln der Fourier-Transformation

Voraussetzung: $\int_{-\infty}^{+\infty} |f(t)|\,dt < \infty$

Benennung der Operation	Operation mit den Zeitfunktionen	Operation mit den Spektralfunktionen	Besondere Voraussetzungen
Maßstabsänderung	$f(at)$ a reell $\neq 0$ $F(a\omega)$	$\frac{1}{\lvert a\rvert} F(\frac{\omega}{a})$ $\frac{1}{\lvert a\rvert} f(\frac{t}{a})$	
Zeitverschiebung	$f(t-a)$ a beliebig reell	$e^{-j\omega a} F(\omega)$	
Modulation einer Trägerschwingung (Frequenzverschiebung)	$e^{j\omega_o t} f(t)$ ω_o beliebig reell	$F(\omega-\omega_o)$	
Differentiation der Zeitfunktion	$f^{(n)}(t)$	$(j\omega)^n F(\omega)$	$\int_{-\infty}^{+\infty} \lvert f^{(n)}(t)\rvert\,dt < \infty$ oder $\lim_{t \to \pm\infty} f^{(\nu)}(t) = 0$, $\nu = 0,1,\dots,n-1$
Differentiation der Spektraldichte	$(-jt)^n f(t)$	$F^{(n)}(\omega)$	
Integration der Zeitfunktion	$\int_{-\infty}^{t} f(\tau)\,d\tau$	$\frac{F(\omega)}{j\omega} + \pi F(0)\,\delta(\omega)$	
Glätten der Originalfunktion	$\frac{1}{2T} \int_{t-T}^{t+T} f(\tau)\,d\tau$	$F(\omega)\,\frac{\sin \omega T}{\omega T}$	
Faltung der Zeitfunktionen	$f_1 * f_2 =$ $= \int_{-\infty}^{+\infty} f_1(\tau) f_2(t-\tau)\,d\tau$	$F_1(\omega) \cdot F_2(\omega)$	Mindestens eine der beiden Zeitfunktionen für alle t beschränkt
Multiplikation der Zeitfunktionen (komplexe Faltung)	$f_1(t) \cdot f_2(t)$	$\frac{1}{2\pi} F_1(\omega) * F_2(\omega)$	$\int_{-\infty}^{+\infty} \lvert f_\nu(t)\rvert^2 dt < \infty$; $\nu = 1,2$.

Tabelle 10/3 Korrespondenzen zur Fourier-Transformation

$$F(\omega) = \int_{-\infty}^{\infty} f(t)e^{-j\omega t}dt, \quad f(t) = \frac{1}{2\pi}\int_{-\infty}^{\infty} F(\omega)e^{j\omega t}d\omega$$

	Zeitfunktion f(t) 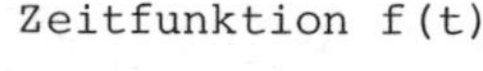	Spektraldichte F(ω)
1	$r_T(t)$ 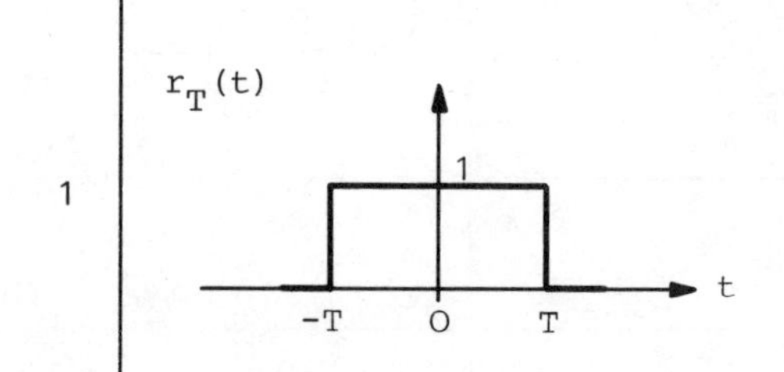	$2\,\frac{\sin \omega T}{\omega} = 2T \text{ si } T\omega$ 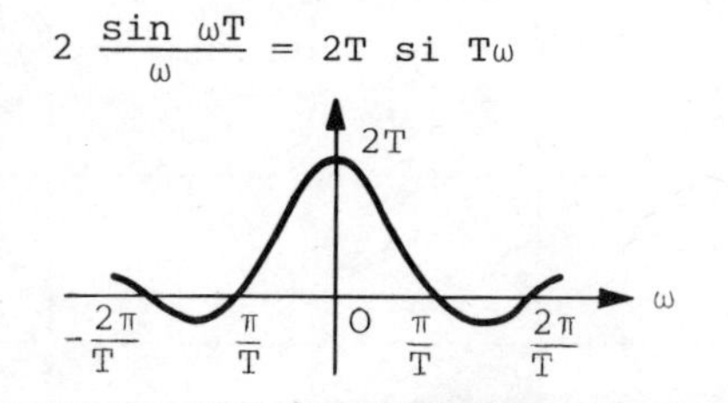
2	$\frac{\sin \omega_o t}{t}$ 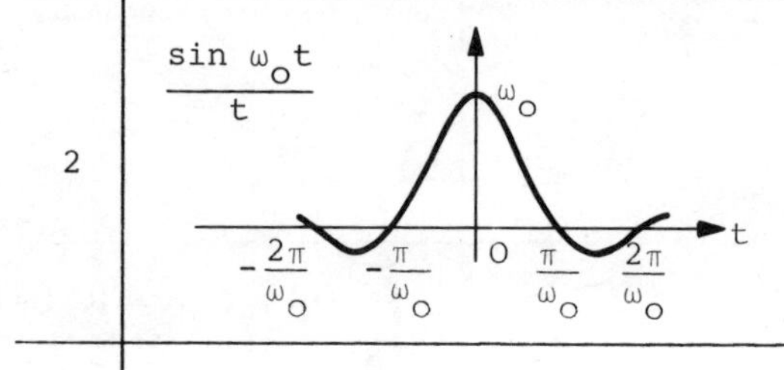	$\pi r_{\omega_o}(\omega)$ 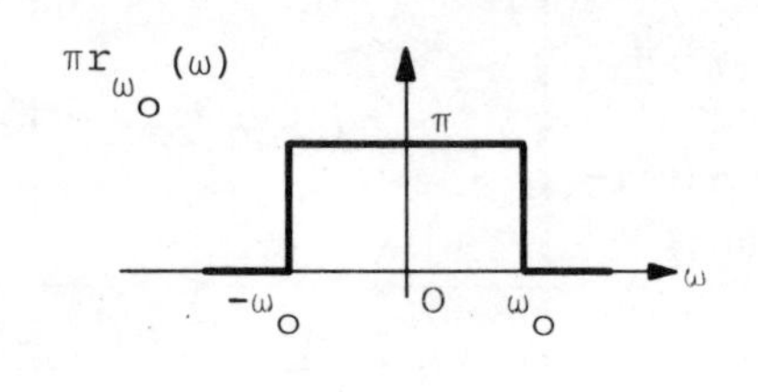
3	$d_T(t)$ 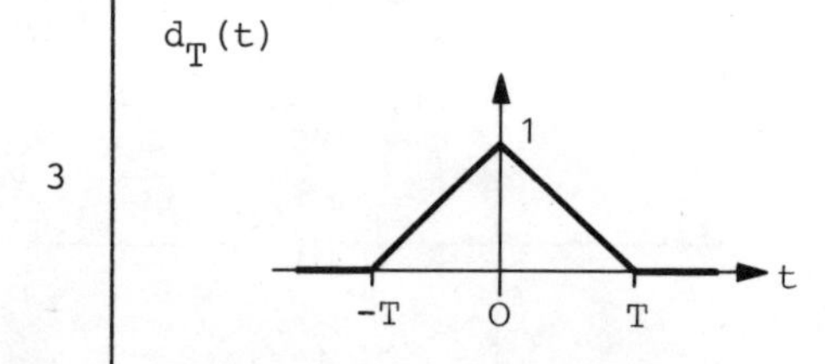	$T\left(\frac{\sin \frac{T\omega}{2}}{\frac{T\omega}{2}}\right)^2$ 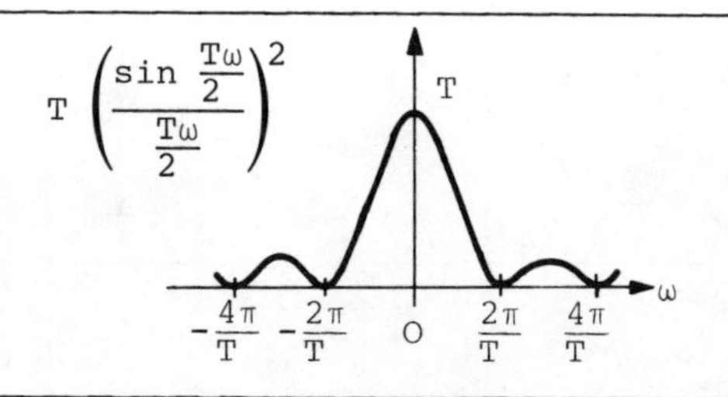
4	$r_{T/2}(t - \frac{T}{2}) - r_{T/2}(t + \frac{T}{2})$ 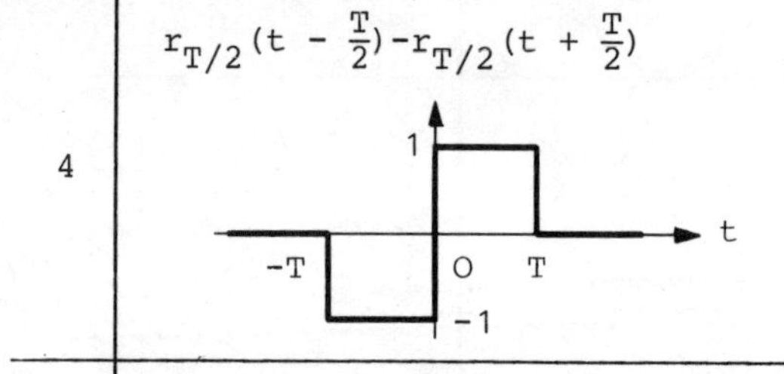	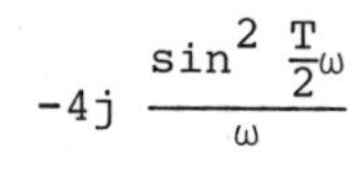 $-4j\,\frac{\sin^2 \frac{T}{2}\omega}{\omega}$
5	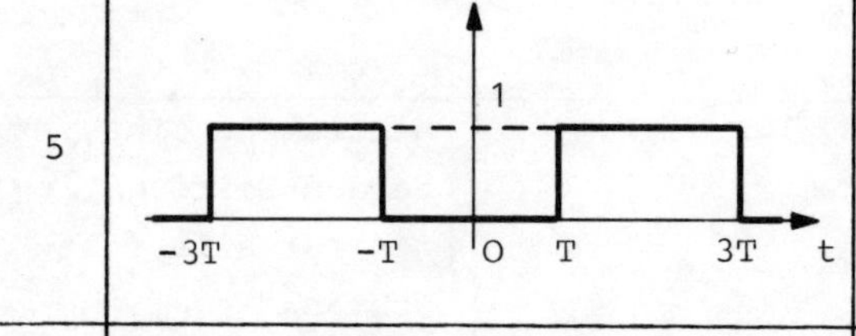	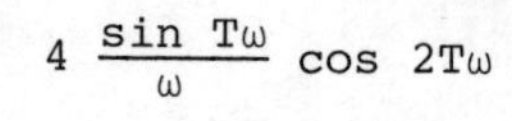 $4\,\frac{\sin T\omega}{\omega}\cos 2T\omega$
6	$r_T(t) \cos \omega_o t$	$\frac{\sin T(\omega+\omega_o)}{\omega+\omega_o} + \frac{\sin T(\omega-\omega_o)}{\omega-\omega_o}$

Tabelle 10/3 (Fortsetzung) Korrespondenzen zur Fourier-Transformation

	Zeitfunktion f(t)	Spektraldichte F(ω)
7	$e^{-a\|t\|}$, $a > 0$	$\frac{2a}{a^2+\omega^2}$
8	$e^{-a\|t\|}\operatorname{sgn} t$, $a > 0$	$-j\,\frac{2\omega}{a^2+\omega^2}$
9	$\frac{1}{t^2+a^2}$, $a > 0$	$\frac{\pi}{a}\,e^{-a\|\omega\|}$
10	e^{-at^2}, $a > 0$	$\sqrt{\frac{\pi}{a}}\,e^{-\frac{\omega^2}{4a}}$
11	$\sqrt{\frac{\pi}{a}}\,e^{-\frac{t^2}{4a}}$, $a > 0$	$2\pi\,e^{-a\omega^2}$
12	$\delta(t)$	1
13	1	$2\pi\delta(\omega)$
14	$e^{j\omega_o t}$	$2\pi\delta(\omega-\omega_o)$
15	$\sin\omega_o t$	$j\pi[\delta(\omega+\omega_o)-\delta(\omega-\omega_o)]$
16	$\cos\omega_o t$	$\pi[\delta(\omega+\omega_o)+\delta(\omega-\omega_o)]$

Tabelle 10/3 (Fortsetzung) Korrespondenzen zur Fourier-Transformation

	Zeitfunktion f(t)	Spektraldichte F(ω)
17	sgn t 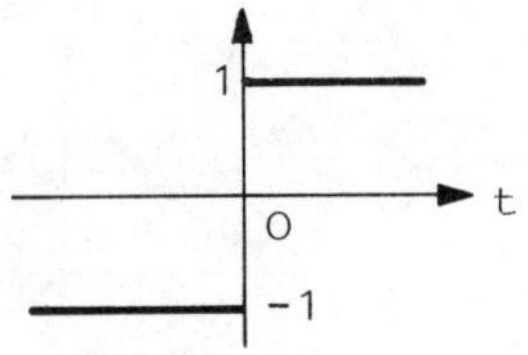 1 0 t -1	$\frac{2}{j\omega}$
18	σ(t) 1 0 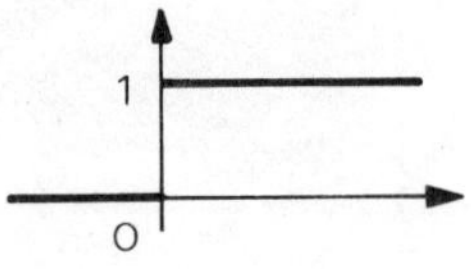	$\frac{1}{j\omega} + \pi\delta(\omega)$

11 Fourier-Transformation von Funktionen endlicher Breite und Abtasttheoreme

Für Zeitfunktionen, deren Spektraldichte nur in einem endlichen Intervall $\neq 0$ ist, sog. Signale mit endlicher Bandbreite oder bandbegrenzte Signale, läßt sich eine sehr bemerkenswerte Reihenentwicklung angeben, die es gestattet, den gesamten Funktionsverlauf aus äquidistanten Werten aufzubauen, sofern diese nicht zu weit auseinander liegen. Eine ganz entsprechende Reihenentwicklung für die Spektraldichte existiert dann, wenn die Zeitfunktion nur von endlicher Dauer ist. Man gelangt auf diese Weise zu den viel benutzten Abtasttheoremen (Shannon, Kotelnikow).

Um diese Zusammenhänge herzuleiten, ist es zuvor erforderlich, auf die komplexe Darstellung der Fourier-Entwicklung einer periodischen Funktion einzugehen.

11.1 Komplexe Darstellung der Fourierreihe einer periodischen Funktion

Die Funktion f(t) sei periodisch mit der Periode T. Dann gilt die Fourier-Entwicklung

$$f(t) = \frac{a_o}{2} + \sum_{\nu=1}^{\infty} (a_\nu \cos \nu\omega_o t + b_\nu \sin \nu\omega_o t) \;. \qquad (11.1)$$

Darin ist $\omega_o = \frac{2\pi}{T}$, während a_o, a_ν, b_ν reelle Koeffizienten darstellen, die hier nicht im einzelnen interessieren. Mit

$$\cos \nu\omega_o t = \frac{1}{2}\left(e^{j\nu\omega_o t} + e^{-j\nu\omega_o t}\right),$$

$$\sin \nu\omega_o t = \frac{1}{2j}\left(e^{j\nu\omega_o t} - e^{-j\nu\omega_o t}\right)$$

wird aus (11.1)

$$f(t) = \frac{a_o}{2} + \sum_{\nu=1}^{\infty} e^{j\nu\omega_o t}\left(\frac{a_\nu}{2} + \frac{b_\nu}{2j}\right) + \sum_{\nu=1}^{\infty} e^{-j\nu\omega_o t}\left(\frac{a_\nu}{2} - \frac{b_\nu}{2j}\right)$$

oder kürzer

$$f(t) = c_o + \sum_{\nu=1}^{\infty} c_{-\nu} e^{j\nu\omega_o t} + \sum_{\nu=1}^{\infty} c_\nu e^{-j\nu\omega_o t} \;.$$

Diese Terme kann man zu einer Summe zusammenfassen, indem man den Index ν

von $-\infty$ bis $+\infty$ laufen läßt:

$$f(t) = \sum_{\nu=-\infty}^{+\infty} c_\nu e^{-j\nu\omega_o t} = \sum_{\nu=-\infty}^{+\infty} c_\nu e^{-\nu \frac{2\pi j}{T} t} . \tag{11.2}$$

Damit hat man <u>die komplexe Darstellung der Fourier-Entwicklung von f(t)</u>. Es fehlt noch ein Rechenausdruck für die komplexen Fourierkoeffizienten c_ν. Um ihn zu erhalten, multipliziert man (11.2) mit

$$e^{n \frac{2\pi j}{T} t}$$

und integriert anschließend von $-\frac{T}{2}$ bis $\frac{T}{2}$:

$$\int_{-T/2}^{T/2} f(t) e^{n \frac{2\pi j}{T} t} dt = \sum_{\nu=-\infty}^{+\infty} c_\nu \int_{-T/2}^{T/2} e^{(n-\nu) \frac{2\pi j}{T} t} dt . \tag{11.3}$$

Ist $\nu \neq n$, so sind die rechts auftretenden Integrale gleich

$$\frac{1}{(\nu-n) \frac{2\pi j}{T}} \left[e^{(n-\nu) \frac{2\pi j}{T} t} \right]_{-\frac{T}{2}}^{\frac{T}{2}} = 0 ,$$

da sowohl $e^{(n-\nu)\pi j}$ als auch $e^{-(n-\nu)\pi j}$ gleich 1, wenn $n-\nu$ gerade, gleich -1, wenn $n-\nu$ ungerade. Ist hingegen $\nu = n$, so hat man das Integral

$$\int_{-T/2}^{T/2} dt = T .$$

Mithin geht (11.3) in die Gleichung

$$\int_{-T/2}^{T/2} f(t) e^{n \frac{2\pi j}{T} t} dt = c_n T$$

über, aus welcher der gewünschte <u>Rechenausdruck für die komplexen Fourierkoeffizienten</u> folgt:

$$c_n = \frac{1}{T} \int_{-T/2}^{T/2} f(t) e^{n \frac{2\pi j}{T} t} dt , \quad n = 0, \pm 1, \pm 2, \ldots . \tag{11.4}$$

Beispiel: Rechteckschwingung aus Bild 11/1.

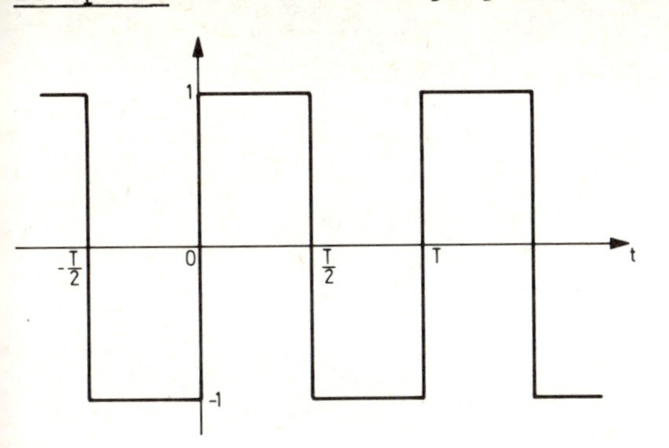

Bild 11/1 Rechteckschwingung

Hier ist

$$c_n = \frac{1}{T} \int_{-T/2}^{0} (-1) e^{n \frac{2\pi j}{T} t} dt + \frac{1}{T} \int_{0}^{T/2} 1 e^{n \frac{2\pi j}{T} t} dt =$$

$$= \frac{1}{n\, 2\pi j} (e^{n\pi j} + e^{-n\pi j} - 2) = \frac{1}{n\pi j} (\cos n\pi - 1) \; .$$

Da $\cos n\pi = 1$ für gerades n, $= -1$ für ungerades n, ist $c_n = 0$, wenn n gerade, und $= -\frac{2}{n\pi j} = \frac{2j}{n\pi}$, falls n ungerade. Damit hat man als komplexe Fourier-Entwicklung der Rechteckschwingung im Bild 11/1

$$f(t) = \frac{2j}{\pi} \sum_{k=-\infty}^{+\infty} \frac{1}{(2k+1)} e^{-(2k+1) \frac{2\pi j}{T} t} \; . \tag{11.5}$$

11.2 Reihenentwicklung einer Zeitfunktion mit endlicher Bandbreite

Die Funktion f(t) habe endliche Bandbreite oder sei bandbegrenzt, d.h. für ihre Spektraldichte gelte

$$|F(\omega)| = 0 \quad \text{für} \quad |\omega| > \omega_g \; .$$

Eine derartige Amplitudendichte $|F(\omega)|$ ist im Bild 11/2 skizziert. Nach der Umkehrformel gilt dann

$$f(t) = \frac{1}{2\pi} \int_{-\omega_g}^{\omega_g} F(\omega) e^{j\omega t} d\omega \; . \tag{11.6}$$

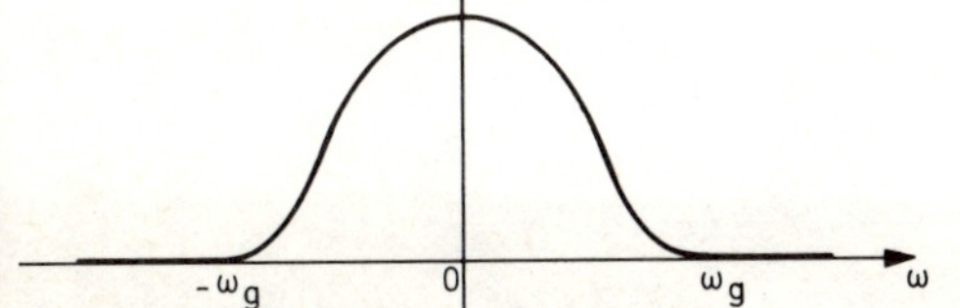

Bild 11/2 Amplitudendichte endlicher Breite

Es liegt nahe, die Funktion $F(\omega)$ über die ganze ω-Achse periodisch fortzusetzen und in die Fourierreihe zu entwickeln. Nach (11.2) gibt das, wenn man beachtet, daß hier t durch ω und T/2 durch ω_g zu ersetzen ist:

$$F(\omega) = \sum_{\nu=-\infty}^{+\infty} c_\nu e^{-\nu \frac{\pi j}{\omega_g} \omega} , \qquad (11.7)$$

wobei gemäß (11.4)

$$c_n = \frac{1}{2\omega_g} \int_{-\omega_g}^{\omega_g} F(\omega) e^{n \frac{\pi j}{\omega_g} \omega} d\omega \qquad (11.8)$$

ist. Setzt man (11.7) in (11.6) ein, so wird

$$f(t) = \sum_{\nu=-\infty}^{\infty} \frac{c_\nu}{2\pi} \int_{-\omega_g}^{\omega_g} e^{j\omega(t - \frac{\nu\pi}{\omega_g})} d\omega ,$$

$$f(t) = \sum_{\nu=-\infty}^{\infty} \frac{c_\nu}{2\pi} \frac{e^{j(\omega_g t-\nu\pi)} - e^{-j(\omega_g t-\nu\pi)}}{j(t - \frac{\nu\pi}{\omega_g})} ,$$

$$f(t) = \sum_{\nu=-\infty}^{\infty} \frac{c_\nu \omega_g}{\pi} \frac{\sin(\omega_g t-\nu\pi)}{\omega_g t-\nu\pi} . \qquad (11.9)$$

Damit hat man für $f(t)$ eine Reihenentwicklung, deren Koeffizienten durch die Fourierkoeffizienten c_n von $F(\omega)$ bestimmt werden.

Vergleicht man nun den Ausdruck (11.8) für c_n mit der Umkehrformel (11.6) für $f(t)$, so erkennt man die große Ähnlichkeit beider Beziehungen. Setzt man $t = \frac{n\pi}{\omega_g}$, so ist in der Tat

$$f(n \frac{\pi}{\omega_g}) = \frac{\omega_g c_n}{\pi} .$$

Das gibt, in (11.9) eingesetzt,

$$f(t) = \sum_{\nu=-\infty}^{\infty} f(\nu \frac{\pi}{\omega_g}) \frac{\sin(\omega_g t-\nu\pi)}{\omega_g t-\nu\pi} = \sum_{\nu=-\infty}^{\infty} f(\nu \frac{\pi}{\omega_g}) \operatorname{si}(\omega_g t-\nu\pi) . \qquad (11.10)$$

Damit hat man eine <u>Reihenentwicklung der Zeitfunktion f(t) mit der end-</u>

ichen Bandbreite $2\omega_g$, die man als Kardinalreihe bezeichnet. Die Reihe ist in der Tat konvergent und stellt die Funktion f(t) dar, wenn

$$\int_{-\omega_g}^{\omega_g} |F(\omega)|^2 d\omega < \infty$$

ist.

Die Gleichung (11.10) kann man so interpretieren: Tastet man die Zeitfunktion f(t) an den Stellen $\nu \frac{\pi}{\omega_g}$, ν beliebig ganz, ab, d.h. entnimmt man ihr die Funktionswerte an diesen Stellen, so kann man daraus den gesamten Funktionsverlauf rekonstruieren, eben durch die Formel (11.10). Die Funktion f(t) ist durch diese Werte $f_\nu = f(\nu \frac{\pi}{\omega_g})$ eindeutig bestimmt. Angenommen nämlich, $\tilde{f}(t)$ sei eine weitere Funktion, die mit ω_g bandbegrenzt ist und welche die gleichen Abtastwerte f_ν bei $\nu \frac{\pi}{\omega_g}$ hat. Dann kann sie in die gleiche Kardinalreihe entwickelt werden wie f(t). D.h.: $\tilde{f}(t) = f(t)$. Man kann also sagen:

> Ist f(t) mit ω_g bandbegrenzt und tastet man f(t) im Abstand $\frac{\pi}{\omega_g}$ ab, so ist f(t) durch die Abtastwerte eindeutig bestimmt (Shannonsches Abtasttheorem).

So bemerkenswert diese Aussage ist, so hängt sie doch offenkundig mit einem klassischen Satz der Funktionentheorie zusammen und wird von diesem her verständlich: Ist eine Funktion in einem Gebiet holomorph, so ist sie bereits eindeutig bestimmt durch ihre Werte auf abzählbar unendlich vielen Punkten, sofern diese einen Häufungspunkt im Innern des Gebietes haben. Da f(t) gemäß (11.6) durch ein endliches Integral dargestellt wird, ist die Funktion in der Tat in der endlichen t-Ebene holomorph (t ist hier als komplexe Variable aufzufassen!). Das Abtasttheorem ist zwar kein Spezialfall des obigen funktionentheoretischen Satzes, da die Punkte $\nu \frac{\pi}{\omega_g}$, in denen die Funktion f vorgeschrieben ist, sich nicht in der endlichen Ebene häufen, doch ist der Zusammenhang unverkennbar.

Um nochmals auf die Kardinalreihe (11.10) zurückzukommen, so ist die Art der Darstellung sehr plausibel. Die Funktion si x hat bei x = 0 den Wert 1 und bei allen übrigen Vielfachen $k\pi$ den Wert 0. Demgemäß hat $si(\omega_g t-\nu\pi)$ genau bei $\omega_g t = \nu\pi$ den Wert 1, an allen anderen Stellen $\omega_g t = k\pi$ aber den Wert 0. Das bedeutet: Die einzelnen Terme

$$f(\nu \frac{\pi}{\omega_g}) si(\omega_g t-\nu\pi)$$

stören sich an den Stellen $\nu \frac{\pi}{\omega_g}$ gegenseitig nicht. Nur ein Term ist an einer solchen Stelle $\neq 0$, und er bringt dort gerade den Wert $f(\nu \frac{\pi}{\omega_g})$. Zwischen den Stellen $\nu \frac{\pi}{\omega_g}$ überlagern sich alle Terme und interpolieren so die Funktion f(t). Ein Anfangsstück der Kardinalreihe liefert eine Näherung für f(t) in einem gewissen t-Intervall.

Mittels der Kardinalreihe kann man für eine Zeitfunktion f(t) eine bandbegrenzte Interpolationsfunktion für g(t) finden. Das kann z.B. dann wichtig sein, wenn ein Übertragungssystem nur ein bestimmtes Frequenzband $|\omega| < a$ durchläßt. Bildet man nach (11.10)

$$g(t) = \sum_{\nu=-\infty}^{+\infty} f(\nu \frac{\pi}{a}) \operatorname{si}(at-\nu\pi) \quad ,$$

so stimmt g(t) auf jeden Fall an den Stellen $\nu \frac{\pi}{a}$ mit f(t) überein. Zwischen diesen Stellen wird f(t) durch g(t) interpoliert und zwar so, daß $|G(\omega)| = 0$ für $|\omega| > a$.

11.3 Reihenentwicklung einer Spektraldichte zu einer Zeitfunktion von endlicher Dauer

Ist

$$f(t) = 0 \quad \text{für} \quad |t| > T \ ,$$

so kann man ganz entsprechend vorgehen wie bei der Voraussetzung $|F(\omega)| = 0$ für $|\omega| > \omega_g$. Man erhält auf diese Weise als Resultat ein zweites Abtasttheorem, das sich auf die Spektraldichte $F(\omega)$ bezieht. Diese ist nämlich in eindeutiger Weise durch ihre Abtastwerte

$$F(\nu \frac{\pi}{T}) \ , \quad \nu \text{ beliebig ganz,}$$

bestimmt, und zwar wiederum über eine Kardinalreihe:

$$F(\omega) = \sum_{\nu=-\infty}^{+\infty} F(\nu \frac{\pi}{T}) \frac{\sin(T\omega-\nu\pi)}{T\omega-\nu\pi} = \sum_{\nu=-\infty}^{+\infty} F(\nu \frac{\pi}{T}) \operatorname{si}(T\omega-\nu\pi) \ . \qquad (11.11)$$

Voraussetzung dafür ist

$$\int_{-T}^{T} |f(t)|^2 dt < \infty \ .$$

12 Fourier-Transformation kausaler Funktionen und Hilbert-Transformation

Im Unterschied zur (einseitigen) Laplace-Transformation erfaßt die Fourier-Transformation den zeitlichen Verlauf einer Funktion auch für $t < 0$. Es kann aber auch von Interesse sein, die Fourier-Transformation solcher Zeitfunktionen näher zu betrachten, die für $t < 0$ identisch Null sind. Es sei beispielsweise ein Übertragungsglied durch seine Gewichtsfunktion $g(t)$, also durch die Antwort auf die Aufschaltung des δ-Impulses, gegeben. Will man das Übertragungsglied durch eine Schaltung verwirklichen, so ist das nur möglich, wenn $g(t) = 0$ ist für $t < 0$. Andernfalls nämlich wäre die Antwort $g(t)$ vor dem sie erzeugenden δ-Impuls da. Ein solcher Zusammenhang ist zwar mathematisch denkbar, kann aber gewiß nicht physikalisch realisiert werden, da die Wirkung nicht vor der Ursache da sein kann. Wie man an diesem Beispiel sieht, ist die Fourier-Transformation von Funktionen $f(t)$, die für $t < 0$ identisch Null sind, von Interesse. Wie aus dem eben Gesagten verständlich ist, bezeichnet man sie in der Nachrichtentechnik vielfach als kausale Funktionen. Im folgenden werden wir uns also mit der Fourier-Transformation kausaler Funktionen befassen.

Multipliziert man eine kausale Funktion $f(t)$ mit dem Einheitssprung $\sigma(t)$, so ändert sich an ihr nichts:

$$f(t) = f(t)\sigma(t) \; . \tag{12.1}$$

Diese Gleichung ist charakteristisch für eine kausale Funktion. Wendet man auf (12.1) die Fourier-Transformation an, so wird wegen der komplexen Faltungsregel

$$F(\omega) = \frac{1}{2\pi} F(\omega) * \mathcal{F}\{\sigma(t)\} \; ,$$

also wegen (10.38)

$$F(\omega) = \frac{1}{2\pi} F(\omega) * \left[\frac{1}{j\omega} + \pi\delta(\omega)\right]$$

oder mit (2.73)

$$F(\omega) = \frac{1}{2\pi} \int_{-\infty}^{+\infty} F(v) \frac{1}{j(\omega - v)} \, dv + \frac{1}{2} F(\omega) \; ,$$

$$F(\omega) = \frac{1}{\pi j} \int_{-\infty}^{+\infty} \frac{F(v)}{\omega - v} \, dv \; .$$

Mit

$$F(\omega) = R(\omega) + jI(\omega)$$

erhält man daraus

$$R(\omega) + jI(\omega) = \frac{1}{\pi j} \int\limits_{-\infty}^{+\infty} \frac{R(v)+jI(v)}{\omega - v} dv = \frac{1}{\pi} \int\limits_{-\infty}^{+\infty} \frac{I(v)}{\omega - v} dv - \frac{j}{\pi} \int\limits_{-\infty}^{+\infty} \frac{R(v)}{\omega - v} dv .$$

Vergleich von Real- und Imaginärteil liefert

$$R(\omega) = \frac{1}{\pi} \int\limits_{-\infty}^{+\infty} \frac{I(v)}{\omega - v} dv , \qquad (12.2)$$

$$I(\omega) = -\frac{1}{\pi} \int\limits_{-\infty}^{+\infty} \frac{R(v)}{\omega - v} dv . \qquad (12.3)$$

Bei einer kausalen Zeitfunktion ist also der Realteil der Fourier-Transformation eindeutig durch den Imaginärteil bestimmt und umgekehrt. Diese durch (12.2) und (12.3) gegebene Zuordnung heißt Hilbert-Transformation. In der Tat gelten diese beiden Beziehungen, wenn für die kausale Zeitfunktion

$$\int\limits_{0}^{+\infty} |f(t)|^2 dt < +\infty \qquad (12.4)$$

ist.

Da bei einer kausalen Zeitfunktion der Imaginärteil der Fourier-Transformierten eindeutig durch den Realteil bestimmt ist (und umgekehrt), wird die gesamte Fourier-Transformierte durch den Realteil allein oder den Imaginärteil allein bestimmt. Nun ist weiterhin die Originalfunktion durch die Fourier-Transformierte eindeutig gegeben. Also muß es möglich sein, eine kausale Zeitfunktion in Abhängigkeit vom Realteil allein oder vom Imaginärteil allein darzustellen. Ein derartiger Formelzusammenhang soll jetzt hergeleitet werden.

Wir gehen davon aus, daß sich jede Zeitfunktion f(t) aus einer geraden und einer ungeraden Funktion zusammensetzen läßt:

$$f(t) = f_g(t) + f_u(t) ,$$

wobei f_g die gerade und f_u die ungerade Funktion bezeichnet. Ist f kausal, so gilt für $t < 0$ $f_g(t) + f_u(t) = 0$, also $f_u(t) = -f_g(t)$. Diesen Sachverhalt sieht man in Bild 12/1 dargestellt, wenn man den Bereich $t < 0$ berachtet. Geht man davon zum Bereich $t > 0$ über, so muß wegen der Geradheit von f_g und der Ungeradheit von f_u die Gleichung $f_g = f_u$ gelten. Daher ist für $t > 0$ sowohl

$f = 2f_g$ als auch

$f = 2f_u$.

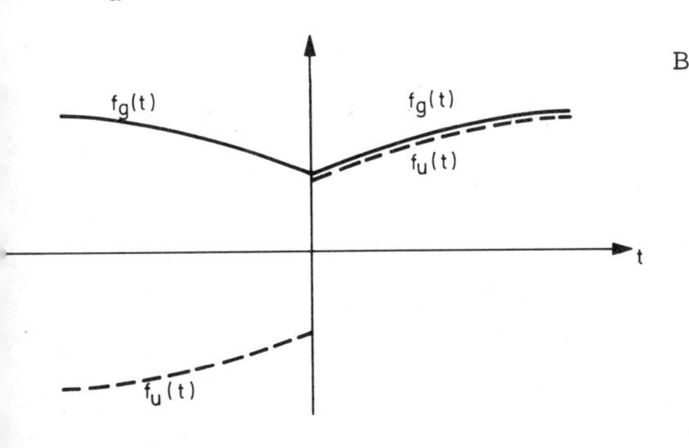

Bild 12/1 Gerader und ungerader Bestandteil einer kausalen Zeitfunktion

Damit folgt aus der Tabelle 10/1, Nr. 13

$$f(t) = \frac{2}{\pi} \int_0^\infty R(\omega) \cos \omega t \, d\omega \ , \quad t > 0 \ , \qquad (12.5)$$

und

$$f(t) = -\frac{2}{\pi} \int_0^\infty I(\omega) \sin \omega t \, d\omega \ , \quad t > 0 \ . \qquad (12.6)$$

Eine kausale Zeitfunktion $f(t)$ ist also in der Tat durch den Realteil $R(\omega)$ oder den Imaginärteil $I(\omega)$ ihrer Fourier-Transformierten $F(\omega)$ eindeutig bestimmt.

Man kann in der Hilbert-Transformation Real- und Imaginärteil von $F(\omega)$ durch Betrag und Phase ersetzen und gelangt dann zu Beziehungen, welche die Phase von $F(\omega)$ durch den Betrag (und umgekehrt) ausdrücken. Nach ihrem Entdecker werden sie Bode-Theoreme genannt (z.B. [8], Kap. 10-3). Sie spielen ebenso wie die Hilbert-Transformation, in der Nachrichtentechnik eine Rolle, z.B. dann, wenn Schaltungen zu entwerfen sind, bei denen der Realteil oder der Betrag von $F(\omega)$, der Fourier-Transformierten der Impulsantwort, vorgeschriebene Eigenschaften besitzen soll.

Betrachten wir als einfaches Beispiel zur Hilbert-Transformation die im Bild 12/2 skizzierte Rechteckfunktion $R(\omega)$. Dann ist nach (12.3)

$$I(\omega) = -\frac{1}{\pi} \int_{-\omega_0}^{\omega_0} \frac{R_0}{\omega - v}\, dv = \frac{R_0}{\pi} \Big[\ln(\omega - v)\Big]_{v=-\omega_0}^{v=\omega_0} ,$$

$$I(\omega) = \frac{R_0}{\pi} \ln \left| \frac{\omega - \omega_0}{\omega + \omega_0} \right| \text{ (Bild 12/3).}$$

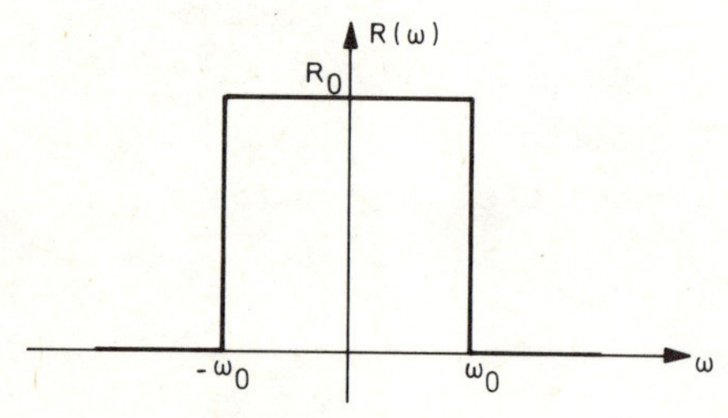

Bild 12/2 Beispiel zur Hilbert-Transformation

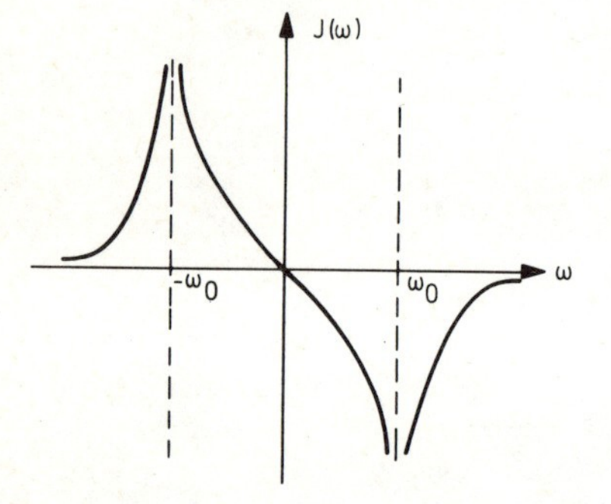

Bild 12/3 Imaginärteil zu $R(\omega)$ in Bild 12/2

Die zugehörige Originalfunktion erhält man aus (12.5):

$$f(t) = \frac{2}{\pi} \int_0^{\omega_0} R_0 \cos \omega t \, d\omega = \frac{2R_0}{\pi} \left[\frac{\sin \omega t}{t}\right]_{\omega=0}^{\omega=\omega_0}$$

$$f(t) = \frac{2R_0}{\pi} \frac{\sin \omega_0 t}{t} , \quad t > 0 .$$

Welche Bedingung muß nun eine Frequenzfunktion $F(\omega)$ erfüllen, damit sie Fourier-Transformierte einer kausalen Funktion $f(t)$ ist? Wir wollen $F(\omega)$ dann ebenfalls "kausal" nennen. Die Frage kann z.B. dann wichtig sein, wenn $F(\omega)$ durch eine Schaltung realisiert werden soll.

Eine erste Antwort auf diese Frage erhält man unmittelbar aus der Hilbert-Transformation:

> Ist $\int_{-\infty}^{+\infty} |F(\omega)|\, d\omega < \infty$ und genügen Real- und Imaginärteil von $F(\omega)$ der Hilbert-Transformation, so ist $f(t) = \mathcal{F}^{-1}[F(\omega)]$ kausal. (12.7)

Durch die erste Bedingung wird sichergestellt, daß

$$f(t) = \frac{1}{2\pi} \int_{-\infty}^{+\infty} F(\omega) e^{j\omega t} d\omega$$

existiert und damit $F(\omega)$ Fourier-Transformierte einer Zeitfunktion ist. Weiterhin gilt wegen (12.2) für den Realteil $R(\omega)$ und den Imaginärteil $I(\omega)$ von $F(\omega)$:

$$R(\omega) = \frac{1}{\pi} \int_{-\infty}^{+\infty} \frac{I(v)}{\omega - v} \, dv = \frac{1}{2\pi} \int_{-\infty}^{+\infty} \frac{2}{j(\omega - v)} \cdot jI(v) dv = \frac{2}{j\omega} * jI(\omega) \ .$$

Da

$R(\omega)$ ●—○ $f_g(t)$ (Tabelle 10/1),

$jI(\omega)$ ●—○ $f_u(t)$ (Tabelle 10/1),

$\frac{2}{j\omega}$ ●—○ sgn t (Tabelle 10/3),

erhält man durch Anwendung der Regel für die komplexe Faltung

$$f_g(t) = \text{sgn}\, t \cdot f_u(t) \ .$$

Für $t < 0$ gilt also $f_g(t) = -f_u(t)$ oder

$$f_g(t) = -f_u(t), \text{ d.h. } f(t) = 0 \ .$$

Das damit hergeleitete Kriterium ist aber schwierig in der Anwendung. Eine zweite, leichter zu überprüfende Bedingung geht über die j-Achse hinaus und arbeitet mit der Fortsetzung der Funktion $F(\omega)$ in die s-Ebene. Hierzu bildet man aus $F(\omega) = F(\frac{j\omega}{j})$ eine Funktion der komplexen Variablen s, indem man $j\omega$ durch s ersetzt: $F(\frac{s}{j})$. Dann gilt das Kriterium:

> Ist unter der Voraussetzung $\int_{-\infty}^{+\infty} |F(\omega)| d\omega < \infty$ die Funktion $F(\frac{s}{j})$ holomorph für $\text{Re } s \geqq 0$ und gilt in diesem Bereich
>
> $$\left|F\left(\frac{s}{j}\right)\right| \leqq \frac{M}{|s|} \ , \quad M > 0 \ , \qquad (12.8)$$
>
> so ist $F(\omega)$ die Fourier-Transformierte einer kausalen Zeitfunktion $f(t)$.

Die erste Voraussetzung sichert wieder, daß

$$f(t) = \frac{1}{2\pi} \int_{-\infty}^{+\infty} F(\omega) e^{j\omega t} d\omega$$

existiert. Die Herleitung des Kriteriums erfolgt mit Hilfe des Residuensatzes (Bild 12/4). Da auf und rechts der j-Achse keine Singularitäten von $F(\frac{s}{j})$ liegen, ist die Residuensumme Null und es gilt

$$\frac{1}{2\pi j} \int_{H_n} F(\frac{s}{j}) e^{st} ds + \frac{1}{2\pi j} \int_{jR_n}^{-jR_n} F(\frac{j\omega}{j}) e^{j\omega t} d(j\omega) = 0 . \qquad (12.9)$$

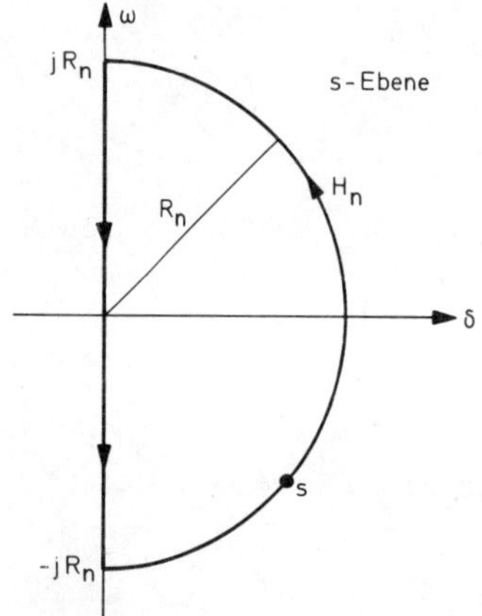

Bild 12/4 Zur Herleitung eines Kausalitätskriteriu

Was das erste Integral betrifft, so ist auf H_n nach Voraussetzung

$$|F(\frac{s}{j})| \leqq \frac{M}{|s|} = \frac{M}{R_n} .$$

Nach dem Jordanschen Lemma (Bild 8/4) strebt deshalb dieses Integral $\rightarrow 0$ mit wachsendem R_n, sofern $t < 0$ ist. Damit wird aus (12.9) für $R_n \rightarrow +\infty$, wenn man im zweiten Integral noch die Grenzen vertauscht:

$$\frac{1}{2\pi} \int_{-\infty}^{+\infty} F(\omega) e^{j\omega t} d\omega = 0 \quad \text{für jedes } t < 0 .$$

Wegen der Umkehrformel (10.5) ist der Ausdruck auf der linken Seite der letzten Gleichung gleich f(t). Daher ist $f(t) = 0$ für $t < 0$, d.h. f(t) ist kausal.

Umgekehrt gilt:

Hat $F(\frac{s}{j})$ eine Singularität rechts der j-Achse, so kann $F(\omega)$ nicht die Fourier-Transformierte einer kausalen Zeitfunktion sein.

Wäre nämlich letzteres der Fall, so existierte das Integral

$$F(\omega) = F(\frac{j\omega}{j}) = \int_{0}^{\infty} f(t)e^{-j\omega t}dt \; .$$

Da dieses Integral mit dem Laplace-Integral übereinstimmt, würde also das Laplace-Integral auf der j-Achse und damit um so mehr rechts der j-Achse existieren. Das ist jedoch ausgeschlossen, weil es eine holomorphe Funktion ist und deshalb keine Singularität rechts der j-Achse liegen könnte.

Eine dritte Bedingung für die Kausalität einer Zeitfunktion geht schließlich nicht von $F(\omega)$ selbst, sondern nur von der gegebenen Amplitudendichte $|F(\omega)|$ aus. Es ist das <u>Kriterium von Paley-Wiener</u>:

<u>Gegeben $|F(\omega)|$ mit $\int_{-\infty}^{+\infty} |F(\omega)|^2 d\omega < +\infty$. Genau dann gibt es eine kausale Funktion f(t), deren Fourier-Transformierte die Amplitudendichte $|F(\omega)|$ hat, wenn</u>

$$\int_{-\infty}^{+\infty} \frac{|\ln|F(\omega)||}{1+\omega^2} d\omega < +\infty . \qquad (12.10)$$

Die Herleitung dieses Kriteriums ist erheblich schwieriger als bei den vorhergehenden Kriterien. Für sie sei auf [8] verwiesen.

Nach dem Kriterium von Paley-Wiener kann also beispielsweise zu einer Funktion $|F(\omega)|$, die in einem Intervall Null ist, keine kausale Zeitfunktion f(t) gehören, denn das Integral (12.10) wird dann unendlich groß.

Aufgaben mit Lösungen

Aufgabe 1

Man berechne die Laplace-Integrale zu den im Bild A1 dargestellten Zeitfunktionen!

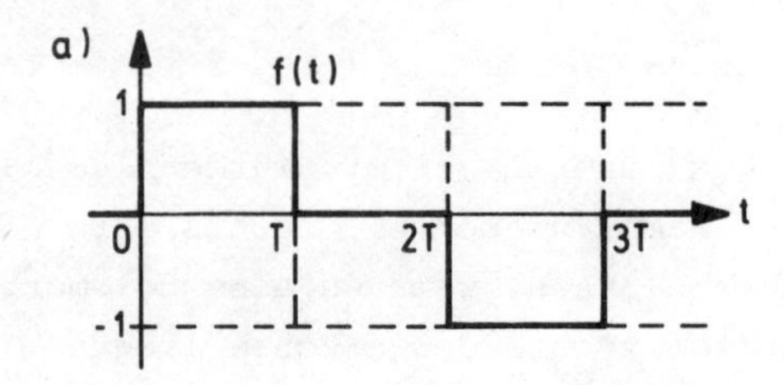

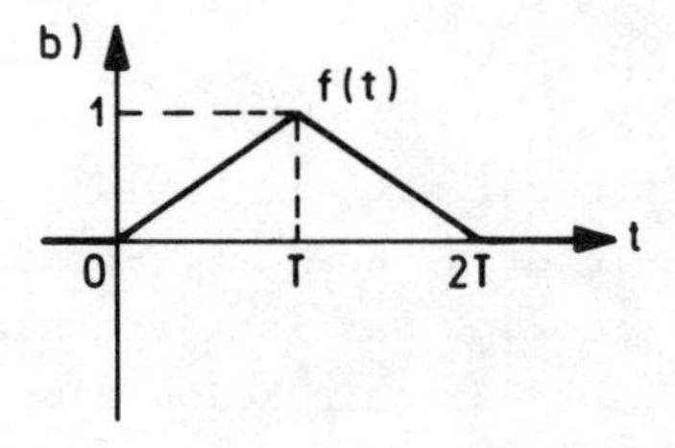

Bild A1

Aufgabe 2

Man berechne die Originalfunktion zu

$$F(s) = \frac{e^{-2s}}{(s+1)\sqrt{s+1}} .$$

Aufgabe 3

Man berechne die Originalfunktion zu

$$F(s) = \frac{1}{s^4\sqrt{s}} .$$

Aufgabe 4

Man bestimme die Bildfunktion zu der im Bild A2 skizzierten Zeitfunktion.

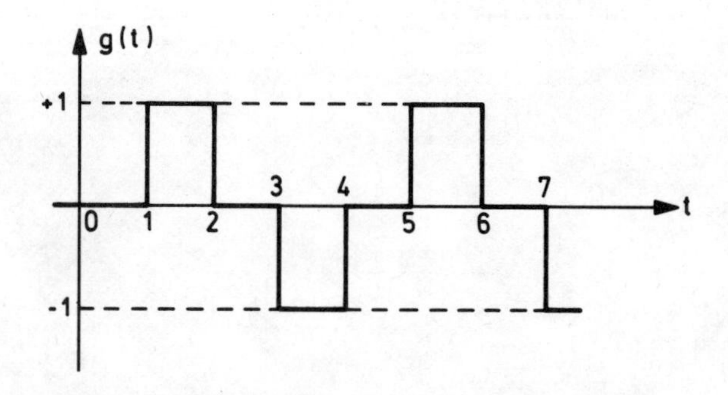

Bild A2

Aufgabe 5

a) Die Zeitfunktion f(t) verschwinde für $t < 0$ und sei für $t > 0$ periodisch mit T. Dann sei

$$f_T(t) = \begin{cases} f(t) & \text{für } 0 < t < T, \\ 0 & \text{sonst.} \end{cases}$$

Man bestimme den Zusammenhang zwischen den Bildfunktionen F(s) und $F_T(s) = \mathcal{L}\{f_T(t)\}$.

b) Man wende das Ergebnis zur Lösung der Aufgabe 4 an.

Aufgabe 6

Man berechne die Originalfunktion zu

$$F(s) = \frac{s^2+2}{s^3+1} .$$

Aufgabe 7

Multipliziert man eine Zeitfunktion f(t) mit t, so bedeutet dies für die Bildfunktion F(s) Differentiation nach s (nebst Vorzeichenumkehr). Welche Bedeutung hat die Division von f(t) durch t im Bildbereich?

Aufgabe 8

Anwendung der "Integrationsregel für die Bildfunktion" (L6).

a) Man berechne die Bildfunktion des Integralsinus

$$\mathrm{Si}(\omega t) = \int_0^{\omega t} \frac{\sin\Theta}{\Theta}\, d\Theta = \int_0^{t} \frac{\sin\omega\tau}{\tau}\, d\tau .$$

b) Man berechne die Bildfunktion zu

$$f(t) = \frac{1-e^{at}}{t} .$$

Aufgabe 9

Ein Übertragungsglied werde durch die Differentialgleichung

$$\ddot{y} + \dot{y} = u$$

beschrieben.

a) Wie lauten Übertragungsfunktion, Gewichtsfunktion, Sprungantwort? Skizze der Sprungantwort!

b) Für $t < 0$ sei $y(t) = te^t$, für $t > 0$ $u(t) = 1$. Man bestimme $y(t)$ für $t > 0$.

Aufgabe 10

Ein Drehspulmeßwerk hat zwischen der Eingangsspannung $u(t)$ und dem Zeigerausschlag $\vartheta(t)$ die Übertragungsfunktion

$$G(s) = \frac{\vartheta(s)}{u(s)} = \frac{\frac{\phi}{JL}}{(s+\frac{R}{L})(s^2+\frac{P}{J}s+\frac{D}{J})},$$

wobei die Parameter konstruktionsbedingt sind.

a) Welche Beziehung muß zwischen P, D und J bestehen, damit in $G(s)$ ein reeller Doppelpol auftritt?

b) Die Übertragungsfunktion sei speziell

$$G(s) = \frac{\vartheta(s)}{u(s)} = \frac{1}{(s+0,5)(s+1)^2}.$$

Wie lautet die zugehörige Differentialgleichung?

c) Man bestimme die Sprungantwort des Drehspulmeßwerkes aus b).

Aufgabe 11

Ein Übertragungsglied werde durch die Differentialgleichung

$$\dddot{y} + \ddot{y} + \dot{y} + y = 2u + \dot{u} + \ddot{u}$$

beschrieben. Wie lautet seine Impulsantwort $g(t)$?

Aufgabe 12

Im RLC-Netzwerk von Bild A3 sei $u_1(t)$ die Eingangsgröße, $u_2(t)$ die Ausgangsgröße. Sämtliche Anfangswerte zum Zeitpunkt $t = -0$ seien Null.

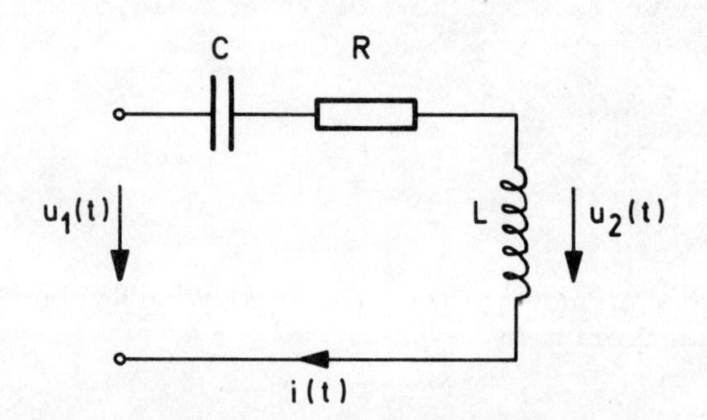

Bild A3

a) Wie lautet die Differentialgleichung, welche $u_1(t)$ mit $u_2(t)$ verknüpft? Zugehörige Übertragungsfunktion?

b) Für spezielle Werte der (normierten) Parameter laute die Übertragungsfunktion des Netzwerks

$$G(s) = \frac{s^2}{s^2+3s+2} \; .$$

Man berechne die Sprungantwort.

c) Die Eingangsgröße des durch die Übertragungsfunktion in b) beschriebenen Netzwerks sei

$$u_1(t) = A_1 \sin t \; .$$

Man berechne die Amplitude A_2 der Ausgangsgröße $u_2(t)$ im eingeschwungenen Zustand.

Aufgabe 13

Beim Anschluß elektronischer Geräte an das Lichtnetz wird häufig ein Entstörfilter vorgesehen, das hochfrequente Schwingungen vom Benutzer fernhalten soll. Es ist im Bild A4 skizziert, wobei R den Benutzer darstellt.

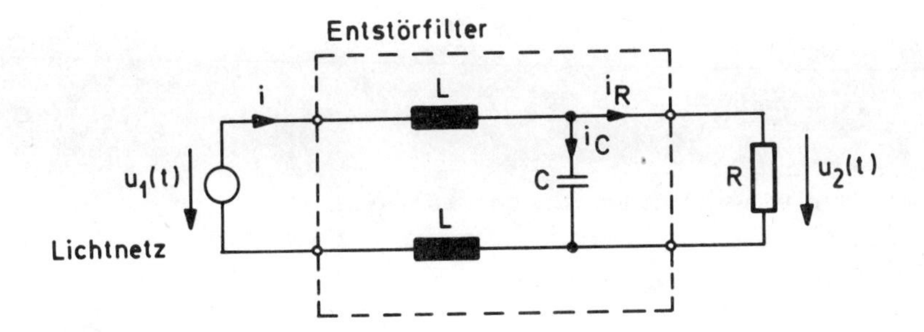

Bild A4

a) Wie lautet die Übertragungsfunktion

$$G(s) = \frac{U_2(s)}{U_1(s)} \; ?$$

b) Die Eingangsgröße sei

$$u_1(t) = \hat{u}_1 \sin\omega t.$$

Wie groß ist die Amplitude $\hat{u}_2$ der Ausgangsgröße $u_2(t)$ bei

- sehr großen Frequenzen ($\omega \to +\infty$),
- sehr kleinen Frequenzen ($\omega \to 0$)?

Aufgabe 14

Bild A5 zeigt ein Netzwerk mit induktiver Kopplung. Dabei ist

$$u(t) = \begin{Bmatrix} 0 & , t < 0 \\ U_o & , t > 0 \end{Bmatrix} = U_o \sigma(t).$$

Die Anfangswerte bei -0 seien sämtlich Null. Gesucht ist der Verlauf von $i_2(t)$ für $t > 0$.

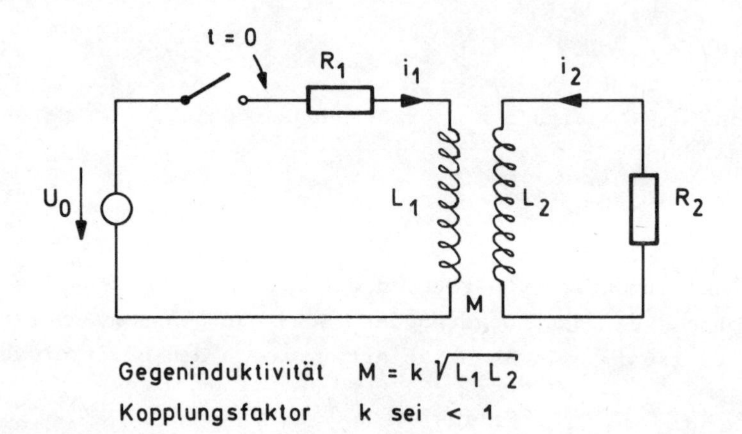

Bild A5 Gegeninduktivität $M = k\sqrt{L_1 L_2}$

Kopplungsfaktor k sei < 1

Aufgabe 15

Die Impulsantwort eines Übertragungsgliedes lautet

$$g(t) = Ke^{-\alpha(t-T)}\sigma(t-T) \quad \text{mit } \alpha, T > 0.$$

Sie ist im Bild A6 skizziert.

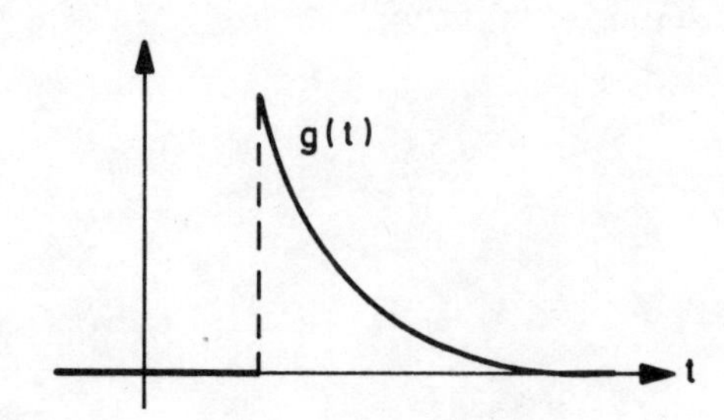

Bild A6

a) Man berechne den Frequenzgang $G(j\omega)$ dieses Übertragungsgliedes auf zwei verschiedene Weisen.

b) Man bestimme und skizziere Betrag und Phase des Frequenzgangs.

Aufgabe 16

Ein Übertragungsglied werde durch die Differentialgleichung

$$a_3\dddot{y} + a_2\ddot{y} + a_1\dot{y} + a_o y = b_o u + b_1\dot{u} + b_2\ddot{u} + b_3\dddot{u}_3$$

beschrieben. Es sei

$$y(-0) = 0 \, , \quad y'(-0) = 0 \, , \quad y''(-0) = 0$$

und

$$u = t\sigma(t).$$

Man berechne die Anfangswerte $y(+0)$, $y'(+0)$ und $y''(+0)$.

Aufgabe 17

Ein lineares Übertragungsglied genüge der Differenzengleichung

$$y(t) - y(t-2T) = u(t).$$

a) Wie lauten Übertragungsfunktion und Impulsantwort?

b) Es sei $y(t) = 1$ für $t < 0$ und $u(t) = 1$ für $t > 0$.
Man berechne und skizziere $y(t)$ für $t > 0$.

Aufgabe 18

Die Übertragungsfunktion einer Differenzengleichung sei

$$G(s) = \frac{e^{-Ts}+4}{e^{-Ts}+2} \, .$$

a) Man berechne die Gewichtsfunktion $g(t)$ und die Sprungantwort $h(t)$.

b) Welchem Grenzwert strebt die Sprungantwort für $t \rightarrow +\infty$ zu?

Aufgabe 19

In der Regelungstechnik wird vielfach der ideale PID-Regler benutzt. Seine Übertragungsgleichung lautet

$$Y(s) = K_R \frac{(1+T_{R1}s)(1+T_{R2}s)}{s} U(s)$$

mit $K_R, T_{R1}, T_{R2} > 0$.

a) Wie lautet die Differentialgleichung des Reglers?

b) In zunehmendem Maß werden Regler in Prozeßrechnern, insbesondere Mikrorechnern, realisiert. Dazu muß man die Differentialgleichung durch eine Differenzengleichung ersetzen. Es ist die zur obigen Differentialgleichung gehörende Differenzengleichung aufzustellen, wobei die Ableitung $\dot{x}(t)$ durch den Differenzenquotienten

$$\frac{x_k - x_{k-1}}{T},$$

die zweite Ableitung $\ddot{x}(t)$ demgemäß durch den 2. Differenzenquotienten

$$\frac{\frac{x_k - x_{k-1}}{T} - \frac{x_{k-1} - x_{k-2}}{T}}{T} = \frac{x_k - 2x_{k-1} + x_{k-2}}{T^2}$$

zu ersetzen ist (siehe Abschnitt 3.1).

c) Die so erhaltene Differenzengleichung laute im speziellen Fall

$$y_k - y_{k-1} = 8u_k - 10u_{k-1} + 3u_{k-2}.$$

Wie lautet die Übertragungsfunktion G(s) und die Impulsantwort g(t) dieser Differenzengleichung?

d) Man berechne und skizziere die Sprungantwort h(t) der Differenzengleichung.

Aufgabe 20

Bild A7 zeigt einen Regelkreis mit Totzeit (entsprechend Bild 4/2).

a) Man bestimme die Übertragungsfunktion G(s) des Regelkreises.

b) Man berechne die Impulsantwort g(t).

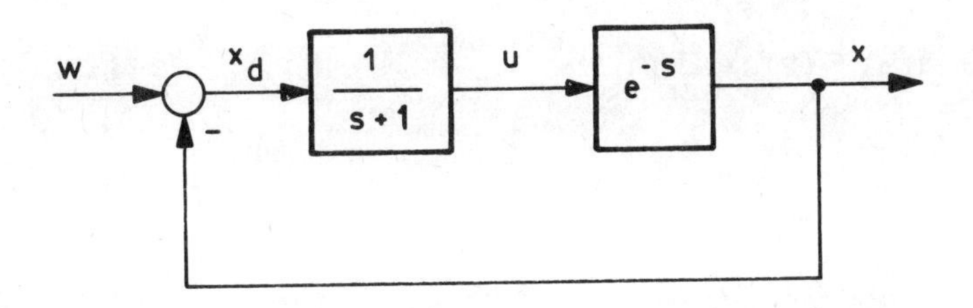

Bild A7

Aufgabe 21

Zu der meromorphen Funktion

$$F(s) = \frac{1}{Q(s)} = \frac{1}{\cosh s}$$

bestimme man

a) sämtliche Pole,

b) die zugehörigen Residuen,

c) die Partialbruchzerlegung,

d) die ersten drei nichtverschwindenden Glieder der Laurentreihe um den Pol $j\frac{\pi}{2}$,

e) den Wert des Integrals

$$\oint_K \frac{ds}{\cosh s},$$

wobei K der Kreis um den Ursprung der s-Ebene mit dem Radius π ist.

Aufgabe 22

Für die rationale Funktion

$$F(s) = \frac{8/\sqrt{2}}{s^4+1}$$

sind

a) die Pole zu berechnen und in der s-Ebene zu skizzieren,

b) die Hauptteile der zugehörigen Laurententwicklungen anzugeben,

c) das Kurvenintegral $\int_C F(s)ds$ für $C_1: |s| = \frac{1}{2}$ und $C_2: |s| = 2$ zu bestimmen.

Aufgabe 23

Gegeben sei die meromorphe Funktion

$$F(s) = \frac{\sin s}{(s+1)^2} .$$

a) Man bestimme die Laurentreihe um den Pol $\alpha = -1$.

b) Mittels des Residuensatzes berechne man den Wert des Integrals

$$\frac{1}{2\pi j} \int_C \frac{ds}{F(s)} ,$$

wobei C die im Bild A8 angegebene Gestalt aufweist.

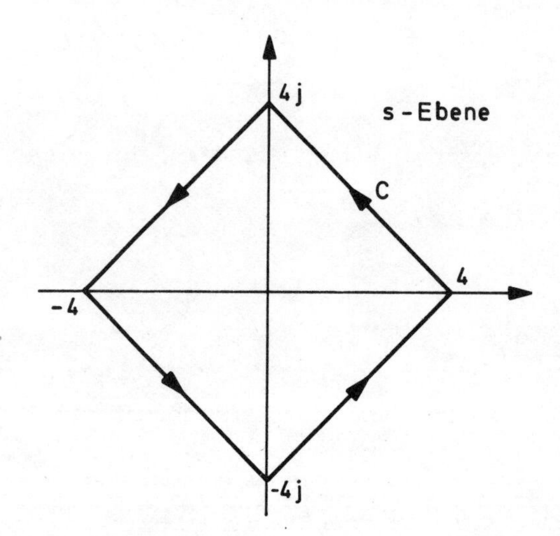

Bild A8

Aufgabe 24

Mittels der komplexen Umkehrformel soll zu jeder der folgenden Funktionen die Originalfunktion bestimmt werden:

a) $F(s) = \frac{1}{(s-\alpha_1)(s-\alpha_2)\dots(s-\alpha_q)}$,

$\alpha_1, \dots, \alpha_q$ voneinander verschieden.

b) $F(s) = \frac{1}{(s-\alpha)^p}$.

Aufgabe 25

Wir betrachten den einseitig begrenzten linearen Wärmeleiter:

$$\frac{\partial x}{\partial t} - \frac{\partial^2 x}{\partial z^2} = u \ , \quad 0 < t < +\infty \ , \quad 0 < z < +\infty \ .$$

An der Stelle z^* wirke eine punktförmige Quellenfunktion $u = u^*(t)\delta(z-z^*)$ ein. An der Stelle z wird der Temperaturverlauf $x(z,t)$ gemessen.

a) Man bestimme die Übertragungsfunktion $G(z,z^*,s)$ zwischen dem Stellort z^* und dem Meßort z.

   Lösungshinweis: Man gehe von der Lösung (9.38), (9.39) für den endlichen Wärmeleiter aus.

b) Aus der Übertragungsfunktion $G(z,z^*,s)$ berechne man die zugehörige Gewichtsfunktion $g(z,z^*,t)$.

Aufgabe 26

Ein Stab von der Länge l sei an einem Ende ($z = 0$) in Längsrichtung unverschiebbar gelagert, am anderen Ende ($z=l$) frei. Am freien Ende greift eine auf die Querschnittsfläche bezogene Kraft $f(t)$ in Längsrichtung an (Bild A9). Die Verschiebung $x(z,t)$ eines beliebigen Stabquerschnitts an der Stelle z zur Zeit t wird beschrieben durch die partielle Differentialgleichung (eindimensionale Wellengleichung)

$$\frac{\partial^2 x}{\partial t^2} - a^2 \frac{\partial^2 x}{\partial z^2} = 0$$

mit den Randbedingungen

$$x(+0,t) = 0 \ , \quad t > 0 \ ,$$

$$\frac{\partial x}{\partial z}(l-0,t) = \frac{1}{E} f(t) \ , \quad t > 0 \quad \text{(Dehnung am freien Ende)}$$

und den Anfangsbedingungen

$$x(z,+0) = 0 \ , \quad 0 < z < l \ ,$$

$$\frac{\partial x}{\partial t}(z,+0) = 0 \ , \quad 0 < z < l \ .$$

Dabei ist $a^2 = \frac{E}{\rho}$ (E Elastizitätsmodul, ρ Dichte).

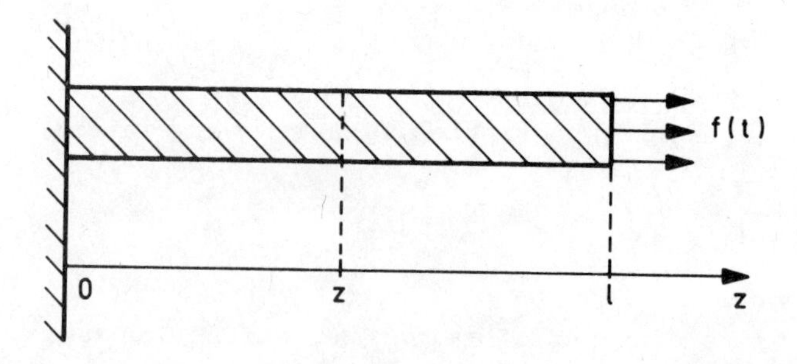

Bild A9

Der Zusammenhang zwischen der Kraft f(t) und der Verschiebung x(z,t) an der Stelle z stellt ein Übertragungsglied dar.

a) Wie lautet dessen Übertragungsfunktion G(z,s)?

b) Man bestimme und skizziere die zugehörige Gewichtsfunktion g(z,t).

c) Wie ändert sich die Sprungantwort h(z,t) mit z ? Welchen Mittelwert hat sie?

Aufgabe 27

Die Aufgabenstellung sei die gleiche wie in Aufgabe 26, nur werde die Randbedingung abgeändert. Am freien Ende sei nicht die Kraft, sondern die Verschiebung vorgegeben:

$$x(l-0,t) = x_l(t) \;, \quad t > 0 \;,$$

wobei also $x_l(t)$ eine gegebene Zeitfunktion ist.

a) Wie lautet die Übertragungsfunktion G(z,s) zwischen der vorgegebenen Auslenkung $x_l(t)$ (Eingangsgröße) und der Verschiebung x(z,t) an der Stelle z (Ausgangsgröße)?

b) Man berechne und skizziere die zugehörige Sprungantwort h(z,t).

Aufgabe 28

Gegeben ist die Zeitfunktion f(t) im Bild A10.

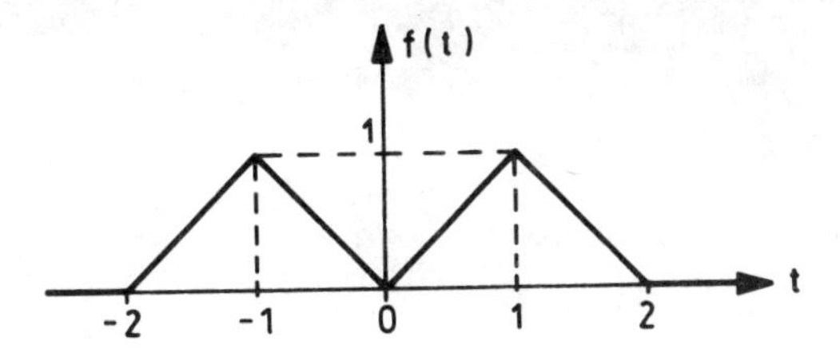

Bild A10

a) Man berechne die Fourier-Transformierte $F(\omega)$ zu $f(t)$.

b) Man berechne das Integral

$$\int_{-\infty}^{+\infty} \Big(F(\omega)\Big)^2 d\omega \ .$$

Aufgabe 29

Gegeben ist die Zeitfunktion $f(t)$ im Bild A11.

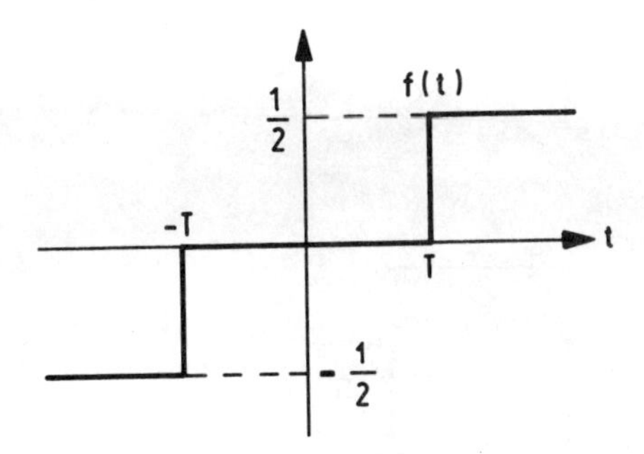

Bild A11

a) Man bestimme anhand bekannter Korrespondenzen und Rechenregeln der Fourier-Transformation die Bildfunktion $F(\omega) = \mathcal{F}\{f(t)\}$.

b) Wie lautet die Fourier-Transformierte der (verallgemeinerten) Ableitung $\dot{f}(t)$?

Aufgabe 30

Eine Zeitfunktion f(t) habe die Fourier-Transformierte

$$F(\omega) = e^{-(j\omega+|\omega|)} .$$

a) Man bestimme den Wert des Integrals

$$\int_{-\infty}^{+\infty} |f(t)|^2 dt .$$

b) Handelt es sich bei f(t) um eine kausale Funktion?

Aufgabe 31

Gemäß Bild A12 liege an einem Ohmschen Widerstand R die Spannung

$$u(t) = \hat{u}\,\frac{\sin\omega_o t}{\omega_o t} , \quad -\infty < t < +\infty .$$

Die dabei am Widerstand abgegebene Energie

$$E = \frac{1}{R}\int_{-\infty}^{+\infty} u^2(t)dt$$

habe den Wert E_o. Wie groß ist die Frequenz ω_o der Spannung u(t)?

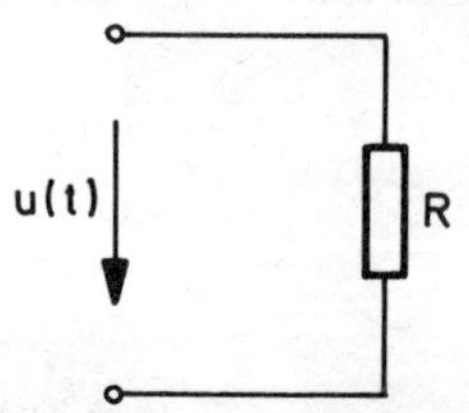

Bild A12

Aufgabe 32

a) Das amplitudenmodulierte Signal

$$u(t) = a(t)\sin\Omega t$$

mit $a(t) \geqq 0$ werde zwecks Demodulation auf einen Zweiweggleichrichter mit der Kennlinie $K_1(u)$ geführt (Bild A13).

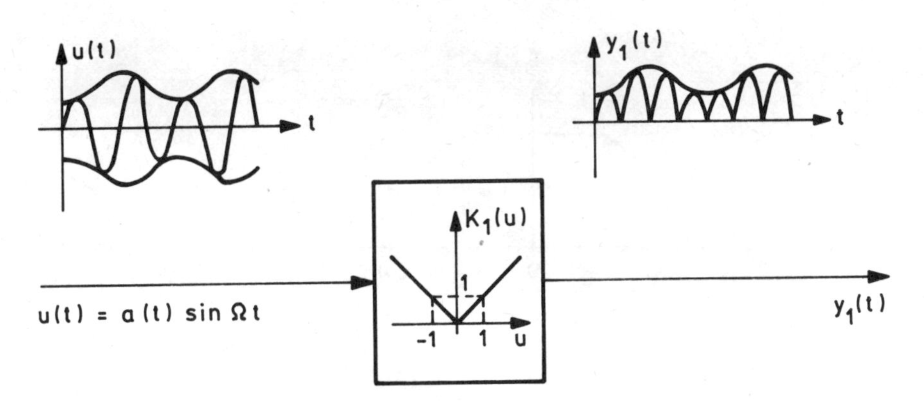

Bild A13

Man berechne die Spektralfunktion $Y_1(\omega)$ des gleichgerichteten Signals $y_1(t)$, wobei $\mathcal{F}\{a(t)\} = A(\omega)$ als gegeben angesehen werden darf.

Lösungshinweis: Man entwickle $|\sin\Omega t|$ in die komplexe Fourierreihe.

b) In der Praxis wird zur Demodulation statt eines Zweiweggleichrichters meist nur ein Einweggleichrichter mit der Kennlinie $K_2(u)$ verwendet (Bild A14).

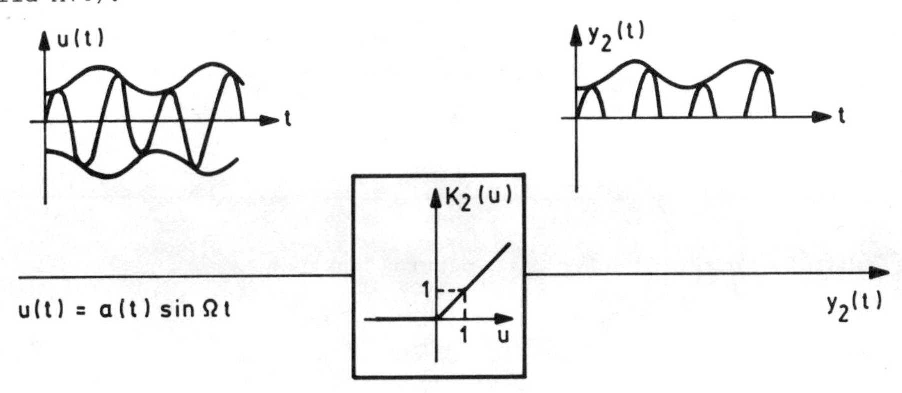

Bild A14

Man berechne die Spektralfunktion $Y_2(\omega)$ des so gleichgerichteten Signals $y_2(t)$.

Lösungshinweis: Die Kennlinie $K_2(u)$ kann in einen geraden und einen ungeraden Anteil zerlegt werden.

Aufgabe 33

Gesucht ist die zur Spektralfunktion $F(\omega)$ in Bild A15 gehörende Zeitfunktion $f(t)$.

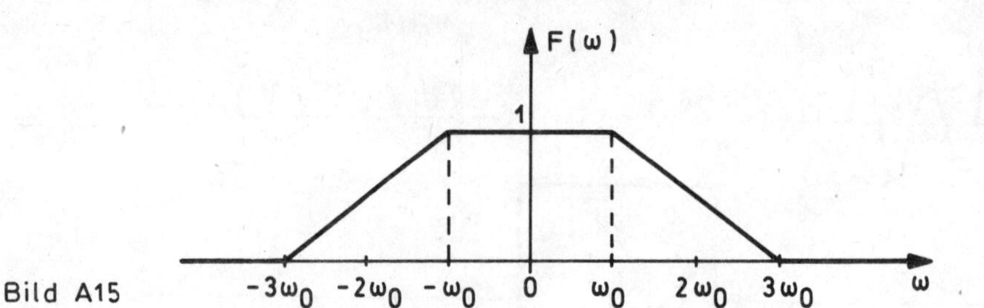

Bild A15

Aufgabe 34

Das Bild A16 zeigt das Ausgangssignal eines Dreiphasengleichrichters:

$$u(t) = \frac{3\sqrt{3}}{\pi}\left[\frac{1}{2} + \frac{1}{8}\cos 3\Omega t - \frac{1}{35}\cos 6\Omega t + \frac{1}{80}\cos 9\Omega t -+ \ldots\right].$$

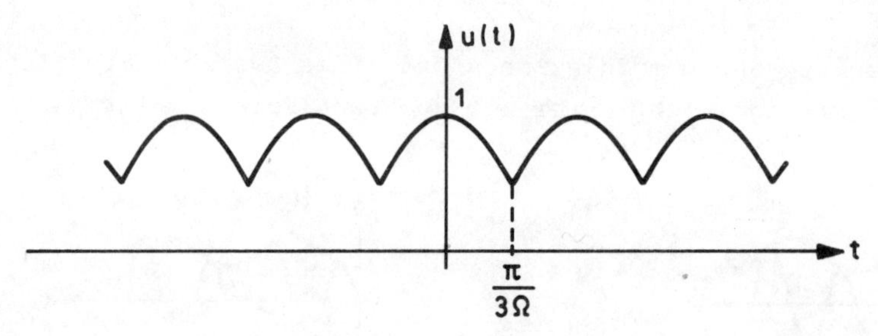

Bild A16

a) Man gebe die ersten Glieder der Spektralfunktion

$U(\omega) = \mathcal{F}\{u(t)\}$ an.

b) Zur Beseitigung der hochfrequenten Anteile in u(t) wird dieses Signal durch einen Tiefpaß geschickt, der durch die Spektralfunktion $R(\omega)$ im Bild A17 charakterisiert ist. Für die Fouriertransformierte seines Ausgangssignals y(t) gilt $Y(\omega) = R(\omega)U(\omega)$.
Wie lauten $Y(\omega)$ und y(t) ?

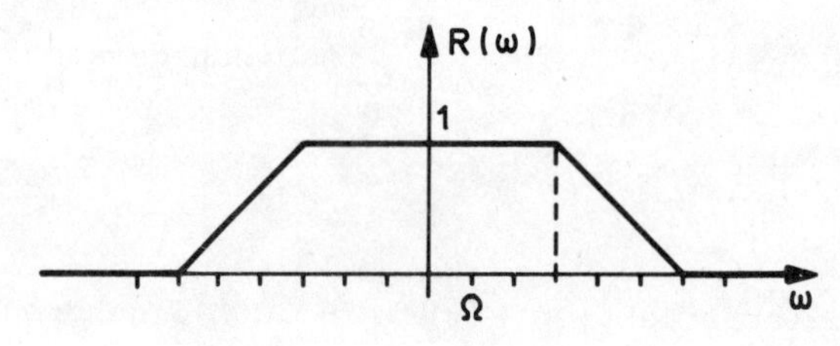

Bild A17

Aufgabe 35

Im Bild A18 sieht man eine in der Nachrichtentechnik häufig benützte Anordnung zur Erzeugung von Frequenzvielfachen mit Hilfe einer quadratischen Kennlinie.

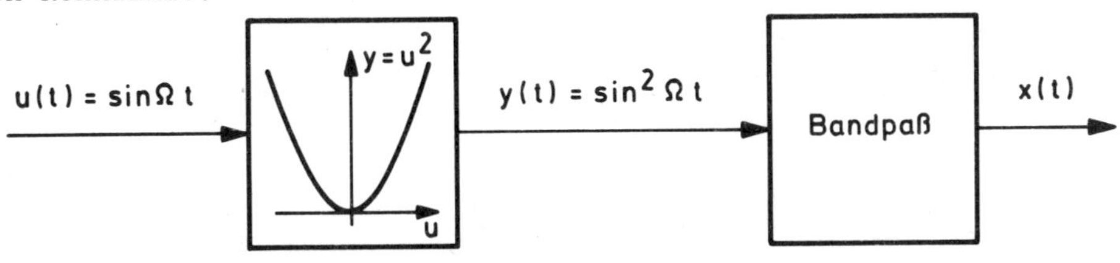

Bild A18

a) Die Spektralfunktion $Y(\omega)$ zu $y(t)$ ist zu berechnen und zu skizzieren.

b) Der Bandpaß wird durch die Spektralfunktion $R(\omega)$ im Bild A19 charakterisiert. Wie lautet die zugehörige Originalfunktion

$$r(t) = \mathcal{F}^{-1}\{R(\omega)\} \;?$$

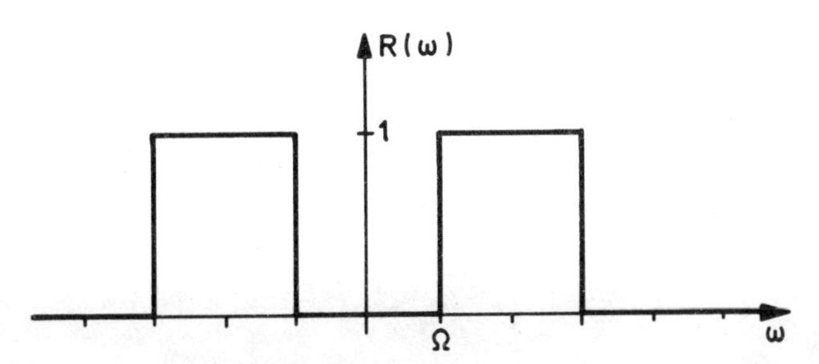

Bild A19

c) Die Übertragungsgleichung des Bandpasses lautet

$$X(\omega) = R(\omega)Y(\omega).$$

Man bestimme $x(t)$.

Lösung von Aufgabe 1

a) $$F(s) = \int_0^\infty e^{-st} f(t)\,dt = \int_0^T e^{-st}dt - \int_{2T}^{3T} e^{-st}dt =$$

$$= -\frac{1}{s}\left(e^{-sT}-1\right) + \frac{1}{s}\left(e^{-2sT}-e^{-3sT}\right) =$$

$$= \frac{1}{s}\left(1-e^{-sT}+e^{-2sT}-e^{-3sT}\right).$$

b) $$F(s) = \int_0^T \frac{t}{T} e^{-st}dt + \int_T^{2T} \frac{2T-t}{T} e^{-st}dt =$$

$$= \frac{1}{T}\int_0^T te^{-st}dt + 2\int_T^{2T} e^{-st}dt - \frac{1}{T}\int_T^{2T} te^{-st}dt .$$

Wegen

$$\int te^{-st}dt = -\frac{t}{s}e^{-st} - \frac{1}{s^2}e^{-st}$$

folgt daraus weiter

$$F(s) = \frac{1}{T}\left(-\frac{T}{s}e^{-sT} - \frac{1}{s^2}e^{-sT} + \frac{1}{s^2}\right) - \frac{2}{s}\left(e^{-2Ts}-e^{-Ts}\right) -$$

$$-\frac{1}{T}\left(-\frac{2T}{s}e^{-2Ts} - \frac{1}{s^2}e^{-2Ts} + \frac{T}{s}e^{-Ts} + \frac{1}{s^2}e^{-Ts}\right),$$

$$F(s) = \frac{1}{Ts^2}\left(1-2e^{-Ts}+e^{-2Ts}\right).$$

Rechnerisch einfachere Lösung von b): Für $t \geqq 0$ ist

$$f(t) = \frac{1}{T}t - 2\frac{1}{T}(t-T)\sigma(t-T) + \frac{1}{T}(t-2T)\sigma(t-2T) .$$

Daraus folgt wegen der Regel für die Rechtsverschiebung

$$F(s) = \frac{1}{T}\cdot\frac{1}{s^2} - 2\frac{1}{T}\cdot\frac{1}{s^2}\cdot e^{-Ts} + \frac{1}{T}\cdot\frac{1}{s^2}\cdot e^{-2Ts} ,$$

$$F(s) = \frac{1}{Ts^2}\left(1-2e^{-Ts}+e^{-2Ts}\right).$$

Lösung von Aufgabe 2

Nach der Korrespondenztabelle gilt

$$\frac{1}{s\sqrt{s}} \bullet\!\!-\!\!\circ\ 2\sqrt{\frac{t}{\pi}}\ .$$

Aufgrund der Dämpfungsregel folgt hieraus

$$\frac{1}{(s-\alpha)\sqrt{s-\alpha}} \bullet\!\!-\!\!\circ\ 2\sqrt{\frac{t}{\pi}}\, e^{\alpha t}\ , \quad \alpha \text{ beliebig.}$$

Nach der Regel für die Rechtsverschiebung ergibt sich hieraus weiter

$$\frac{e^{-t_o s}}{(s-\alpha)\sqrt{s-\alpha}} \bullet\!\!-\!\!\circ\ 2\sqrt{\frac{t-t_o}{\pi}}\, e^{\alpha(t-t_o)}\ , \quad t_o > 0\ .$$

Setzt man in dieser Korrespondenz speziell

$$\alpha = -1\ , \quad t_o = 2\ ,$$

so wird aus ihr

$$\frac{e^{-2s}}{(s+1)\sqrt{s+1}} \bullet\!\!-\!\!\circ\ 2\sqrt{\frac{t-2}{\pi}}\, e^{-(t-2)}\ ,$$

womit die gesuchte Originalfunktion gefunden ist.

Lösung von Aufgabe 3

Nach der Korrespondenztabelle gilt

$$\frac{1}{s\sqrt{s}} \bullet\!\!-\!\!\circ\ \frac{2}{\sqrt{\pi}}\, t^{\frac{1}{2}}\ .$$

Nun wendet man mehrmals nacheinander die Integrationsregel an:

$$\frac{1}{s}\cdot\frac{1}{s\sqrt{s}} \bullet\!\!-\!\!\circ\ \frac{2}{\sqrt{\pi}}\int_o^t \tau^{\frac{1}{2}}\,d\tau\ , \text{ also}$$

$$\frac{1}{s^2\sqrt{s}} \bullet\!\!-\!\!\circ\ \frac{4}{3\sqrt{\pi}}\, t^{\frac{3}{2}}\ ,$$

$$\frac{1}{s^3\sqrt{s}} \bullet\!\!-\!\!\circ \frac{8}{15\sqrt{\pi}}\, t^{\frac{5}{2}} ,$$

$$\frac{1}{s^4\sqrt{s}} \bullet\!\!-\!\!\circ \frac{16}{105\sqrt{\pi}}\, t^{\frac{7}{2}} .$$

Lösung von Aufgabe 4

$$g(t) = \sigma(t-1) - \sigma(t-2) - \sigma(t-3) + \sigma(t-4) + \sigma(t-5) --++\ldots$$

$$G(s) = \frac{1}{s}e^{-s} - \frac{1}{s}e^{-2s} - \frac{1}{s}e^{-3s} + \frac{1}{s}e^{-4s} + \frac{1}{s}e^{-5s} --++\ldots ,$$

$$G(s) = \frac{1}{s}\left[\left(e^{-s}-e^{-3s}+e^{-5s}-e^{-7s}+-\ldots\right)-\left(e^{-2s}-e^{-4s}+e^{-6s}-e^{-8s}+-\ldots\right)\right],$$

$$G(s) = \frac{1}{s}\left[e^{-s}\left(1-e^{-2s}+e^{-4s}-+\ldots\right) - e^{-2s}\left(1-e^{-2s}+e^{-4s}-+\ldots\right)\right],$$

$$G(s) = \frac{1}{s}\left(1-e^{-2s}+e^{-4s}-+\ldots\right)\left(e^{-s}-e^{-2s}\right),$$

$$G(s) = \frac{1}{s}\cdot\frac{1}{1+e^{-2s}}\cdot e^{-s}(1-e^{-s}) ,$$

$$G(s) = \frac{1-e^{-s}}{s(e^{s}+e^{-s})} .$$

Lösung von Aufgabe 5

a) Es ist $f(t) = f_T(t) + f_T(t-T) + f_T(t-2T) +\ldots$,
also

$$F(s) = F_T(s) + F_T(s)e^{-Ts} + F_T(s)e^{-2Ts} +\ldots ,$$

$$F(s) = F_T(s)\left(1+e^{-Ts}+e^{-2Ts}+\ldots\right),$$

$$F(s) = F_T(s)\,\frac{1}{1-e^{-Ts}} .$$

b) Die Funktion $g(t)$ in der Übungsaufgabe 4 ist periodisch mit $T = 4$ (Bild A2). Aus dem Bild A2 liest man ab:

$$f_T(t) = \sigma(t-1)-\sigma(t-2)-\sigma(t-3)+\sigma(t-4) ,$$

so daß

$$F_T(s) = \frac{1}{s}\left[e^{-s}-e^{-2s}-e^{-3s}+e^{-4s}\right],$$

$$F_T(s) = \frac{1}{s}\left[e^{-s}(1-e^{-s})-e^{-3s}(1-e^{-s})\right],$$

$$F_T(s) = \frac{1}{s}(1-e^{-s})e^{-s}(1-e^{-2s}) .$$

Damit ist

$$F(s) = \frac{e^{-s}(1-e^{-s})(1-e^{-2s})}{s(1-e^{-2s})(1+e^{-2s})},$$

$$F(s) = \frac{1-e^{-s}}{s\cdot e^{s}(1+e^{-2s})} = \frac{1-e^{-s}}{s(e^{s}+e^{-s})} .$$

Lösung von Aufgabe 6

Man berechnet zunächst die Nullstellen des Nenners: $s^3+1 = 0$.
Man sieht sogleich, daß

$$\alpha_1 = -1$$

eine Lösung ist. Um die weiteren Nullstellen zu erhalten, dividiert man s^3+1 durch $s-\alpha_1 = s+1$:

$$
\begin{array}{l}
(s^3+1):(s+1) = s^2-s+1 .\\
\underline{s^3+s^2}\\
\quad -s^2+1\\
\quad \underline{-s^2-s}\\
\qquad\quad s+1\\
\qquad\quad \underline{s+1}\\
\qquad\qquad 0
\end{array}
$$

Somit ist

$$s^3 + 1 = (s+1)(s^2-s+1) ,$$

wovon man sich nochmals durch Ausmultiplizieren überzeugen kann. Die Nullstellen des quadratischen Faktors sind

$$\alpha_{2,3} = \frac{1}{2} \pm\sqrt{\frac{1}{4} - 1} = \frac{1}{2} \pm j\,\frac{\sqrt{3}}{2},$$

so daß also

$$s^3 + 1 = (s+1)(s-\alpha_2)(s-\alpha_3)$$

ist.

Man kann daher F(s) in der Form

$$F(s) = \frac{s^2+2}{(s+1)(s^2-s+1)} \tag{L1}$$

oder in der Form

$$F(s) = \frac{s^2+2}{(s+1)(s-\alpha_2)(s-\alpha_3)}$$

schreiben. Aus der letzten Darstellung gewinnt man die Partialbruchzerlegung

$$F(s) = \frac{r_1}{s+1} + \frac{r_2}{s-\alpha_2} + \frac{r_3}{s-\alpha_3} , \tag{L2}$$

wobei r_2 und r_3 konjugiert komplex sind. Die Residuen kann man nun mittels (2.35) berechnen und dann rücktransformieren:

$$f(t) = r_1 e^{-t} + r_2 e^{\alpha_2 t} + r_3 e^{\alpha_3 t} .$$

Man muß nun noch zur reellen Darstellung übergehen.

Man kann diese sofort erhalten, wenn man von der Form (L1) ausgeht und die Partialbruchzerlegung in modifizierter Form vornimmt:

$$F(s) = \frac{r_1}{s+1} + \frac{b_o+b_1 s}{s^2-s+1} \tag{L3}$$

Daß es in der Tat eine solche Darstellung mit noch unbekannten Koeffizienten r_1, b_o, b_1 gibt, folgt sofort aus (L2), wenn man sich dort die beiden letzten Partialbrüche auf einen Nenner gebracht denkt.

r_1, b_o, b_1 kann man wieder durch Einsetzen spezieller s-Werte erhalten. Aus der Identität

$$\frac{s^2+2}{s^3+1} = \frac{r_1}{s+1} + \frac{b_o+b_1 s}{s^2-s+1}$$

folgt zunächst durch Multiplikation mit s^3+1 :

$$s^2 + 2 = r_1(s^2-s+1) + (b_o+b_1s)(s+1) \ . \tag{L4}$$

Daraus wird für $s = -1$:

$1 = r_1 \cdot 1$, also $r_1 = 1$.

Damit wird aus (L4)

$$s + 1 = (b_o+b_1s)(s+1) \ .$$

Mit $s = 0$ bzw. $s = 1$ erhält man daraus

$b_o = 1$,

$2 = (b_o+b_1)\cdot 2$,

also $b_1 = -b_o + 1 = 0$.

Mithin wird

$$F(s) = \frac{1}{s+1} + \frac{1}{s^2-s+1} \ ,$$

$$F(s) = \frac{1}{s+1} + \frac{1}{s^2 - s + \frac{1}{4} + \frac{3}{4}} \ .$$

Aus der Korrespondenztabelle kann man jetzt mit $\delta = -\frac{1}{2}$ und $\omega = \sqrt{\frac{3}{4}} = \frac{1}{2}\sqrt{3}$ ablesen:

$$f(t) = e^{-t} + \frac{2}{\sqrt{3}} e^{\frac{1}{2}t} \sin \frac{\sqrt{3}}{2} t \ .$$

<u>Lösung von Aufgabe 7</u>

$$\text{Es sei } \mathcal{L}\left\{\frac{f(t)}{t}\right\} = \int_0^\infty \frac{f(t)}{t} e^{-st} dt = \phi(s) \ . \tag{L5}$$

Durch Differentiation nach s folgt daraus:

$$\phi'(s) = \int_0^\infty \frac{f(t)}{t} (-t) e^{-st} dt = - \int_0^\infty f(t) e^{-st} dt \ ,$$

also

$$\phi'(s) = -F(s) .$$

Integriert man diese Gleichung in der komplexen Ebene längs eines Strahls, der in s beginnt und nach $s = \infty$ führt, so erhält man

$$\phi(\infty) - \phi(s) = -\int_s^\infty F(z)dz .$$

Da $\phi(\infty) = \lim_{s\to\infty} \int_0^\infty \frac{f(t)}{t} e^{-st}dt = 0$ ist, folgt

$$\phi(s) = \int_s^\infty F(z)dz .$$

Nach (L5) hat man so das Resultat:

$$\mathcal{L}\left\{\frac{f(t)}{t}\right\} = \int_s^\infty F(z)dz$$

oder

$$\frac{f(t)}{t} \circ\!\!-\!\!\bullet \int_s^\infty F(z)dz . \text{*)} \tag{L6}$$

Die Division der Zeitfunktion durch t entspricht somit der Integration der Bildfunktion, weshalb man (L6) auch als "Integrationsregel für die Bildfunktion" bezeichnet.

Lösung von Aufgabe 8

a) Aus der Korrespondenz

$$\sin\omega\tau \circ\!\!-\!\!\bullet \frac{\omega}{s^2+\omega^2}$$

folgt durch Anwendung von (L6):

$$\frac{\sin\omega\tau}{\tau} \circ\!\!-\!\!\bullet \int_s^\infty \frac{\omega}{z^2+\omega^2}\,dz = \int_s^\infty \frac{1}{1+\left(\frac{z}{\omega}\right)^2}\,d\left(\frac{z}{\omega}\right) = \left[\arctan\frac{z}{\omega}\right]_{z=s}^{z=\infty} = \frac{\pi}{2} - \arctan\frac{s}{\omega} .$$

---

*) Das Ergebnis ist in der Tat richtig, wenn $\frac{f(t)}{t}$ eine Bildfunktion besitzt und der von s nach ∞ führende Strahl einen spitzen Winkel mit der positiven reellen Achse einschließt.

Wegen

$$\frac{\pi}{2} - \arctan\alpha = \arctan\frac{1}{\alpha}$$

folgt daraus

$$\frac{\sin\omega\tau}{\tau} \circ\!\!-\!\!\bullet \arctan\frac{\omega}{s} .$$

Wendet man auf diese Korrespondenz die Integrationsregel (für die Originalfunktion) an, so erhält man das Resultat:

$$\mathrm{Si}(\omega t) = \int_0^t \frac{\sin\omega\tau}{\tau}\,d\tau \circ\!\!-\!\!\bullet \frac{1}{s}\arctan\frac{\omega}{s} .$$

Durch Anwendung der Differentiationsregel für die Originalfunktion folgt daraus weiter

$$\frac{\sin\omega t}{t} \circ\!\!-\!\!\bullet s\cdot\frac{1}{s}\arctan\frac{\omega}{s} - \mathrm{Si}(+0) ,$$

$$\frac{\sin\omega t}{t} \circ\!\!-\!\!\bullet \arctan\frac{\omega}{s} .$$

b) $1 - e^{at} \circ\!\!-\!\!\bullet \frac{1}{s} - \frac{1}{s-a}$.

Anwendung von (L6) liefert:

$$\frac{1-e^{at}}{t} \circ\!\!-\!\!\bullet \int_s^\infty \left(\frac{1}{z} - \frac{1}{z-a}\right)dz = \Big[\ln z - \ln(z-a)\Big]_{z=s}^{z=\infty} = \left[\ln\frac{1}{1-\frac{a}{z}}\right]_{z=s}^{z=\infty} =$$

$$= \ln 1 - \ln\frac{1}{1-\frac{a}{s}} .$$

Resultat: $\frac{1-e^{at}}{t} \circ\!\!-\!\!\bullet \ln\frac{s-a}{s}$.

Lösung von Aufgabe 9

a) Sind die Anfangswerte Null, so folgt durch Laplace-Transformation der Differentialgleichung

$$s^2Y(s) + sY(s) = U(s) ,$$

$$Y(s) = \frac{1}{s^2+s}\,U(s) .$$

Somit ist die Übertragungsfunktion

$$G(s) = \frac{1}{s^2+s} = \frac{1}{s(s+1)} = \frac{1}{s} - \frac{1}{s+1} .$$

Für die Gewichtsfunktion als Originalfunktion zu G(s) folgt somit

$$g(t) = 1 - e^{-t} , \quad t > 0 .$$

Daraus erhält man für die Sprungantwort

$$h(t) = \int_0^t g(\tau)d\tau = t - (1-e^{-t}) = t - 1 + e^{-t} .$$

Da $e^{-t} \to 0$ für $t \to +\infty$, folgt hieraus der Verlauf im Bild L1.

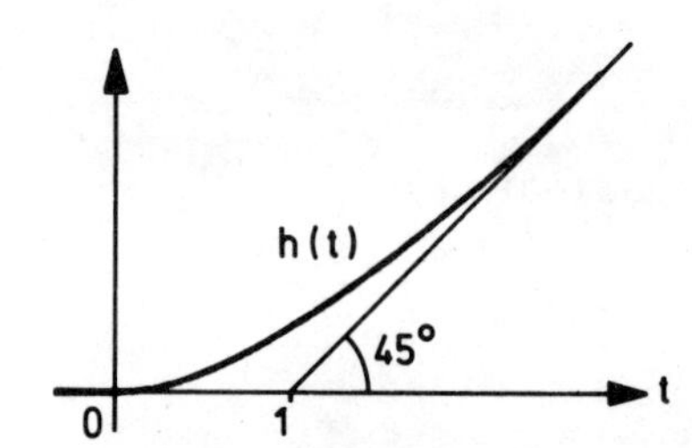

Bild L1

b) Bei beliebigen Anfangswerten folgt durch Laplace-Transformation der Differentialgleichung

$$s^2Y(s) - sy(-0) - y'(-0) + sY(s) - y(-0) = U(s) . \tag{L7}$$

Im vorliegenden Fall ist für $t < 0$

$$y(t) = t\,e^t , \quad \text{also}$$

$$y'(t) = e^t + t\,e^t .$$

Damit wird

$$y(-0) = 0 , \quad y'(-0) = 1 .$$

Aus (L7) wird so wegen $U(s) = \frac{1}{s}$:

$$s^2Y(s) - 1 + sY(s) = \frac{1}{s} ,$$

$$(s^2+s)Y(s) = \frac{1}{s} + 1 = \frac{s+1}{s} ,$$

$$Y(s) = \frac{s+1}{s^2(s+1)} = \frac{1}{s^2} ,$$

$$y(t) = t , \quad t > 0 .$$

Lösung von Aufgabe 10

a) Die Nullstellen des quadratischen Nennerfaktors hängen von P, D und J ab. Sie lauten

$$\alpha_{2,3} = -\frac{1}{2}\frac{P}{J} \pm \sqrt{\frac{1}{4}\left(\frac{P}{J}\right)^2 - \frac{D}{J}} .$$

Soll eine doppelte Nullstelle (und damit ein Doppelpol von G(s)) vorliegen, muß

$$\frac{1}{4}\left(\frac{P}{J}\right)^2 - \frac{D}{J} = 0$$

gelten, woraus

$$P^2 = 4DJ$$

folgt. Der Doppelpol ist dann

$$\alpha_{2,3} = -\frac{1}{2}\frac{P}{J} .$$

b) Durch Ausmultiplizieren der Nennerfaktoren von G(s) folgt

$$\frac{\vartheta(s)}{u(s)} = \frac{1}{s^3+2{,}5s^2+2s+0{,}5} ,$$

also

$$s^3\vartheta(s) + 2{,}5s^2\vartheta(s) + 2s\vartheta(s) + 0{,}5\vartheta(s) = u(s) .$$

Nach der Differentiationsregel für die Originalfunktion bei verschwindenden Anfangswerten folgt daraus:

$$\dddot{\vartheta}(t) + 2{,}5\ddot{\vartheta}(t) + 2\dot{\vartheta}(t) + 0{,}5\vartheta(t) = u(t) .$$

Die Anfangswerte sind bei diesem Übergang in den Zeitbereich zu Null anzunehmen, weil die Übertragungsfunktion die Anfangswerte nicht berücksichtigt.

c) Für die Bildfunktion der Sprungantwort ergibt sich

$$H(s) = \frac{1}{(s+0,5)(s+1)^2} \cdot \frac{1}{s} = \frac{r_o}{s} + \frac{r_1}{s+0,5} + \frac{r_2}{s+1} + \frac{r_3}{(s+1)^2} ,$$

woraus folgt:

$$1 = r_o(s+0,5)(s+1)^2 + r_1 s(s+1)^2 + r_2 s(s+0,5)(s+1) + r_3 s(s+0,5). \quad \text{(L8)}$$

Daraus folgt für

$$s = 0 \quad : \quad 1 = r_o \cdot \frac{1}{2} \quad \curvearrowright \quad r_o = 2 ;$$

$$s = -0,5 : \quad 1 = r_1 \cdot \left(-\frac{1}{2}\right)\left(\frac{1}{2}\right)^2 \quad \curvearrowright \quad r_1 = -8 ;$$

$$s = -1 \quad : \quad 1 = r_3 \cdot \left(-1\right)\left(-\frac{1}{2}\right) \quad \curvearrowright \quad r_3 = 2 .$$

Berücksichtigt man dies und setzt s = 1, so wird aus (L8):

$$1 = 12 - 32 + r_2 \cdot 3 + 3 \quad \curvearrowright \quad r_2 = 6 .$$

Somit ist

$$H(s) = \frac{2}{s} - \frac{8}{s+0,5} + \frac{6}{s+1} + \frac{2}{(s+1)^2} .$$

Mithin ist

$$h(t) = 2 - 8e^{-0,5t} + 6e^{-t} + 2te^{-t} , \quad t > 1 .$$

Lösung von Aufgabe 11

Die Übertragungsfunktion lautet

$$G(s) = \frac{s^2+s+2}{s^3+s^2+s+1} .$$

Darin ist

$$s^3 + s^2 + s + 1 = s^2(s+1) + (s+1) = (s^2+1)(s+1) .$$

Somit ist

$$G(s) = \frac{s^2+s+2}{(s+1)(s^2+1)} = \frac{s^2+s+2}{(s+1)(s+j)(s-j)} \; .$$

Die Partialbruchzerlegung und Rücktransformation kann man nun in zweifacher Weise vornehmen.

(I)

$$G(s) = \frac{s^2+s+2}{(s+1)(s+j)(s-j)} = \frac{r_1}{s+1} + \frac{r_2}{s-j} + \frac{r_3}{s+j} \; .$$

Daraus folgt

$$s^2 + s + 2 = r_1(s+j)(s-j) + r_2(s+1)(s+j) + r_3(s+1)(s-j) \; .$$

$$s = -1 \;:\quad 2 = r_1 \cdot 2 \curvearrowright r_1 = 1 \;;$$

$$s = j \;:\quad 1+j = r_2 \cdot (j+1) \cdot 2j \curvearrowright r_2 = \frac{1}{2j} \;;$$

$r_3 = -\frac{1}{2j}$, da konjugiert komplex zu r_2 .

Somit ist

$$G(s) = \frac{1}{s+1} + \frac{1}{2j}\,\frac{1}{s-j} - \frac{1}{2j}\,\frac{1}{s+j}$$

$$\bullet\!\!-\!\!\circ$$

$$g(t) = e^{-t} + \frac{1}{2j}\,e^{jt} - \frac{1}{2j}\,e^{-jt} \; .$$

Nach der Eulerschen Formel über den Zusammenhang zwischen der e-Funktion und der Sinus- und Cosinus-Funktion folgt daraus

$$g(t) = e^{-t} + \sin t \; .$$

(II) Entsprechend wie bei der Lösung der 6. Übungsaufgabe:

$$G(s) = \frac{s^2+s+2}{(s+1)(s^2+1)} = \frac{r_1}{s+1} + \frac{b_o+b_1 s}{s^2+1} \curvearrowright$$

$$s^2 + s + 2 = r_1(s^2+1) + (b_o+b_1 s)(s+1) \; .$$

$$s = -1 \;:\; 2 = r_1 \cdot 2 \curvearrowright r_1 = 1 \;;$$

$$s = 0 \;:\; 2 = r_1 \cdot 1 + b_o \cdot 1 \curvearrowright b_o = 1 \;;$$

$s = 1 \quad : 4 = r_1 \cdot 2 + (b_0 + b_1) \cdot 2 \quad \wedge$

$4 = 1 \cdot 2 + (1 + b_1) \cdot 2 \quad \wedge \quad b_1 = 0 \, .$

Daher ist

$$G(s) = \frac{1}{s+1} + \frac{1}{s^2+1}$$

$$\bullet\!\!-\!\!\circ$$

$$g(t) = e^{-t} + \sin t \, .$$

Lösung von Aufgabe 12

a) Aus Bild A3 liest man die folgenden Gleichungen ab:

$$u_1(t) = \frac{1}{C} \int_0^t i(\tau)d\tau + Ri(t) + L\dot{i}(t) \, , \tag{L9}$$

$$u_2(t) = L\dot{i}(t) \, . \tag{L10}$$

Aus (L9) folgt durch zweimalige Differentiation nach t:

$$\ddot{u}_1 = \frac{1}{C} \dot{i} + R\ddot{i} + L\dddot{i} \, . \tag{L11}$$

Aus (L10) folgt

$$\dot{i} = \frac{1}{L} u_2 \, , \text{ also } \ddot{i} = \frac{1}{L} \dot{u}_2 \, , \quad \dddot{i} = \frac{1}{L} \ddot{u}_2 \, .$$

Das gibt, in (L11) eingesetzt:

$$\ddot{u}_2 + \frac{R}{L} \dot{u}_2 + \frac{1}{LC} u_2 = \ddot{u}_1 \, . \tag{L12}$$

Daraus folgt durch Laplace-Transformation (bei verschwindenden Anfangswerten):

$$s^2 U_2(s) + \frac{R}{L} sU_2(s) + \frac{1}{LC} U_2(s) = s^2 U_1(s) \, ,$$

$$U_2(s) = \frac{s^2}{s^2 + \frac{R}{L} s + \frac{1}{LC}} U_1(s) \, .$$

Man hat daher die Übertragungsfunktion

$$G(s) = \frac{s^2}{s^2 + \frac{R}{L}s + \frac{1}{LC}} \text{ .}$$

Man kann sie auch dadurch erhalten, daß man die Gleichungen (L9) und (L10) unmittelbar in den Bildbereich übersetzt:

$$U_1(s) = \frac{1}{Cs}\, I(s) + RI(s) + LsI(s) \text{ ,} \qquad \text{(L13)}$$

$$U_2(s) = LsI(s) \text{ .} \qquad \text{(L14)}$$

Drückt man I(s) aus (L14) aus und setzt dies in (L13) ein, so entsteht die Gleichung

$$U_1(s) = \frac{1}{LCs^2}\, U_2(s) + \frac{R}{Ls}\, U_2(s) + U_2(s) \text{ ,}$$

woraus durch Multiplikation mit s^2

$$s^2U_2(s) + \frac{R}{L}\, sU_2(s) + \frac{1}{LC}\, U_2(s) = s^2U_1(s) \qquad \text{(L15)}$$

folgt. Aus (L15) erhält man einerseits sofort die Übertragungsfunktion $G(s) = U_2(s)/U_1(s)$, andererseits die Differentialgleichung (L12).

b) Für die Bildfunktion der Sprungantwort gilt

$$H(s) = \frac{s^2}{s^2+3s+2} \cdot \frac{1}{s} = \frac{s}{s^2+3s+2} \text{ .}$$

Aus $s^2 + 3s + 2 = 0$ folgt

$$\alpha_{1,2} = -\frac{3}{2} \pm \sqrt{\frac{9}{4} - 2} \text{ ,}$$

also

$$\alpha_1 = -1 \text{ ,} \quad \alpha_2 = -2 \text{ .}$$

Somit ist

$$H(s) = \frac{s}{(s+1)(s+2)} = \frac{r_1}{s+1} + \frac{r_2}{s+2} \text{ .}$$

Aus $s = r_1(s+2) + r_2(s+1)$ folgt für $s = -1$ bzw. $s = -2$:

$$r_1 = -1 \text{ ,} \quad r_2 = 2 \text{ .}$$

Also ist

$$H(s) = -\frac{1}{s+1} + \frac{2}{s+2}$$

und damit

$$h(t) = -e^{-t} + 2e^{-2t} \; .$$

c) Im eingeschwungenen Zustand wird das Verhalten des Netzwerks durch seinen Frequenzgang bestimmt:

$$G(j\omega) = \frac{(j\omega)^2}{(j\omega)^2+3j\omega+2} = \frac{-\omega^2}{(2-\omega^2)+3j\omega} \; .$$

Die Amplitude A_2 der Ausgangsschwingung bei der Frequenz ω der Eingangsschwingung ist durch

$$A_2 = |G(j\omega)|A_1$$

gegeben. Hierin ist

$$|G(j\omega)| = \frac{\omega^2}{\sqrt{(2-\omega^2)^2+9\omega^2}} \; .$$

Speziell für $\omega = 1$ wird daher

$$A_2 = \frac{1}{\sqrt{10}} A_1 \; .$$

Lösung von Aufgabe 13

a) Nach Bild A4 gelten die Gleichungen

$$u_1 = 2L\dot{i} + u_2 \; ,$$

$$i = i_R + i_C \; ,$$

$$u_2 = Ri_R \; ,$$

$$u_2 = \frac{1}{C}\int_0^t i_C(\tau)d\tau \; .$$

Durch Laplace-Transformation folgt daraus bei verschwindenden Anfangswerten

$$U_1 = 2LsI + U_2 \, , \qquad \text{(L16)}$$

$$I = I_R + I_C \, , \qquad \text{(L17)}$$

$$U_2 = RI_R \, , \qquad \text{(L18)}$$

$$U_2 = \frac{1}{Cs} I_C \, . \qquad \text{(L19)}$$

Löst man die beiden letzten Gleichungen nach I_R und I_C auf und setzt dies in (L17) ein, so wird

$$I = \left(\frac{1}{R} + Cs \right) U_2 \, .$$

Damit wird aus (L16)

$$U_1 = \left(2 \frac{L}{R} s + 2LCs^2 + 1 \right) U_2 \, ,$$

also

$$G(s) = \frac{1}{2LCs^2 + 2\frac{L}{R}s + 1} \, .$$

b) Die Antwort eines linearen zeitinvarianten Übertragungsgliedes auf harmonische Schwingungen wird im eingeschwungenen Zustand durch den Frequenzgang gegeben:

$$G(j\omega) = \frac{1}{2LC(j\omega)^2 + 2\frac{L}{R}(j\omega) + 1}$$

$$G(j\omega) = \frac{1}{1 - 2LC\omega^2 + 2\frac{L}{R} j\omega} \, .$$

Dann ist

$$\hat{u}_2 = |G(j\omega)| \hat{u}_1 = \frac{1}{\sqrt{\left(1 - 2LC\omega^2\right)^2 + 4\frac{L^2}{R^2}\omega^2}} \hat{u}_1 \, .$$

Man sieht daraus:

$$\hat{u}_2 \to \hat{u}_1 \quad \text{für} \quad \omega \to 0 \, ,$$

$$\hat{u}_2 \to 0 \quad \text{für} \quad \omega \to +\infty \, .$$

Schwingungen niedriger Frequenz werden also von dem Filter durchgelassen, Schwingungen hoher Frequenz nicht. Es handelt sich somit um einen Tiefpaß.

Lösung von Aufgabe 14

Aus Bild A5 liest man ab:

$$u = R_1 i_1 + L_1 \dot{i}_1 + M\dot{i}_2 \ ,$$

$$R_2 i_2 + L_2 \dot{i}_2 + M\dot{i}_1 = 0 \ .$$

Durch Laplace-Transformation folgt daraus:

$$(R_1+L_1 s)I_1(s) + \qquad Ms\, I_2(s) = U(s) \ ,$$

$$Ms\, I_1(s) + (R_2+L_2 s)I_2(s) = 0 \ .$$

Löst man dieses System zweier gewöhnlicher linearer Gleichungen nach der gesuchten Unbekannten $I_2(s)$ auf, so erhält man wegen

$$U(s) = \frac{U_0}{s}$$

und mit der Abkürzung

$$c = 1 - k^2 \quad (0 < c < 1):$$

$$I_2(s) = - \frac{\frac{MU_0}{cL_1L_2}}{s^2 + \frac{R_1L_2+R_2L_1}{cL_1L_2} s + \frac{R_1R_2}{cL_1L_2}} \ . \tag{L20}$$

Die Nullstellen des Nenners sind

$$\alpha_{1,2} = - \frac{R_1L_2+R_2L_1}{2cL_1L_2} \pm \sqrt{\frac{1}{4c^2}\left(\frac{R_1L_2+R_2L_1}{L_1L_2}\right)^2 - \frac{R_1R_2}{cL_1L_2}} \ .$$

Der Radikand ist gleich

$$\frac{1}{4c^2}\left[\left(\frac{R_1}{L_1}\right)^2 + \left(\frac{R_2}{L_2}\right)^2 + 2\,\frac{R_1R_2}{L_1L_2} - 4c\,\frac{R_1R_2}{L_1L_2}\right] \ .$$

Damit wird

$$_{1,2} = \frac{1}{2c}\left[-\left(\frac{R_2}{L_1}+\frac{R_2}{L_2}\right) \pm \sqrt{\left(\frac{R_1}{L_1}\right)^2 + \left(\frac{R_2}{L_2}\right)^2 + 2\,(1-2c)\,\frac{R_1 R_2}{L_1 L_2}}\right] . \tag{L21}$$

egen $0 < c < 1$ gilt $-2 < 2(1-2c) < 2$, also

$$\left(\frac{R_1}{L_1}-\frac{R_2}{L_2}\right)^2 < \text{Radikand} < \left(\frac{R_1}{L_1}+\frac{R_2}{L_2}\right)^2 .$$

aher sind α_1 und α_2 reell, verschieden und negativ.

ür (L20) kann man nun schreiben:

$$_2(s) = \frac{-K}{(s-\alpha_1)(s-\alpha_2)} , \quad K = \frac{MU_o}{cL_1L_2} , \tag{L22}$$

$$_2(s) = \frac{K}{\alpha_2-\alpha_1}\left[\frac{1}{s-\alpha_1}-\frac{1}{s-\alpha_2}\right] .$$

amit ist

$$_2(t) = \frac{K}{\alpha_2-\alpha_1}\left(e^{\alpha_1 t}-e^{\alpha_2 t}\right), \quad t > 0 . \tag{L23}$$

m Spezialfall $R_1 = R_2 = R$, $L_1 = L_2 = L$ erhält man aus (L21) unter Be-
ücksichtigung von $c = 1-k^2 = (1-k)(1+k)$:

$$_1 = -\frac{R}{L}\,\frac{1+k}{c} = -\frac{R}{L}\,\frac{1}{1-k} ,$$

$$_2 = -\frac{R}{L}\,\frac{1-k}{c} = -\frac{R}{L}\,\frac{1}{1+k} ,$$

lso

$$_2-\alpha_1 = 2\,\frac{R}{L}\,\frac{k}{c} .$$

a weiterhin gemäß (L22) jetzt

$$= \frac{k}{c}\,\frac{U_o}{L}$$

ird, resultiert aus (L23)

$$i_2(t) = \frac{U_o}{2R}\left[e^{-\frac{R}{L}\frac{1}{1-k}t} - e^{-\frac{R}{L}\frac{1}{1+k}t}\right], \quad t > 0 .$$

Da $\frac{1}{1-k} > \frac{1}{1+k}$, klingt die erste e-Funktion schneller ab als die zweite. Es ergibt sich so der im Bild L2 skizzierte Verlauf. Das negative Vorzeichen bedeutet, daß i_2 entgegen der im Bild A5 eingezeichneten Pfeilrichtung fließt. Das ist plausibel: Der Strom i_1 erzeugt ein Feld in Pfeilrichtung, der hierdurch induzierte Strom i_2 fließt dann nach der Lenzschen Regel in der entgegengesetzten Richtung.

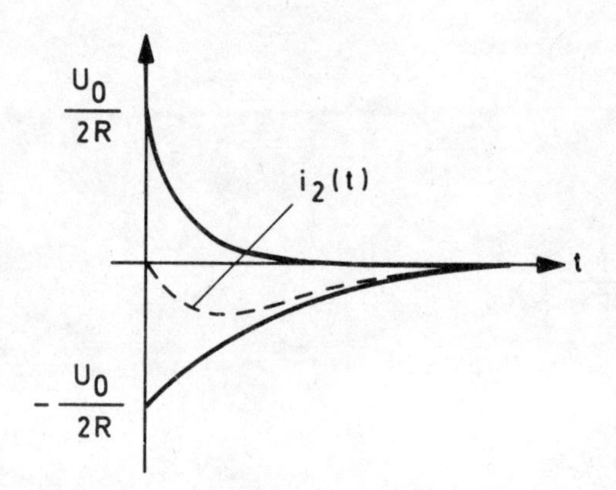

Bild L2

Lösung von Aufgabe 15

a) Erste Möglichkeit: Man berechnet aus g(t) durch Laplace-Transformation G(s).

$$g(t) = Ke^{-\alpha(t-T)}\sigma(t-T) \quad \circ\!\!-\!\!\bullet \quad K\frac{1}{s+\alpha}e^{-Ts} = G(s) \quad .$$

Daraus folgt

$$G(j\omega) = \frac{K}{\alpha+j\omega}e^{-Tj\omega} \quad .$$

Zweite Möglichkeit: Man bestimmt $G(j\omega)$ als Fourier-Integral von g(t) .

$$G(j\omega) = \int_0^\infty g(t)e^{-j\omega t}dt = \int_0^\infty Ke^{-\alpha(t-T)}\sigma(t-T)\cdot e^{-j\omega t}dt =$$

$$= Ke^{\alpha T}\int_T^\infty e^{-(\alpha+j\omega)t}dt =$$

$$= Ke^{\alpha T} \cdot \frac{1}{-(\alpha+j\omega)} \left[e^{-(\alpha+j\omega)t} \right]_{t=T}^{t=+\infty} ,$$

$$= - \frac{Ke^{\alpha T}}{\alpha+j\omega} \left[0 - e^{-(\alpha+j\omega)T} \right] ,$$

$$G(j\omega) = \frac{Ke^{-j\omega T}}{\alpha+j\omega} .$$

) Wegen $|e^{j\alpha}| = 1$ für jedes reelle α ist

$$|G(j\omega)| = \frac{K}{|\alpha+j\omega|} = \frac{K}{\sqrt{\alpha^2+\omega^2}} ,$$

$$\underline{/G(j\omega)} = \underline{/K} - \omega T - \underline{/\alpha+j\omega} .$$

Da $K > 0$, ist $\underline{/K} = 0$. Weiterhin ist $\tan \underline{/\alpha+j\omega} = \frac{\omega}{\alpha}$.

Daher gilt

$$\underline{/G(j\omega)} = - \omega T - \arctan \frac{\omega}{\alpha} .$$

Im Bild L3 sind die Verläufe von Betrag und Phase skizziert.

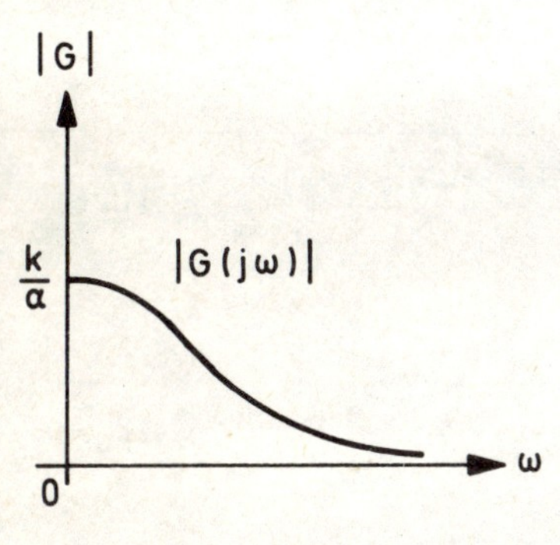

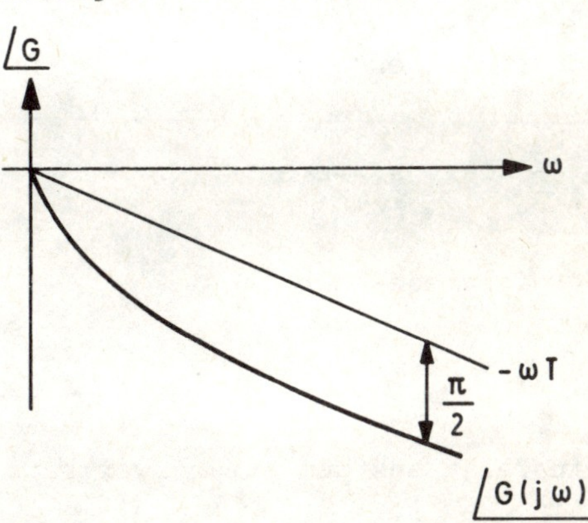

Bild L3

Lösung von Aufgabe 16

Wegen $\sigma(t) = \begin{cases} 0 , & t < 0 \\ 1 , & t > 0 \end{cases}$ folgt

$u = t\sigma(t) = \begin{cases} 0 , & t < 0 \\ t , & t > 0 \end{cases}$. Daher ist

$u(-0) = 0\,,\quad u'(-0) = 0\,,\quad u''(-0) = 0\,.$

Durch Laplace-Transformation der gegebenen Differentialgleichung erhält man daher

$$Y(s) = G(s)U(s) = \frac{b_3s^3+b_2s^2+b_1s+b_o}{a_3s^3+a_2s^2+a_1s+a_o}\,U(s)$$

mit

$$U(s) = \frac{1}{s^2}\,.$$

Nach dem Anfangswertsatz der Laplace-Transformation ist

$$y(+0) = \lim_{s\to\infty} sY(s) = \lim_{s\to 0} s\,G(s)U(s) = \lim_{s\to\infty} \frac{1}{s}\,G(s) \tag{L24}$$

Kürzt man in $G(s)$ durch s^3, so wird

$$G(s) = \frac{b_3 + \frac{b_2}{s} + \frac{b_1}{s^2} + \frac{b_o}{s^3}}{a_3 + \frac{a_2}{s} + \frac{a_1}{s^2} + \frac{a_o}{s^3}}\,. \tag{L25}$$

Infolgedessen strebt

$$G(s) \to \frac{b_3}{a_3} \quad \text{für} \quad s \to \infty\,. \tag{L26}$$

Aus (L24) folgt deshalb

$$y(+0) = 0\,. \tag{L27}$$

Weiterhin folgt aus dem Anfangswertsatz

$$y'(+0) = \lim_{s\to\infty} s\mathcal{L}\{y'(t)\}$$

und somit nach der Differentiationsregel für die <u>gewöhnliche</u> Differentiation

$$y'(+0) = \lim_{s\to\infty} s\left[sY(s)-y(+0)\right]\,.$$

Nach (L27) wird damit

$$y'(+0) = \lim_{s\to\infty} s^2 Y(s) = \lim_{s\to\infty} s^2 G(s)U(s) = \lim_{s\to\infty} G(s) ,$$

also wegen (L26)

$$y'(+0) = \frac{b_3}{a_3} . \tag{L28}$$

Schließlich ist

$$y''(+0) = \lim_{s\to\infty} s\,\mathcal{L}\{y''(t)\} = \lim_{s\to\infty} s\left[s^2 Y(s) - sy(+0) - y'(+0)\right] = \lim_{s\to\infty} s\left[G(s) - \frac{b_3}{a_3}\right] .$$

Hierin ist

$$s\left[G(s) - \frac{b_3}{a_3}\right] = \frac{(a_3b_2-a_2b_3)s^3+(a_3b_1-a_1b_3)s^2+(a_3b_o-a_ob_3)}{a_3^2s^3+a_3a_2s^2+a_3a_1s+a_3a_o} .$$

Kürzt man auch hier durch s^3, so folgt

$$y''(+0) = \frac{a_3b_2-a_2b_3}{a_3^2} .$$

Lösung von Aufgabe 17

a) Die Übertragungsfunktion beschreibt das Systemverhalten, wenn das System keine Vorgeschichte hat, also $u(t) = 0$ und $y(t) = 0$ ist für $t < 0$. Dann folgt durch Laplace-Transformation der Differenzengleichung

$$Y(s) - Y(s)e^{-2Ts} = U(s) ,$$

$$Y(s) = \frac{1}{1-e^{-2Ts}} U(s) , \quad \text{also} \quad G(s) = \frac{1}{1-e^{-2Ts}} .$$

Durch Entwicklung in die geometrische Reihe mit

$$q = e^{-2Ts}$$

folgt daraus:

$$G(s) = 1 + e^{-2Ts} + e^{-4Ts} + e^{-6Ts} + \ldots .$$

Gliedweise Rückübersetzung liefert die Impulsantwort:

$$g(t) = \delta(t) + \delta(t-2T) + \delta(t-4T) + \ldots . \tag{L29}$$

b) Jetzt liegt ein System mit Vorgeschichte vor. Die Laplace-Transformation liefert jetzt auf Grund der allgemeinen Regel für die Rechtsverschiebung

$$Y(s) - e^{-2Ts}\left[Y(s) + \int_{-2T}^{0} 1\cdot e^{-st}dt\right] = \frac{1}{s}\ ,$$

$$Y(s) - e^{-2Ts}\left[Y(s) - \frac{1}{s}\left(1-e^{2Ts}\right)\right] = \frac{1}{s}\ ,$$

$$Y(s)\left(1-e^{-2Ts}\right) + \frac{1}{s}\left(e^{-2Ts}-1\right) = \frac{1}{s}\ ,$$

$$Y(s) = \underbrace{\frac{1}{1-e^{-2Ts}}}_{G(s)}\cdot\left[\frac{1}{s} + \frac{1}{s}\left(1-e^{-2Ts}\right)\right]\ ,$$

$$Y(s) = G(s)\cdot\frac{1}{s} + G(s)\cdot\frac{1}{s}\left(1-e^{-2Ts}\right)\ . \qquad \text{(L30)}$$

Dabei gilt

$$\frac{1}{s}\left(1-e^{-2Ts}\right) = \frac{1}{s} - \frac{1}{s}e^{-2Ts} \quad \bullet\!\!-\!\!\circ \quad \sigma(t) - \sigma(t-2T) := i(t)\ .$$

Bild L4 zeigt im linken Teil diese Impulsfunktion der Höhe 1 und der Breite 2T.

Mittels der Faltungsregel folgt aus (L30)

$$y(t) = g(t)*\sigma(t) + g(t)*i(t)\ ,$$

also nach (L29)

$$y(t) = \left[\delta(t)+\delta(t-2T)+\delta(t-4T)+\ldots\right]*\sigma(t) + \left[\delta(t)+\delta(t-2T)+\delta(t-4T)+\ldots\right]*i(t)$$

$$= \sigma(t)+\sigma(t-2T)+\sigma(t-4T)+\ldots+\underbrace{i(t)+i(t-2T)+i(t-4T)+\ldots}_{\sigma(t)}\ .$$

Somit ist

$$y(t) = 2\sigma(t) + \sigma(t-2T) + \sigma(t-4T) + \ldots\ .$$

Im rechten Teil von Bild L4 ist diese Treppenfunktion dargestellt.

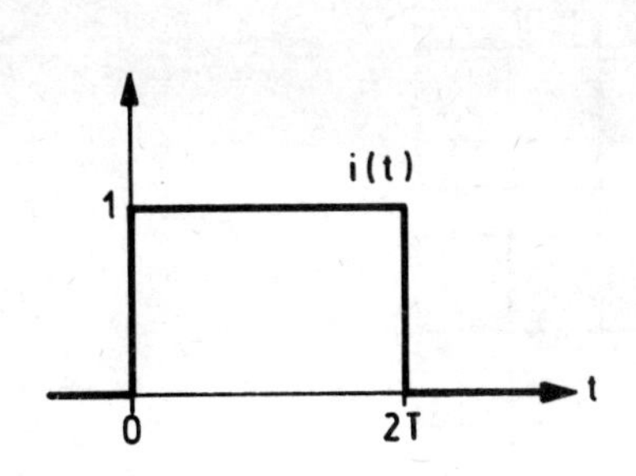

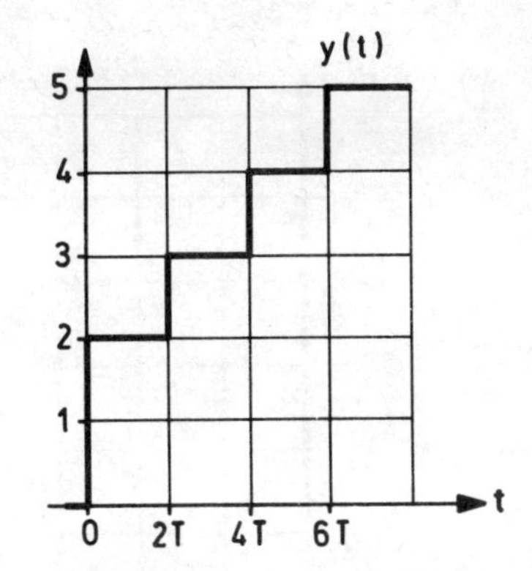

Bild L4

Lösung von Aufgabe 18

a) Mit $e^{-Ts} = v$ wird

$$G(s) = \frac{v+4}{v+2} = \frac{(v+2)+2}{v+2} = 1 + \frac{2}{v+2} = 1 + \frac{1}{1 + \frac{v}{2}} \; .$$

Durch Entwicklung in die geometrische Reihe folgt daraus mit $q = -\frac{v}{2}$:

$$G(s) = 1 + \sum_{\nu=0}^{\infty} \frac{(-1)^{\nu}}{2^{\nu}} v^{\nu} = 1 + \sum_{\nu=0}^{\infty} \frac{(-1)^{\nu}}{2^{\nu}} e^{-\nu Ts} \; .$$

Rücktransformation in den Zeitbereich liefert

$$g(t) = \delta(t) + \sum_{\nu=0}^{\infty} \frac{(-1)^{\nu}}{2^{\nu}} \delta(t-\nu T) \; .$$

Damit wird

$$h(t) = \int_0^t g(\tau)d\tau = \sigma(t) + \sum_{\nu=0}^{\infty} \frac{(-1)^{\nu}}{2^{\nu}} \sigma(t-\nu T) \qquad \text{(L31)}$$

oder

$$h(t) = 2\sigma(t) - \frac{1}{2}\sigma(t-T) + \frac{1}{4}\sigma(t-2T) - \frac{1}{8}\sigma(t-3T) +- \ldots \; .$$

Bild L5 zeigt diese Treppenfunktion.

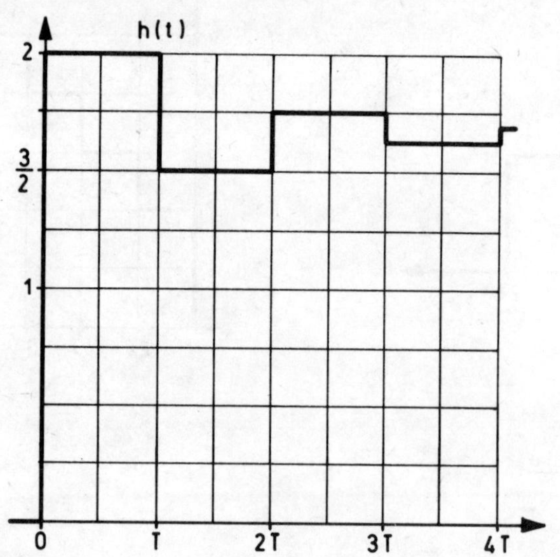

Bild L5

b) Für $t \to +\infty$ werden sämtliche Einheitssprünge $\sigma(t-\nu T)$ gleich 1. Daher folgt aus (L31)

$$\lim_{t \to +\infty} h(t) = 1 + \sum_{\nu=0}^{\infty} \underbrace{\left(-\frac{1}{2}\right)}_{q}^{\nu} = 1 + \frac{1}{1-\underbrace{\left(-\frac{1}{2}\right)}_{q}} = \frac{5}{3} .$$

Man kann auch den Endwertsatz der Laplace-Transformation anwenden:

$$\lim_{t \to +\infty} h(t) = \lim_{s \to 0} sH(s) = \lim_{s \to 0} sG(s)\frac{1}{s} = \lim_{s \to 0} \frac{e^{-Ts}+4}{e^{-Ts}+2} = \frac{5}{3} .$$

Lösung von Aufgabe 19

a) $$sY(s) = K_R\Big[U(s)+(T_{R1}+T_{R2})sU(s)+T_{R1}T_{R2}s^2U(s)\Big] .$$

Daraus folgt durch Anwendung der Differentiationsregel für die Originalfunktion bei verschwindenden Anfangswerten

$$\dot{y}(t) = K_R\Big[u(t)+(T_{R1}+T_{R2})\dot{u}(t)+T_{R1}T_{R2}\ddot{u}(t)\Big] .$$

b) $$\frac{y_k-y_{k-1}}{T} = K_R\Big[u_k+(T_{R1}+T_{R2})\,\frac{u_k-u_{k-1}}{T} + T_{R1}T_{R2}\,\frac{u_k-2u_{k-1}+u_{k-2}}{T^2}\Big] ,$$

$$y_k-y_{k-1} = K_RT\Big[\Big(1+\frac{T_{R1}+T_{R2}}{T}+\frac{T_{R1}T_{R2}}{T^2}\Big)u_k - \Big(\frac{T_{R1}+T_{R2}}{T}+2\,\frac{T_{R1}T_{R2}}{T^2}\Big)u_{k-1} + \frac{T_{R1}T_{R2}}{T^2}\,u_{k-2}\Big]$$

$k = 0,1,2,\ldots$.

c) Da die Übertragungsfunktion das Verhalten des Systems für $u(t) = 0$, $y(t) = 0$ für $t < 0$ beschreibt, folgt aus der Differenzengleichung durch Laplace-Transformation

$$Y(s) - Y(s)e^{-Ts} = 8U(s) - 10U(s)e^{-Ts} + 3U(s)e^{-2Ts} ,$$

also

$$Y(s) = \frac{8-10e^{-Ts}+3e^{-2Ts}}{1-e^{-Ts}} U(s) .$$

Für die Übertragungsfunktion erhält man daher mit $v = e^{-Ts}$:

$$G(s) = - \frac{3v^2-10v+8}{v-1} .$$

Zur Berechnung der Impulsantwort $g(t)$ dividiert man aus:

$$\begin{array}{l} (3v^2-10v+8) : (v-1) = 3v-7 . \\ \underline{3v^2 - 3v} \\ \quad - 7v+8 \\ \quad \underline{- 7v+7} \\ \qquad 1 \end{array}$$

Somit ist

$$G(s) = - \left[3v-7 + \frac{1}{v-1}\right] = 7 - 3v + \frac{1}{1-v} .$$

Entwickelt man den letzten Term in die geometrische Reihe, so wird

$$G(s) = 7 - 3v + 1 + v + v^2 +\ldots ,$$

$$G(s) = 8 - 2v + v^2 + v^3 +\ldots , \quad \text{also}$$

$$G(s) = 8 - 2e^{-Ts} + e^{-2Ts} + e^{-3Ts} +\ldots .$$

Rücktransformation liefert

$$g(t) = 8\delta(t) - 2\delta(t-T) + \delta(t-2T) + \delta(t-3T) +\ldots .$$

d) $$h(t) = \int_0^t g(\tau)d\tau = 8\sigma(t) - 2\sigma(t-T) + \sigma(t-2T) + \sigma(t-3T) +\ldots .$$

Bild L6 zeigt den Verlauf, der die Sprungantwort des kontinuierlichen PID-Reglers in Treppenform nachahmt.

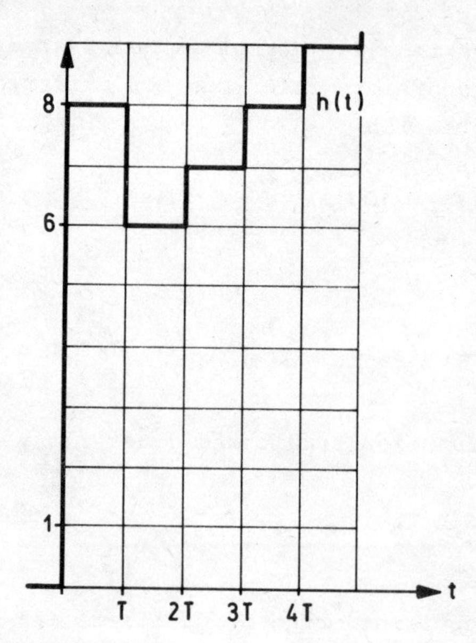

Bild L6

Lösung von Aufgabe 20

a) Aus dem Bild A7 liest man die folgenden Gleichungen ab:

$$X(s) = e^{-s} U(s) \quad ,$$

$$U(s) = \frac{1}{s+1} X_d(s) \quad ,$$

$$X_d(s) = W(s) - X(s) \quad .$$

Um x in Abhängigkeit von w zu erhalten, setzt man jede Gleichung in die vorhergehende ein:

$$X(s) = e^{-s} \frac{1}{s+1} \left[W(s) - X(s) \right] \quad ,$$

$$X(s) \left[1 + \frac{e^{-s}}{s+1} \right] = \frac{e^{-s}}{s+1} W(s) \quad ,$$

$$X(s) = \underbrace{\frac{\frac{e^{-s}}{s+1}}{1 + \frac{e^{-s}}{s+1}}}_{G(s)} W(s) \quad .$$

b) Durch Entwicklung des Nenners in die geometrische Reihe mit dem Quotienten

$$q = -\frac{e^{-s}}{s+1}$$

folgt

$$G(s) = \frac{e^{-s}}{s+1} \sum_{\nu=0}^{\infty} (-1)^{\nu} \frac{1}{(s+1)^{\nu}} e^{-\nu s} \quad ,$$

$$G(s) = \sum_{\nu=0}^{\infty} (-1)^{\nu} \frac{1}{(s+1)^{\nu+1}} e^{-(\nu+1)s} \quad .$$

Wegen

$$\frac{1}{(s+1)^{\nu+1}} \bullet\!\!-\!\!\circ \frac{t^{\nu}}{\nu!} e^{-t}$$

und durch Anwendung der Regel für die Rechtsverschiebung folgt daraus

$$g(t) = \sum_{\nu=0}^{\infty} (-1)^{\nu} \frac{\big(t-(\nu+1)\big)^{\nu}}{\nu!} e^{-\big(t-(\nu+1)\big)} \sigma\big(t-(\nu+1)\big) \quad .$$

Nacheinander treten also die Terme

$$e^{-(t-1)} \sigma(t-1) \quad ,$$

$$-\frac{t-2}{1!} e^{-(t-2)} \sigma(t-2) \quad ,$$

$$\frac{(t-3)^2}{2!} e^{-(t-3)} \sigma(t-3) \quad ,$$

$$\vdots$$

in Erscheinung und bauen so g(t) auf.

<u>Lösung von Aufgabe 21</u>

a) Wegen $Q(s) = \cosh s = \frac{1}{2}(e^{s}+e^{-s})$ erhält man die Pole aus der Gleichung

$$e^{s} + e^{-s} = 0 \quad ,$$

$$e^{2s} + 1 = 0 \quad ,$$

$$e^{2s} = -1$$

durch Logarithmieren:

$$2s = \ln(-1) = \ln\left[1\cdot e^{j(\pi+k\cdot 2\pi)}\right] \;, \quad k \text{ beliebig ganz},$$

$$2s = j(\pi+k\cdot 2\pi) \;,$$

$$\alpha_k = j(\frac{\pi}{2} + k\pi) \;, \quad k = 0, \pm 1, \pm 2, \ldots \;.$$

Bild L7 zeigt sie in der s-Ebene.

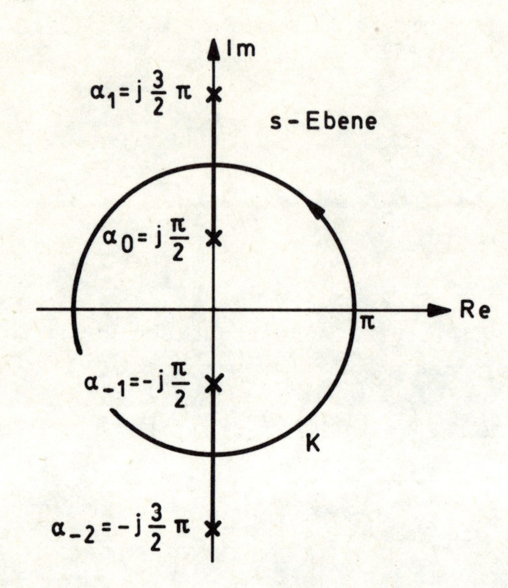

Bild L7

b) Hier ist $P(s) = 1$, $Q(s) = \cosh s$, also $Q'(s) = \sinh s = \frac{1}{2}(e^{s} - e^{-s})$. Damit wird

$$P(\alpha_k) = 1 \;,$$

$$Q'(\alpha_k) = \frac{1}{2}\left[e^{j(\frac{\pi}{2}+k\pi)} - e^{-j(\frac{\pi}{2}+k\pi)}\right] = j\sin(\frac{\pi}{2}+k\pi) \;.$$

Für geradzahlige k ist daher

$$Q'(\alpha_k) = j\sin\frac{\pi}{2} = j \;,$$

für ungeradzahlige k

$$Q'(\alpha_k) = j\sin(-\frac{\pi}{2}) = -j \;.$$

Für die Residuen erhält man daraus

$$r_k = \frac{P(\alpha_k)}{Q'(\alpha_k)} = \begin{cases} \frac{1}{j} = -j & \text{für gerades } k, \\ \frac{1}{-j} = j & \text{für ungerades } k. \end{cases}$$

) Somit lautet die Partialbruchzerlegung

$$\frac{1}{\cosh s} = \underset{k=0}{\frac{-j}{s-j\frac{\pi}{2}}} + \underset{k=1}{\frac{j}{s-j\frac{3}{2}\pi}} + \underset{k=2}{\frac{-j}{s-j\frac{5}{2}\pi}} + \ldots + \underset{k=-1}{\frac{j}{s+j\frac{\pi}{2}}} + \underset{k=-2}{\frac{-j}{s+j\frac{3}{2}\pi}} + \underset{k=-3}{\frac{j}{s+j\frac{5}{2}\pi}} + \ldots .$$

Faßt man die Summanden mit k = 0 und -1, k = 1 und -2,... zu einem Term zusammen, so wird daraus endgültig

$$\frac{1}{\cosh s} = \frac{\pi}{s^2 + \frac{\pi^2}{4}} - \frac{3\pi}{s^2 + \frac{(3\pi)^2}{4}} + \frac{5\pi}{s^2 + \frac{(5\pi)^2}{4}} -+ \ldots .$$

i) Mit $\alpha_o = j\frac{\pi}{2}$ gilt die Taylorentwicklung

$$Q(s) = Q(\alpha_o) + \frac{Q'(\alpha_o)}{1!}(s-\alpha_o) + \frac{Q''(\alpha_o)}{2!}(s-\alpha_o)^2 + \ldots . \qquad \text{(L32)}$$

Dabei ist

$$Q(s) = \cosh s, \quad \text{also } Q'(s) = \sinh s,$$

$$Q''(s) = \cosh s, \qquad Q'''(s) = \sinh s,$$

$$\vdots \qquad\qquad \vdots$$

also

$$Q(\alpha_o) = Q''(\alpha_o) = \ldots = \cosh(j\frac{\pi}{2}) = \cos\frac{\pi}{2} = 0,$$

$$Q'(\alpha_o) = Q'''(\alpha_o) = \ldots = \sinh(j\frac{\pi}{2}) = j\sin\frac{\pi}{2} = j .$$

Mit $z = s - \alpha_o$ wird so aus (L32)

$$Q(s) = \frac{j}{1!}z + \frac{j}{3!}z^3 + \frac{j}{5!}z^5 + \ldots ,$$

also

$$\frac{1}{\cosh s} = \frac{1}{Q(s)} = \frac{1}{jz} \cdot \frac{1}{1 + \frac{z^2}{3!} + \frac{z^4}{5!} + \ldots} . \qquad \text{(L33)}$$

Darin muß gelten:

$$\frac{1}{1+\frac{z^2}{3!}+\frac{z^4}{5!}+\ldots} = a_o + a_1 z^2 + a_2 z^4 + \ldots , \quad \text{also}$$

$$1 = \left(1+\frac{z^2}{2!}+\frac{z^4}{4!}+\ldots\right)\left(a_o + a_1 z^2 + a_2 z^4 + \ldots\right) .$$

Durch Ausmultiplizieren und Koeffizientenvergleich folgt

$$a_o = 1 , \qquad a_1 = 0 ,$$

$$a_2 + \frac{a_o}{3!} = 0 , \qquad a_3 = 0 ,$$

$$a_4 + \frac{a_2}{3!} + \frac{a_o}{5!} = 0 , \quad \text{also}$$

$$a_o = 1 , \quad a_2 = -\frac{1}{6} , \quad a_4 = \frac{7}{360} .$$

Damit wird aus (L33)

$$\frac{1}{\cosh s} = \frac{1}{jz}\left(1 - \frac{1}{6} z^2 + \frac{7}{360} z^4 -+\ldots\right) = -\frac{j}{z} + \frac{j}{6} z - j\frac{7}{360} z^3 +-\ldots$$

oder

$$\frac{1}{\cosh s} = -\frac{j}{s-j\frac{\pi}{2}} + \frac{j}{6}\left(s-j\frac{\pi}{2}\right) - j\frac{7}{360}\left(s-j\frac{\pi}{2}\right)^3 +- \ldots .$$

e) Innerhalb des Kreises K im Bild L7 liegen die beiden Pole

$$\alpha_o = j\frac{\pi}{2} , \quad \alpha_1 = -j\frac{\pi}{2} .$$

Nach b) lauten ihre Residuen

$$r_o = -j , \quad r_{-1} = j .$$

Nach dem Residuensatz ist daher

$$\int_K \frac{ds}{\cosh s} = 2\pi j(r_o + r_{-1}) = 0 .$$

Lösung von Aufgabe 22

a) Die Pole α_ν von F(s) ergeben sich aus der Gleichung

$$s^4 + 1 = 0 \quad \text{bzw.} \quad s^4 = -1 \ .$$

Mit $s = re^{j\varphi}$ und $-1 = 1 \cdot e^{j(\pi + k\cdot 2\pi)}$, k beliebig ganz, wird aus ihr

$$r^4 e^{j4\varphi} = 1 \cdot e^{j(\pi+k\cdot 2\pi)} \text{, also}$$

$$r^4 = 1 \qquad \text{(L34)}$$

$$4\varphi = \pi + k\cdot 2\pi \quad \text{bzw.}$$

$$\varphi = \frac{\pi}{4} + k\,\frac{\pi}{2}\,, \quad \text{k beliebig ganz.} \qquad \text{(L35)}$$

Aus (L34) folgt, da der Betrag reell und $\geqq 0$ sein muß:

$$r = 1 \ .$$

Aus (L35) folgt für

$$k = 0: \quad \varphi_0 = \frac{\pi}{4} \quad \wedge \quad \alpha_0 = e^{j\frac{\pi}{4}} \,,$$

$$k = 1: \quad \varphi_1 = \frac{3}{4}\pi \quad \wedge \quad \alpha_1 = e^{j\frac{3}{4}\pi} \,,$$

$$k = 2: \quad \varphi_2 = \frac{5}{4}\pi \quad \wedge \quad \alpha_2 = e^{j\frac{5}{4}\pi} \,,$$

$$k = 3: \quad \varphi_3 = \frac{7}{4}\pi \quad \wedge \quad \alpha_3 = e^{j\frac{7}{4}\pi} \ .$$

Bild L8 zeigt diese Pole. Für alle weiteren k-Werte ergeben sich die gleichen Pole. Beispielsweise ist für $k = -1$:

$$\varphi_{-1} = -\frac{\pi}{4} \quad \wedge \quad \alpha_{-1} = e^{j(-\frac{\pi}{4})} = e^{j\frac{7}{4}\pi} = \alpha_3 \ .$$

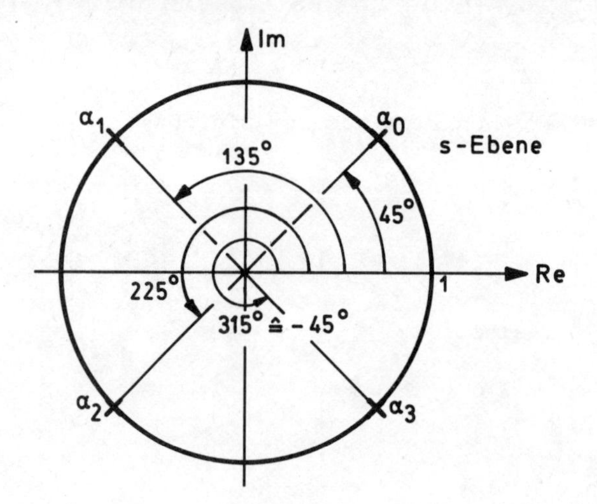

Bild L8

Aus dem Bild liest man sofort eine zweite Darstellung der Pole ab:

$$\left.\begin{aligned} \alpha_o &= \frac{1}{2}\sqrt{2} + j\,\frac{1}{2}\sqrt{2}\,, \\ \alpha_1 &= -\frac{1}{2}\sqrt{2} + j\,\frac{1}{2}\sqrt{2}\,, \\ \alpha_2 &= -\frac{1}{2}\sqrt{2} - j\,\frac{1}{2}\sqrt{2}\,, \\ \alpha_3 &= \frac{1}{2}\sqrt{2} - j\,\frac{1}{2}\sqrt{2}\,. \end{aligned}\right\} \qquad \text{(L36)}$$

b) Da alle Pole einfach sind (es treten keine zwei gleichen Pole auf), sind die Hauptteile gleich den Partialbrüchen und deren Koeffizienten gleich den Residuen. Da

$P(s) = \frac{8}{\sqrt{2}}$, $Q(s) = s^4 + 1$, also $Q'(s) = 4s^3$, gilt

$$r_k = \operatorname{Res}_{\alpha_k} F(s) = \frac{8/\sqrt{2}}{4\alpha_k^3}$$

Wegen $\alpha_k^4 + 1 = 0$ gilt $\alpha_k^3 = -\frac{1}{\alpha_k}$, so daß

$$r_k = -\frac{2}{\sqrt{2}}\,\alpha_k \ .$$

Nach (L36) ist deshalb

$$H_o(s) = -\frac{1+j}{s-e^{j\frac{\pi}{4}}} ,$$

$$H_1(s) = \frac{1-j}{s-e^{j\frac{3}{4}\pi}} ,$$

$$H_2(s) = \frac{1+j}{s-e^{j\frac{5}{4}\pi}} ,$$

$$H_3(s) = \frac{-1+j}{s-e^{j\frac{7}{4}\pi}} .$$

c) Da C_1 bzw. C_2 der Kreis um den Koordinatenursprung mit dem Radius $\frac{1}{2}$ bzw. 2 ist, folgt aus dem Bild L8 aufgrund des Residuensatzes

$$\frac{1}{2\pi j} \int_{C_1} F(s)ds = 0 ,$$

$$\frac{1}{2\pi j} \int_{C_2} F(s)ds = r_o + r_1 + r_2 + r_3 = (-1-j) + (1-j) + (1+j) + (-1+j) = 0 .$$

Lösung von Aufgabe 23

a) $$F(s) = \frac{\sin s}{(s+1)^2} = \frac{\sin\left[(s+1)-1\right]}{(s+1)^2} =$$

$$= \frac{\sin(s+1)\cos 1-\cos(s+1)\sin 1}{(s+1)^2}$$

$$= \frac{\cos 1}{(s+1)^2}\left[(s+1) - \frac{(s+1)^3}{3!} + \frac{(s+1)^5}{5!} -+ \ldots\right] -$$

$$- \frac{\sin 1}{(s+1)^2}\left[1 - \frac{(s+1)^2}{2!} + \frac{(s+1)^4}{4!} -+ \ldots\right] ,$$

also

$$F(s) = \cos 1 \cdot \left[\frac{1}{s+1} - \frac{s+1}{3!} + \frac{(s+1)^3}{5!} -+ \ldots\right] -$$
$$- \sin 1 \cdot \left[\frac{1}{(s+1)^2} - \frac{1}{2!} + \frac{(s+1)^2}{4!} -+ \ldots\right] . \qquad (L37)$$

b) Die Funktion $G(s) = \frac{1}{F(s)} = \frac{(s+1)^2}{\sin s}$ hat Pole für $\sin s = 0$:

$\alpha_k = k\pi$, k beliebig ganz.

Die zugehörigen Residuen sind

$$r_k = \frac{(\alpha_k+1)^2}{\cos \alpha_k} = (-1)^k (1+k\pi)^2 \quad , \quad k \text{ beliebig ganz.}$$

Innerhalb von C (Bild A8) liegen die drei Pole

$$\alpha_o = 0 \; , \quad \alpha_1 = \pi \; , \quad \alpha_{-1} = -\pi \; .$$

Nach dem Residuensatz ist daher

$$\frac{1}{2\pi j} \int_C \frac{(s+1)^2}{\sin s} \, ds = r_o + r_1 + r_{-1} = 1 - (1+\pi)^2 - (1-\pi)^2 = -(1+2\pi^2) \; .$$

Lösung von Aufgabe 24

Nach (8.15) lautet die Originalfunktion zu F(s):

$$f(t) = \sum_k \operatorname{res}_{\alpha_k} \left[F(s) e^{ts} \right] \; , \quad t > 0 \; , \tag{L38}$$

sofern das Jordansche Lemma gilt. Dabei sind α_k die Pole der Funktion F(s). Man hat also die folgenden drei Schritte vorzunehmen:

. Man bestimmt die Pole von F(s).

. Man weist die Gültigkeit des Jordanschen Lemmas nach.

. Man bestimmt die Residuen von $F(s)e^{ts}$.

a) Pole von F(s) : $\alpha_1, \alpha_2, \ldots, \alpha_q$.

Der Halbkreis H_n des Jordanschen Lemmas umschließe sämtliche Pole (Bild L9). Dann gilt für jedes α_k:

$$\frac{|s-\alpha_k|}{|s|} = \left| 1 - \frac{s}{\alpha_k} \right| \to 1 \text{ für } R_n \to +\infty \; .$$

Daher ist für genügend große R_n

$$|s-\alpha_k| > \frac{|s|}{2} \; , \quad \text{also} \quad \frac{1}{|s-\alpha_k|} < \frac{2}{|s|} \; .$$

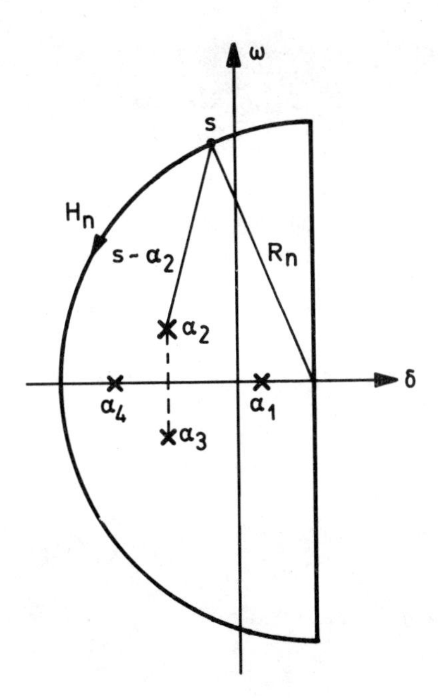

Bild L9

Für diese R_n ist dann

$$|F(s)| = \frac{1}{\prod_{k=1}^{q} |s-\alpha_k|} < \left(\frac{2}{|s|}\right)^q = \left(\frac{2}{R_n}\right)^q = M_n \, ,$$

so daß $M_n \rightarrow 0$ für $R_n \rightarrow +\infty$. Das Jordansche Lemma ist somit anwendbar, und damit gilt (L38).

Weiterhin ist

$$F(s)e^{ts} = \sum_{k=1}^{q} \frac{r_k}{s-\alpha_k} \cdot e^{ts} \, ,$$

wobei r_k die Koeffizienten der Partialbruchzerlegung von F(s) sind. Betrachtet man speziell α_1, so ist

$$F(s)e^{ts} = \frac{r_1}{s-\alpha_1} e^{ts} + \text{holomorphe Funktion}$$

Darin ist

$$\frac{r_1}{s-\alpha_1} e^{ts} = \frac{r_1}{s-\alpha_1} e^{t(s-\alpha_1+\alpha_1)} = r_1 e^{t\alpha_1} \frac{e^{t(s-\alpha_1)}}{s-\alpha_1} =$$

$$= r_1 e^{t\alpha_1} \frac{1 + \frac{t(s-\alpha_1)}{1!} + \ldots}{s-\alpha_1} =$$

$$= \frac{r_1 e^{t\alpha_1}}{s-\alpha_1} + \text{holomorpher Rest.}$$

Somit ist

$$\operatorname{res}_{\alpha_1} \left[F(s) e^{ts} \right] = r_1 e^{t\alpha_1} .$$

Da ganz Entsprechendes auch für die anderen Pole von F(s) gilt, folgt aus (L38)

$$f(t) = \sum_{k=1}^{q} r_k e^{t\alpha_k} , \quad t > 0 ,$$

in Übereinstimmung mit dem in Abschnitt 2.8 auf einfachere Weise erhaltenen Ergebnis.

b) Die Gültigkeit des Jordanschen Lemmas weist man völlig entsprechend wie unter a) nach.

Weiter ist

$$F(s) e^{ts} = \frac{e^{t\left[(s-\alpha)+\alpha\right]}}{(s-\alpha)^p} = e^{t\alpha} \frac{e^{t(s-\alpha)}}{(s-\alpha)^p} =$$

$$= e^{t\alpha} \frac{1 + \frac{t(s-\alpha)}{1!} + \ldots + \frac{t^{p-1}(s-\alpha)^{p-1}}{(p-1)!} + \ldots}{(s-\alpha)^p} =$$

$$= e^{t\alpha} \left[\frac{1}{(s-\alpha)^p} + \ldots + \frac{t^{p-1}}{(p-1)!} \cdot \frac{1}{s-\alpha} + \frac{t^p}{p!} + \frac{t^{p+1}}{(p+1)!} (s-\alpha) + \ldots \right] .$$

Somit ist

$$\operatorname{res}_{\alpha} \left[F(s) e^{ts} \right] = e^{t\alpha} \frac{t^{p-1}}{(p-1)!} .$$

Aus (L38) folgt deshalb, da jetzt α der einzige (p-fache) Pol ist:

$$f(t) = \frac{t^{p-1}}{(p-1)!} e^{\alpha t} , \quad t > 0 .$$

Durch Kombination von a) und b) kann man zu einer beliebigen rationalen Funktion mittels der komplexen Umkehrformel die Originalfunktion finden.

Lösung von Aufgabe 25

a) Man hat in (9.38) und (9.39) den Grenzübergang $l \to +\infty$ vorzunehmen. Dann wird zunächst aus (9.38) wegen

$$U(z,s) = \mathcal{L}_t\left\{u^*(t)\delta(z-z^*)\right\} = U^*(s)\delta(z-z^*):$$

$$X(z,s) = \int_0^\infty G(z,\zeta,s)U^*(s)\delta(\zeta-z^*)d\zeta ,$$

$$X(z,s) = G(z,z^*,s)U^*(s) . \qquad (L39)$$

Weiterhin ist

$$\frac{\sinh\left((l-z)\sqrt{s}\right)}{\sinh(l\sqrt{s})} = \frac{e^{(l-z)\sqrt{s}} - e^{-(l-z)\sqrt{s}}}{e^{l\sqrt{s}} - e^{-l\sqrt{s}}} .$$

Erweitern mit $e^{-l\sqrt{s}}$ liefert

$$\frac{e^{-z\sqrt{s}} - e^{-(2l-z)\sqrt{s}}}{1-e^{-2l\sqrt{s}}} .$$

Wegen $e^{-l\sqrt{s}} \to 0$ für $l \to +\infty$ wird daraus mit wachsendem l

$$e^{-z\sqrt{s}} .$$

Somit ist

$$\lim_{l \to +\infty} \frac{\sinh\left((l-z)\sqrt{s}\right)}{\sinh(l\sqrt{s})} = e^{-z\sqrt{s}} .$$

Aus (9.39) wird so für $l \to +\infty$, wenn man gemäß (L39) ζ durch z^* ersetzt:

$$G(z,z^*,s) = \begin{cases} \frac{1}{\sqrt{s}} \sinh\left(z^*\sqrt{s}\right) e^{-z\sqrt{s}}, & z^* \leqq z \\ \frac{1}{\sqrt{s}} \sinh\left(z\sqrt{s}\right) e^{-z^*\sqrt{s}}, & z \leqq z^* \end{cases}$$

Mit $\sinh x = \frac{1}{2}\,(e^x - e^{-x})$ folgt daraus

$$G(z,z^*,s) = \begin{cases} \frac{1}{2\sqrt{s}} \left[e^{-(z-z^*)\sqrt{s}} - e^{-(z+z^*)\sqrt{s}}\right], & z^* \leqq z\,, \\ \frac{1}{2\sqrt{s}} \left[e^{-(z^*-z)\sqrt{s}} - e^{-(z+z^*)\sqrt{s}}\right], & z \leqq z^*\,. \end{cases} \tag{L40}$$

b) Um diese Funktion in den Zeitbereich zu übersetzen, muß man die Originalfunktion zu

$$\frac{1}{2\sqrt{s}}\, e^{-a\sqrt{s}}, \quad a > 0 \text{ beliebig,}$$

ermitteln. Bekannt ist laut Tabelle die Korrespondenz

$$e^{-a\sqrt{s}} \bullet\!\!-\!\!\circ \frac{1}{2\sqrt{\pi}} \frac{a}{t^{3/2}}\, e^{-\frac{a^2}{4t}}\,. \tag{L41}$$

Nun gilt

$$\frac{d}{ds}\, e^{-a\sqrt{s}} = e^{-a\sqrt{s}}(-a)\,\frac{1}{2}\, s^{-\frac{1}{2}} = -\frac{a}{2\sqrt{s}}\, e^{-a\sqrt{s}},$$

also

$$\frac{1}{2\sqrt{s}}\, e^{-a\sqrt{s}} = -\frac{1}{a}\frac{d}{ds}\, e^{-a\sqrt{s}}.$$

Gemäß der Differentiationsregel für die Bildfunktion gilt weiter nach (L41)

$$\frac{d}{ds}\, e^{-a\sqrt{s}} \bullet\!\!-\!\!\circ (-t) \cdot \frac{a}{2\sqrt{\pi} t^{3/2}}\, e^{-\frac{a^2}{4t}},$$

also

$$\frac{1}{2\sqrt{s}}\, e^{-a\sqrt{s}} = -\frac{1}{a}\frac{d}{ds}\, e^{-a\sqrt{s}} \bullet\!\!-\!\!\circ \frac{1}{2\sqrt{\pi t}}\, e^{-\frac{a^2}{4t}}\,. \tag{L42}$$

Hiermit wird aus (L40)

$$g(z,z^*,t) = \begin{cases} \frac{1}{2\sqrt{\pi t}} e^{-\frac{(z-z^*)^2}{4t}} - \frac{1}{2\sqrt{\pi t}} e^{-\frac{(z+z^*)^2}{4t}} , & z^* \leqq z \\ \frac{1}{2\sqrt{\pi t}} e^{-\frac{(z^*-z)^2}{4t}} - \frac{1}{2\sqrt{\pi t}} e^{-\frac{(z+z^*)^2}{4t}} , & z \leqq z^* \end{cases} .$$

Wie man sieht, gilt für beide Bereiche der gleiche Formelausdruck. Daher ist für beliebige $z,\ z^* > 0$

$$g(z,z^*,t) = \frac{1}{2\sqrt{\pi t}} \left[e^{-\frac{(z-z^*)^2}{4t}} - e^{-\frac{(z+z^*)^2}{4t}} \right] , \quad t > 0 .$$

Lösung von Aufgabe 26

a) Durch Laplace-Transformation bezüglich t folgt aus der partiellen Differentialgleichung

$$s^2 X(z,s) - sx(z,+0) - \frac{\partial x}{\partial t}(z,+0) - a^2 \frac{d^2X}{dz^2}(z,s) = 0 .$$

Wegen der verschwindenden Anfangsbedingungen folgt daraus

$$\frac{d^2X}{dz^2} - \frac{s^2}{a^2} X = 0 , \tag{L43}$$

wobei in $X(z,s)$ z die unabhängige Variable und s lediglich ein Parameter ist, weshalb der partielle Differentialquotient nach x durch den gewöhnlichen Differentialquotienten ersetzt wird. (L43) ist eine gewöhnliche Differentialgleichung 2. Ordnung für X als Funktion von z. Ihre charakteristische Gleichung lautet

$$\lambda^2 - \frac{s^2}{a^2} = 0 ,$$

woraus

$$\lambda_{1,2} = \pm \frac{s}{a}$$

folgt. Demgemäß ist die allgemeine Lösung von (L43):

$$X(z,s) = c_1 e^{\frac{s}{a}z} + c_2 e^{-\frac{s}{a}z} . \tag{L44}$$

Diese Lösung ist an die Randbedingungen anzupassen. Dazu hat man diese zunächst aus dem Zeitbereich in den s-Bereich zu übersetzen:

$$\left.\begin{aligned} &X(+0,s) = 0 \ , \\ &\frac{dX}{dz}(l-0,s) = \frac{1}{E}\,F(s) \ . \end{aligned}\right\} \qquad \text{(L45)}$$

Aus (L44) folgt

$$\frac{dX}{dz} = c_1\,\frac{s}{a}\,e^{\frac{z}{a}z} - c_2\,\frac{s}{a}\,e^{-\frac{s}{a}z} \ .$$

Damit ergibt sich aus (L45):

$$\left.\begin{aligned} &c_1 + c_2 = 0 \ , \\ &c_1\,\frac{s}{a}\,e^{\frac{sl}{a}} - c_2\,\frac{s}{a}\,e^{-\frac{sl}{a}} = \frac{1}{E}\,F(s) \ . \end{aligned}\right\} \qquad \text{(L46)}$$

Da die e-Funktion stetig ist und deshalb der Grenzwert der Funktion an jeder Stelle mit dem Funktionswert übereinstimmt, darf man hierin statt $l-0$ einfach l schreiben. Aus (L46) folgt

$$c_1 = \frac{a}{E}\,\frac{1}{2s\cosh\frac{sl}{a}}\,F(s) \ , \quad c_2 = -c_1 \ .$$

Hiermit erhält man aus (L44)

$$X(z,s) = \frac{a}{E}\,\frac{1}{2s\cosh\frac{sl}{a}}\left(e^{\frac{sz}{a}} - e^{-\frac{sz}{a}}\right)F(s) \ ,$$

$$X(z,s) = \frac{a}{E}\,\frac{\sinh\frac{sz}{a}}{s\cosh\frac{sl}{a}}\,F(s) \ .$$

Somit ist die gesuchte Übertragungsfunktion

$$G(z,s) = \frac{a}{Es}\,\frac{\sinh\frac{sz}{a}}{\cosh\frac{sl}{a}} \ . \qquad \text{(L47)}$$

) Für (L47) kann man auch schreiben:

$$G(z,s) = \frac{a}{Es} \frac{e^{\frac{sz}{a}} - e^{-\frac{sz}{a}}}{e^{\frac{sl}{a}} + e^{-\frac{sl}{a}}} .$$

Erweitert man mit $e^{-\frac{sl}{a}}$, so wird daraus

$$G(z,s) = \frac{a}{Es} \frac{e^{-\frac{l-z}{a}s} - e^{-\frac{l+z}{a}s}}{1 + e^{-2\frac{l}{a}s}} . \qquad \text{(L48)}$$

Entwickelt man den Nenner in die geometrische Reihe mit $q = -e^{-2\frac{l}{a}s}$, so wird

$$G(z,s) = \frac{a}{Es}\left[e^{-\frac{l-z}{a}s} - e^{-\frac{l+z}{a}s}\right]\left[1-e^{-2\frac{l}{a}s} + e^{-4\frac{l}{a}s} -+ \ldots\right]$$

$$= \frac{a}{Es}\left[e^{-\frac{l-z}{a}s} - e^{-\frac{3l-z}{a}s} + e^{-\frac{5l-z}{a}s} -+ \ldots - e^{-\frac{l+z}{a}s} + e^{-\frac{3l+z}{a}s} - e^{-\frac{5l+z}{a}s} +- \ldots\right].$$

Die Übersetzung in den Zeitbereich liefert

$$g(z,t) = \frac{a}{E}\Big[\sigma\left(t - \frac{l-z}{a}\right) - \sigma\left(t - \frac{3l-z}{a}\right) + \sigma\left(t - \frac{5l-z}{a}\right) -+ \ldots$$
$$- \sigma\left(t - \frac{l+z}{a}\right) + \sigma\left(t - \frac{3l+z}{a}\right) - \sigma\left(t - \frac{5l+z}{a}\right) +- \ldots\Big]$$

oder, wenn man die untereinander stehenden Summanden zusammenfaßt:

$$g(z,t) = \frac{a}{E}\left[\sigma\left(t - \frac{l-z}{a}\right) - \sigma\left(t - \frac{l+z}{a}\right)\right] +$$
$$+ \frac{a}{E}\left[-\sigma\left(t - \frac{3l-z}{a}\right) + \sigma\left(t - \frac{3l+z}{a}\right)\right]$$
$$+ \frac{a}{E}\left[\left(t - \frac{5l-z}{a}\right) - \sigma\left(t - \frac{5l+z}{a}\right)\right] + \ldots .$$

Man erhält so das Bild L10 für den zeitlichen Verlauf der Gewichtsfunktion $g(z,t)$ an der Stelle z. Es handelt sich um eine periodische Rechteckschwingung mit der Periode $T_p = 4\frac{l}{a}$ und der Amplitude $A_p = \frac{a}{E}$.

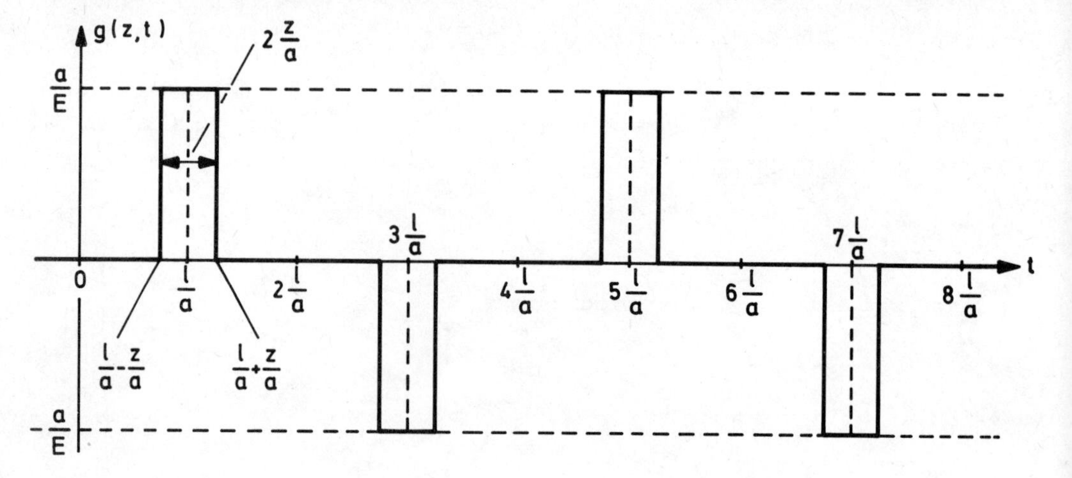

Bild L10

c) Die Sprungantwort h(z,t) erhält man aus der Gewichtsfunktion g(z,t) durch Integration über t. Sie beschreibt die Bewegung des Stabes, wenn eine konstante Kraft am Stabende wirkt. Aus dem Bild L10 kann man daher unmittelbar den zeitlichen Verlauf von h(z,t) für irgendein z ablesen, wobei man sich auf das Periodenintervall beschränken darf. Man kommt so zu Bild L11. Für kleines z, also nahe dem einge-

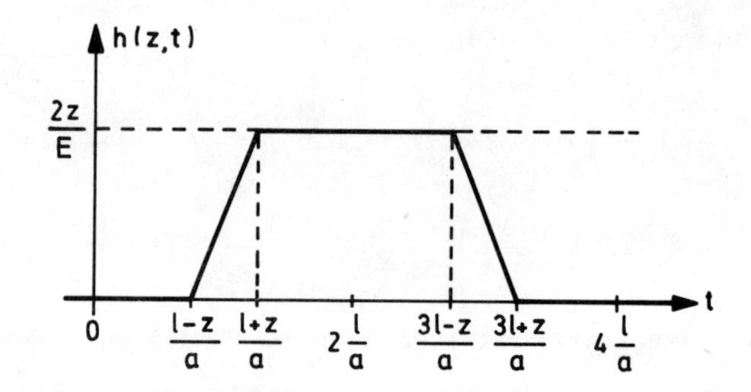

Bild L11

spannten Stabende, wird das gleichseitige Trapez im Bild L11 sehr flach und überschreitet das Intervall $\left[\frac{l}{a}, 3\frac{l}{a}\right]$ nur wenig. Ist dagegen z nur wenig kleiner als l, befindet man sich also in der Nähe des freien Stabendes, so nähert sich die Bewegung einer Dreiecksschwingung, deren Basis das gesamte Periodenintervall $\left[0, 4\frac{l}{a}\right]$ umfaßt und deren Spitze in $\frac{2l}{E}$ liegt.

Der Mittelwert der Schwingung liegt bei $\mu = \frac{z}{E}$, was aus Symmetriegründen klar ist, wovon man sich aber auch durch Ausrechnen der Trapezfläche überzeugen kann. Die Mittellinie des Trapezes hat die Länge

$$m = \frac{1}{2}\left[\left(\frac{3l+z}{a} - \frac{l-z}{a}\right) + \left(\frac{3l-z}{a} - \frac{l+z}{a}\right)\right] = \frac{2l}{a} .$$

Da die Trapezhöhe $2z/E$ beträgt, ergibt sich für die Trapezfläche

$$F = \frac{4lz}{aE}$$

und somit

$$\mu = \frac{F}{T_p} = \frac{z}{E} .$$

Anmerkung: Die zu (L48) gehörende komplexe Übertragungsgleichung $X(z,s) = G(z,s)F(s)$ kann man auch in der folgenden Form schreiben:

$$X(z,s) = \left[e^{-\frac{l-z}{a}s} - e^{-\frac{l+z}{a}s}\right] \cdot \frac{1}{1+e^{-2\frac{l}{a}s}} \cdot \frac{a}{Es} \cdot F(s) .$$

Diese Gleichung wird durch das Strukturbild im Bild L12 veranschaulicht.*) Wie man sieht, handelt es sich um ein Integrierglied mit

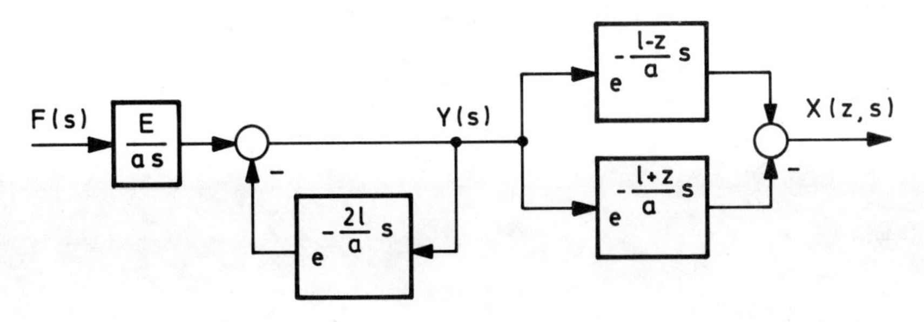

Bild L12

nachfolgendem Totzeitsystem, das seinerseits aus einem Wirkungskreis und einer Parallelschaltung besteht. Schaltet man $f(t) = \delta(t)$ auf, so tritt als Eingangsgröße des Wirkungskreises die Sprungfunktion $\frac{E}{a}\sigma(t)$ auf, also die Konstante $\frac{E}{a}$ für $t > 0$. Dann sieht man unmittelbar aus dem Strukturbild, daß $y(t)$ die im Bild L13 skizzierte Gestalt hat. Daraus wiederum folgt ohne Rechnung, nur durch geometrische Konstruktion, der Verlauf $g(z,t)$ im Bild L10.

---

*) Für Begriff und Aufstellen des Strukturbildes (Signalflußplans) siehe etwa O. Föllinger: Regelungstechnik. AEG-TELEFUNKEN-Firmenverlag, 3. Auflage, 1980. Kapitel 1.

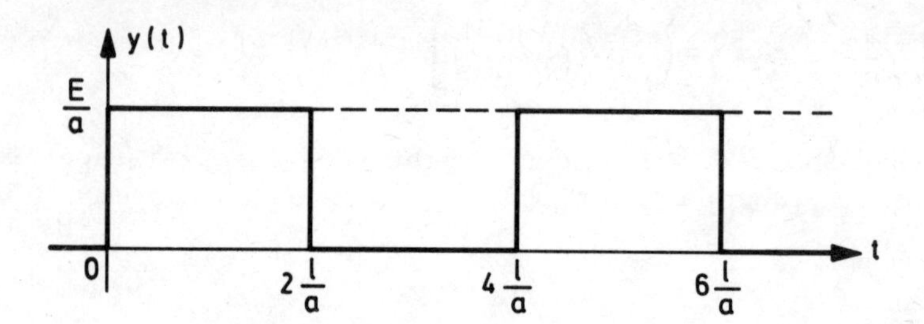

Bild L13

Lösung von Aufgabe 27

a) Die Rechnung erfolgt ganz entsprechend wie bei der Lösung von Aufgabe 26. Zunächst ergibt sich

$$X(z,s) = c_1 e^{\frac{s}{a}z} + c_2 e^{-\frac{s}{a}z} . \qquad \text{(L49)}$$

Aus den abgeänderten Randbedingungen folgt jedoch hier

$$c_1 + c_2 = 0 ,$$

$$c_1 e^{\frac{sl}{a}} + c_2 e^{-\frac{sl}{a}} = X_1(s)$$

und daraus

$$c_1 = \frac{1}{2\sinh\frac{sl}{a}} X_1(s) , \quad c_2 = -c_1 .$$

Das führt, in (L49) eingesetzt, zu

$$X(z,s) = \frac{\sinh\frac{sz}{a}}{\sinh\frac{sl}{a}} X_1(s) ,$$

so daß also

$$G(z,s) = \frac{\sinh\frac{sz}{a}}{\sinh\frac{sl}{a}} = \frac{e^{-\frac{l-z}{a}s} - e^{-\frac{l+z}{a}s}}{1 - e^{-2\frac{l}{a}s}} .$$

Daraus folgt wie bei Aufgabe 26

$$G(z,s) = \left[e^{-\frac{l-z}{a}s} - e^{-\frac{l+z}{a}s}\right] \cdot \left[1 + e^{-2\frac{l}{a}s} + e^{-4\frac{l}{a}s} + \ldots\right] =$$

$$= e^{-\frac{l-z}{a}s} - e^{-\frac{l+z}{a}s} + e^{-\frac{3l-z}{a}s} - e^{-\frac{3l+z}{a}s} +- \ldots .$$

) Somit ist die zugehörige Gewichtsfunktion

$$g(z,t) = \delta\left(t - \frac{l-z}{a}\right) - \delta\left(t - \frac{l+z}{a}\right) + \delta\left(t - \frac{3l-z}{a}\right) - \delta\left(t - \frac{3l+z}{a}\right) +- \ldots .$$

Durch Integration von 0 bis t folgt daraus die Sprungantwort:

$$h(z,t) = \left[\sigma\left(t - \frac{l-z}{a}\right) - \sigma\left(t - \frac{l+z}{a}\right)\right] + \left[\sigma\left(t - \frac{3l-z}{a}\right) - \sigma\left(t - \frac{3l+z}{a}\right)\right] + \ldots .$$

Sie ist im Bild L14 wiedergegeben. Wie man sieht, handelt es sich um eine periodische Funktion mit der Schwingungsdauer $T_p = 2\frac{l}{a}$. Sie

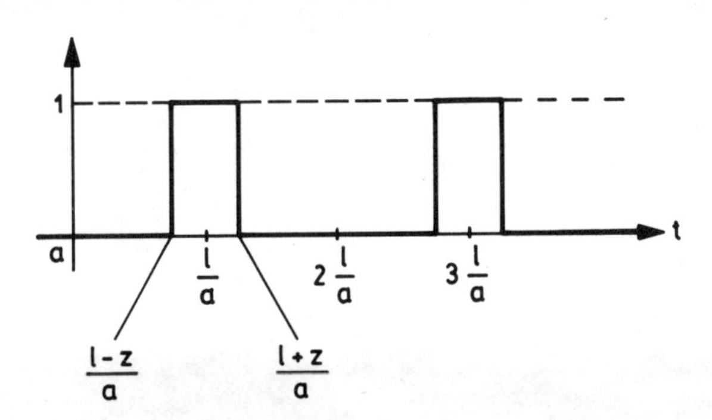

Bild L14

stellt die Verschiebung x(z,t) des Querschnitts an der Stelle z dar, wenn das freie Ende zeitlich konstant um 1 ausgelenkt wird. Da die Rechteckimpulse die Breite 2z/a haben, werden sie beliebig schmal für $z \to 0$, also nach dem eingespannten Stabende zu, während sie für $z \to l$ immer breiter werden und im Grenzfall das gesamte Periodenintervall überdecken. Für $z \to 0$ strebt also $h(z,t) \to 0$, für $z \to 1$ aber gegen 1, entsprechend der Tatsache, daß am linken bzw. rechten Rand 0 bzw. 1 als Randbedingung vorgeschrieben ist. Dementsprechend lautet der Mittelwert

$$\mu = \frac{\frac{2z}{a} \cdot 1}{\frac{2l}{a}} = \frac{z}{l} .$$

Lösung von Aufgabe 28

a) Am einfachsten ist es, die Fourier-Transformierte mittels der Rechenregeln der Fourier-Transformation aus einer bereits bekannten Korrespondenz zu bestimmen. Die im Bild A10 dargestellte Zeitfunktion erhält man ohne weiteres aus der im Bild L15 skizzierten Dreiecksfunk-

Bild L15

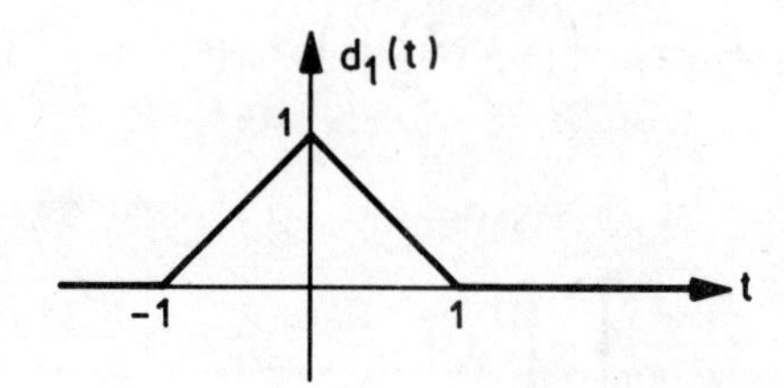

tion $d_1(t)$:

$$f(t) = d_1(t+1) + d_1(t-1) \quad . \tag{L50}$$

Nach Tabelle 10/3, Korrespondenz 3, gilt für die Dreiecksfunktion wegen $T = 1$:

$$d_1(t) \circ\!\!-\!\!\bullet \left(\frac{\sin\frac{\omega}{2}}{\frac{\omega}{2}}\right)^2 = D_1(\omega) \quad .$$

Nach der Zeitverschiebungsregel (Tabelle 10/2) folgt damit aus (L50)

$$F(\omega) = e^{j\omega}D_1(\omega) + e^{-j\omega}D_1(\omega) \quad ,$$

also

$$F(\omega) = 2\cos\omega \cdot D_1(\omega) \quad ,$$

$$F(\omega) = 2\cos\omega \left(\frac{\sin\frac{\omega}{2}}{\frac{\omega}{2}}\right)^2 \quad .$$

b) Nach der Parsevalschen Gleichung (in der Form (10.24)) ist

$$\int_{-\infty}^{+\infty} \left(F(\omega)\right)^2 d\omega = 2\pi \int_{-\infty}^{+\infty} \left(f(t)\right)^2 dt \quad ,$$

hier also gemäß Bild L16

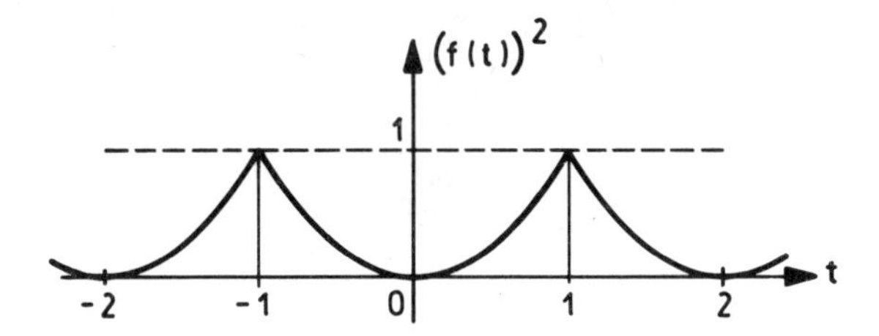

ild L16

$$\int_{-\infty}^{+\infty} \left(F(\omega)\right)^2 d\omega = 2\pi \cdot 4 \cdot \int_0^1 t^2 dt = 2\pi \cdot 4 \cdot \left[\frac{1}{3}\, t^3\right]_{t=0}^{t=1} = \frac{8}{3}\pi \; .$$

<u>ösung von Aufgabe 29</u>

) Es gibt verschiedene Möglichkeiten, die durch Bild A11 gegebene Zeitfunktion f(t) in solche Zeitfunktionen zu zerlegen, deren Fourier-Transformierte mittels Tabelle 10/3 gefunden werden können.

Eine solche Möglichkeit:

$$f(t) = -\frac{1}{2} + \frac{1}{2}\,\sigma(t+T) + \frac{1}{2}\,\sigma(t-T) \; . \tag{L51}$$

Mit den Korrespondenzen 13 und 18 aus Tabelle 10/3 folgt hieraus:

$$F(\omega) = -\frac{1}{2} \cdot 2\pi\delta(\omega) + \frac{1}{2}\left[\frac{1}{j\omega} + \pi\delta(\omega)\right]e^{j\omega T} + \frac{1}{2}\left[\frac{1}{j\omega} + \pi\delta(\omega)\right]e^{-j\omega T} \; ,$$

$$F(\omega) = -\pi\delta(\omega) + \left[\frac{1}{j\omega} + \pi\delta(\omega)\right]\cos\omega T \; .$$

Da allgemein $f(\omega)\delta(\omega) = f(0)\delta(\omega)$ gilt, folgt daraus weiter

$$F(\omega) = -\pi\delta(\omega) + \frac{1}{j\omega}\cos\omega T + \pi \cdot 1 \cdot \delta(\omega) \; ,$$

$$F(\omega) = \frac{\cos\omega T}{j\omega} \; .$$

Eine zweite Möglichkeit:

$$f(t) = \frac{1}{2}\,\mathrm{sgn}\, t - \frac{1}{2}\underbrace{\left[r_{T/2}\left(t - \frac{T}{2}\right) - r_{T/2}\left(t + \frac{T}{2}\right)\right]}_{\text{Doppelimpuls aus Nr. 4 der Tabelle 10/3}} \; .$$

Daraus folgt wegen Nr. 17 und Nr. 4 dieser Tabelle

$$F(\omega) = \frac{1}{2}\cdot\frac{2}{j\omega} - \frac{1}{2}\cdot\left[-4j\,\frac{\sin^2\frac{T\omega}{2}}{\omega}\right],$$

$$F(\omega) = \frac{1}{j\omega}\left[1-2\sin^2\frac{T\omega}{2}\right].$$

Wegen $1 - 2\sin^2\alpha = \cos^2\alpha - \sin^2\alpha = \cos 2\alpha$ folgt daraus wiederum

$$F(\omega) = \frac{1}{j\omega}\cos T\omega .$$

b) Auch hier kann man in verschiedener Weise vorgehen.

1. Möglichkeit: Anwendung der Differentiationsregel für die Zeitfunktion aus Tabelle 10/2

$$f(t) \circ\!\!-\!\!\bullet \frac{1}{j\omega}\cos T\omega$$

$$\dot{f}(t) \circ\!\!-\!\!\bullet j\omega\cdot\frac{1}{j\omega}\cos T\omega = \cos T\omega .$$

2. Möglichkeit: Durch Differentiation von (L51) folgt

$$\dot{f}(t) = \frac{1}{2}\,\delta(t+T) + \frac{1}{2}\,\delta(t-T),$$

also wegen Korrespondenz Nr. 12 aus Tabelle 10/3

$$\dot{f}(t) \circ\!\!-\!\!\bullet \frac{1}{2}\cdot 1\cdot e^{j\omega T} + \frac{1}{2}\cdot 1\cdot e^{-j\omega T} = \cos\omega T .$$

3. Möglichkeit:

$$\mathcal{F}\left\{\dot{f}(t)\right\} = \int_{0}^{\infty}\left[\frac{1}{2}\,\delta(t+T) + \frac{1}{2}\,\delta(t-T)\right] e^{-j\omega t}dt = \frac{1}{2}e^{-j\omega T} + \frac{1}{2}e^{j\omega T} = \cos\omega T .$$

Lösung von Aufgabe 30

a) Nach dem Parsevalschen Theorem ist

$$\int_{-\infty}^{+\infty}|f(t)|^2dt = \frac{1}{2\pi}\int_{-\infty}^{+\infty}|F(\omega)|^2d\omega .$$

Da hier $|F(\omega)| = \left|e^{-j\omega}\cdot e^{-|\omega|}\right| = e^{-|\omega|}$, ist

$$\int_{-\infty}^{+\infty} |f(t)|^2 dt = \frac{1}{2\pi} \int_{-\infty}^{+\infty} e^{-2|\omega|} d\omega = \frac{1}{2\pi} \cdot 2 \int_{0}^{\infty} e^{-2\omega} d\omega = \frac{1}{2\pi} \cdot 2 \cdot \frac{1}{2} = \frac{1}{2\pi} .$$

b) Man wendet das Kriterium von Paley-Wiener an. Seine Voraussetzung ist erfüllt, da nach a) $\int_{-\infty}^{+\infty} |F(\omega)|^2 d\omega < +\infty$. Weiter ist

$\ln|F(\omega)| = \ln e^{-|\omega|} = -|\omega|$, also $\big|\ln|F(\omega)|\big| = |\omega|$.

Damit ist

$$\int_{-\infty}^{+\infty} \frac{\big|\ln|F(\omega)|\big|}{1+\omega^2} d\omega = \int_{-\infty}^{+\infty} \frac{|\omega|}{1+\omega^2} d\omega = 2 \int_{0}^{\infty} \frac{\omega d\omega}{1+\omega^2} = \Big[\ln(1+\omega^2)\Big]_{\omega=0}^{\omega=+\infty} = +\infty .$$

Also ist f(t) keine kausale Funktion.

Lösung von Aufgabe 31

Nach dem Parsevalschen Theorem ist

$$E = \frac{1}{R} \int_{-\infty}^{+\infty} u^2(t) dt = \frac{1}{R} \cdot \frac{1}{2\pi} \int_{-\infty}^{+\infty} |U(\omega)|^2 d\omega .$$

Dabei ist

$$U(\omega) = \mathcal{F}\{u(t)\} = \mathcal{F}\left\{\hat{u} \frac{\sin\omega_o t}{\omega_o t}\right\} ,$$

also nach Korrespondenz 2 aus Tabelle 10/3

$$U(\omega) = \frac{\hat{u}}{\omega_o} \cdot \pi r_{\omega_o}(\omega) ,$$

wobei $r_{\omega_o}(\omega)$ der im Bild L17 dargestellte Rechteckimpuls ist. Somit ist also

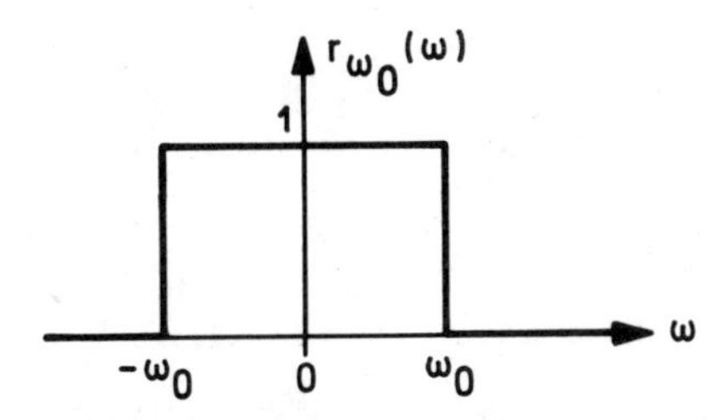

Bild L17

$$U(\omega) = \begin{cases} \frac{\pi \hat{u}}{\omega_o} & \text{für} \quad |\omega| < \omega_o \, , \\ 0 & \qquad |\omega| > \omega_o \, . \end{cases}$$

Mithin ist

$$E = \frac{1}{2\pi R} \int_{-\omega_o}^{\omega_o} \frac{\pi^2 \hat{u}^2}{\omega_o^2} \, d\omega = \frac{\pi \hat{u}^2}{R\omega_o} \, .$$

Soll dies gleich dem gegebenen Wert E_o sein, so muß gelten:

$$\omega_o = \frac{\pi \hat{u}^2}{RE_o} \, .$$

Lösung von Aufgabe 32

a) Die Kennlinie $K_1(u)$ im Bild A13 stellt eine Betragskennlinie dar:

$$y_1 = |u| \, .$$

Daher ist

$$y_1(t) = |a(t) \sin\Omega t| \, ,$$

also wegen $a(t) \geqq 0$:

$$y_1(t) = a(t) |\sin\Omega t| \, . \qquad \text{(L52)}$$

Um hieraus unter Benutzung der Rechenregeln der Fourier-Transformation $Y_1(\omega)$ zu erhalten, ist es zweckmäßig, die Funktion

$$f(t) = |\sin\Omega t|$$

in die komplexe Fourierreihe zu entwickeln. Aus Bild L18 sieht man, daß

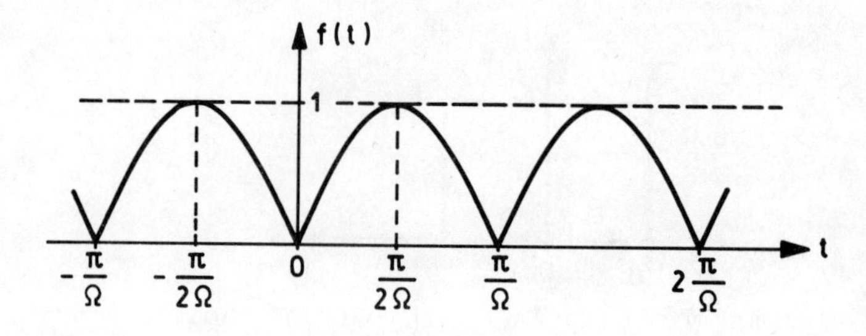

Bild L18

es sich um eine mit $T = \frac{\pi}{\Omega}$ periodische Funktion handelt. Nach (11.2) und (11.4) gilt deshalb die Darstellung

$$|\sin\Omega t| = \sum_{n=-\infty}^{+\infty} c_n e^{-j2n\Omega t} \tag{L53}$$

mit

$$c_n = \frac{\Omega}{\pi} \int_{-\pi/2\Omega}^{\pi/2\Omega} |\sin\Omega t| e^{j2n\Omega t} dt \; .$$

Um dieses Integral bequem ausrechnen zu können, benutzt man die Tatsache, daß man bei der Integration einer periodischen Funktion das Periodenintervall beliebig legen darf. Zweckmäßigerweise geht man nun zum Integrationsintervall $[0, \pi/\Omega]$ über. Dort ist nämlich gemäß Bild L18

$$|\sin\Omega t| = \sin\Omega t \; .$$

Infolgedessen gilt

$$c_n = \frac{\Omega}{\pi} \int_0^{\pi/\Omega} \sin\Omega t \cdot e^{j2n\Omega t} dt = \frac{\Omega}{2\pi j} \int_0^{\pi/\Omega} \left[e^{j\Omega t} - e^{-j\Omega t}\right] e^{j2n\Omega t} dt =$$

$$= \frac{\Omega}{2\pi j} \int_0^{\pi/\Omega} \left[e^{(2n+1)j\Omega t} - e^{(2n-1)j\Omega t}\right] dt =$$

$$= \frac{\Omega}{2\pi j} \left\{\frac{1}{(2n+1)j\Omega} \left[\underbrace{e^{(2n+1)\pi j}}_{-1} - 1\right] - \frac{1}{(2n-1)j\Omega} \left[\underbrace{e^{(2n-1)\pi j}}_{-1} - 1\right]\right\} =$$

$$= -\frac{2}{\pi} \cdot \frac{1}{4n^2-1} \; .$$

Nach (L53) ist deshalb

$$|\sin\Omega t| = -\frac{2}{\pi} \sum_{n=-\infty}^{+\infty} \frac{e^{-j2n\Omega t}}{4n^2-1} \; .$$

Daraus folgt weiter wegen (L52)

$$y_1(t) = -\frac{2}{\pi} \sum_{n=-\infty}^{+\infty} \frac{a(t)}{4n^2-1} e^{-j2n\Omega t} .$$

Jetzt ist man in der Lage, auf jeden Summanden dieser Reihe die Regel für die Modulation einer Trägerschwingung anzuwenden (Tabelle 10/2):

$$a(t)e^{-j2n\Omega t} \circ\!\!-\!\!\bullet A(\omega+2n\Omega) .$$

Damit wird

$$Y_1(\omega) = -\frac{2}{\pi} \sum_{n=-\infty}^{+\infty} \frac{A(\omega+2n\Omega)}{4n^2-1} .$$

Man kann schließlich noch n durch -n ersetzen:

$$Y_1(\omega) = -\frac{2}{\pi} \sum_{n=-\infty}^{+\infty} \frac{A(\omega-2n\Omega)}{4n^2-1} . \qquad \text{(L54)}$$

b) Gemäß Bild A14 ist

$$K_2(u) = \left\{ \begin{array}{ll} 0 & \text{für} \quad u \leqq 0 \\ u & \text{für} \quad u \geqq 0 \end{array} \right\} = \frac{1}{2} u + \frac{1}{2} |u| .$$

Daher ist

$$y_2(t) = \frac{1}{2} a(t)\sin\Omega t + \frac{1}{2} \underbrace{|a(t)\sin\Omega t|}_{y_1(t)} ,$$

$$y_2(t) = \frac{1}{4j} a(t)e^{j\Omega t} - \frac{1}{4j} a(t)e^{-j\Omega t} + \frac{1}{2} y_1(t) .$$

Indem man auf die ersten beiden Summanden wieder die Regel für die Modulation einer Trägerschwingung anwendet, ergibt sich

$$Y_2(\omega) = \frac{1}{4j} A(\omega-\Omega) - \frac{1}{4j} A(\omega+\Omega) + \frac{1}{2} Y_1(\omega) ,$$

also nach (L54)

$$Y_2(\omega) = \frac{j}{4} A(\omega+\Omega) - \frac{j}{4} A(\omega-\Omega) - \frac{1}{\pi} \sum_{n=-\infty}^{+\infty} \frac{A(\omega-2n\Omega)}{4n^2-1} .$$

Lösung von Aufgabe 33

Wie Bild L19a zeigt, kann man $F(\omega)$ durch Addition zweier Dreiecksfunktionen erhalten, die durch Verschiebung der Dreiecksfunktion in Bild L19b entstehen:

$$F(\omega) = d_{2\omega_0}(\omega+\omega_0) + d_{2\omega_0}(\omega-\omega_0) \quad . \qquad \text{(L55)}$$

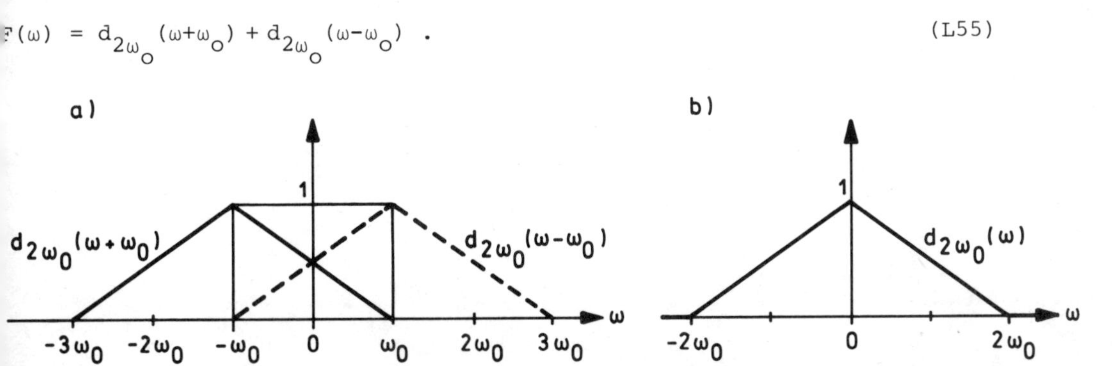

Bild L19

Nach Korrespondenz 3 der Tabelle 10/3 gilt für $T = 2\omega_0$:

$$d_{2\omega_0}(t) \circ\!\!-\!\!\bullet\; 2\omega_0 \left(\frac{\sin\omega_0\omega}{\omega_0\omega}\right)^2 \quad .$$

Aufgrund der Symmetrieeigenschaft der Fourier-Transformation (Zeile 3 in Tabelle 10/1) folgt daraus

$$2\omega_0 \left(\frac{\sin\omega_0 t}{\omega_0 t}\right)^2 \circ\!\!-\!\!\bullet\; 2\pi d_{2\omega_0}(-\omega) = 2\pi d_{2\omega_0}(\omega) \quad .$$

Somit gilt die Korrespondenz

$$d_{2\omega_0}(\omega) \bullet\!\!-\!\!\circ\; \frac{\omega_0}{\pi} \left(\frac{\sin\omega_0 t}{\omega_0 t}\right)^2 \quad .$$

Nach der Frequenzverschiebungsregel (Tabelle 10/2) folgt hieraus

$$d_{2\omega_0}(\omega-\omega_0) \bullet\!\!-\!\!\circ\; \frac{\omega_0}{\pi} \left(\frac{\sin\omega_0 t}{\omega_0 t}\right)^2 e^{j\omega_0 t} \quad ,$$

$$d_{2\omega_0}(\omega+\omega_0) \bullet\!\!-\!\!\circ\; \frac{\omega_0}{\pi} \left(\frac{\sin\omega_0 t}{\omega_0 t}\right)^2 e^{-j\omega_0 t} \quad .$$

Wegen (L55) erhält man so das Resultat

$$f(t) = \frac{\omega_o}{\pi}\left(\frac{\sin\omega_o t}{\omega_o t}\right)^2 \left(e^{j\omega_o t} + e^{-j\omega_o t}\right),$$

$$f(t) = \frac{2\omega_o}{\pi}\left(\frac{\sin\omega_o t}{\omega_o t}\right)^2 \cos\omega_o t \; .$$

Lösung von Aufgabe 34

a) Nach Korrespondenz 16 aus der Tabelle 10/3 ist

$$\begin{aligned} U(\omega) = {} & 3\sqrt{3}\,\delta(\omega) + \\ & + \frac{3}{8}\sqrt{3}\left[\delta(\omega+3\Omega)+\delta(\omega-3\Omega)\right] - \\ & - \frac{3}{35}\sqrt{3}\left[\delta(\omega+6\Omega)+\delta(\omega-6\Omega)\right] + \\ & + \frac{3}{80}\sqrt{3}\left[\delta(\omega+9\Omega)+\delta(\omega-9\Omega)\right] -+ \dots \; . \end{aligned} \tag{L56}$$

b) Da $R(\omega) = 0$ für $\omega \geqq 6\Omega$, folgt aus der Beziehung $Y(\omega) = R(\omega)U(\omega)$, daß alle Terme $\delta(\omega-k\Omega)$ in (L56) mit $k \geqq 6$ unterdrückt werden. Daher ist

$$Y(\omega) = 3\sqrt{3}\,\delta(\omega) + \frac{3}{8}\sqrt{3}\left[\delta(\omega+3\Omega)+\delta(\omega-3\Omega)\right] .$$

Aufgrund der Korrespondenzen 13 und 16 aus der Tabelle 10/3 folgt daraus

$$y(t) = \frac{3\sqrt{3}}{\pi}\left[\frac{1}{2} + \frac{1}{8}\cos 3\Omega t\right] .$$

Lösung von Aufgabe 35

a) $y(t) = \sin^2\Omega t = \frac{1}{2}(1-\cos 2\Omega t)$ $\circ\!\!-\!\!\bullet$

$$Y(\omega) = \frac{1}{2}\left[2\pi\delta(\omega) - \pi\left(\delta(\omega+2\Omega)+\delta(\omega-2\Omega)\right)\right] ,$$

$$Y(\omega) = \pi\delta(\omega) - \frac{\pi}{2}\left[\delta(\omega+2\Omega)+\delta(\omega-2\Omega)\right] \text{ (Bild L20).}$$

b) Nach Bild A19 ist

$$R(\omega) = r_\Omega(\omega+2\Omega) + r_\Omega(\omega-2\Omega) , \tag{L57}$$

wobei $r_\Omega(\omega)$ die im Bild L21 skizzierte Funktion ist.

Bild L 20

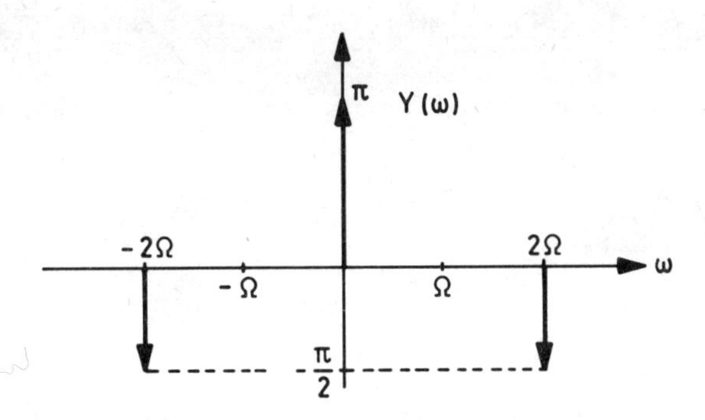

Bild L21

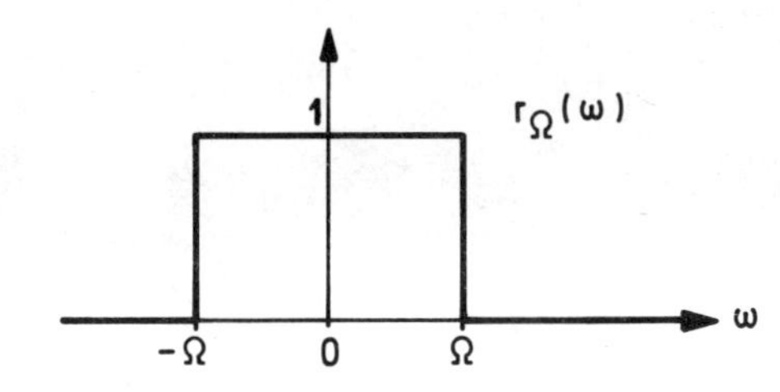

Nun gilt aufgrund der Korrespondenz 1 in Tabelle 10/3 mit Ω statt T:

$$r_\Omega(t) \circ\!\!-\!\!\bullet\; 2\,\frac{\sin\Omega\omega}{\omega}\;.$$

Nach der Symmetrieeigenschaft der Fourier-Transformation (Tabelle 10/1) ergibt sich daraus

$$2\,\frac{\sin\Omega t}{t} \circ\!\!-\!\!\bullet\; 2\pi r_\Omega(-\omega) = 2\pi r_\Omega(\omega)\;,$$

also

$$r_\Omega(\omega) \bullet\!\!-\!\!\circ\; \frac{\sin\Omega t}{\pi t}\;.$$

Man erhält so aus (L57) mit der Frequenzverschiebungsregel

$$r(t) = \frac{\sin\Omega t}{\pi t}\,e^{j2\Omega t} + \frac{\sin\Omega t}{\pi t}\,e^{-j2\Omega t}\;,$$

$$r(t) = \frac{2}{\pi}\,\frac{\sin\Omega t}{t}\,\cos 2\Omega t\;.$$

c) $X(\omega) = R(\omega)Y(\omega) = \pi R(\omega)\delta(\omega) - \frac{\pi}{2} R(\omega)\delta(\omega+2\Omega) - \frac{\pi}{2} R(\omega)\delta(\omega-2\Omega)$.

Da nach Bild A19 $R(0) = 0$ und $R(-2\Omega) = R(2\Omega) = 1$, ist somit

$$X(\omega) = -\frac{\pi}{2}\delta(\omega+2\Omega) - \frac{\pi}{2}\delta(\omega-2\Omega) ,$$

$$\bullet\!\!-\!\!\circ$$

$$x(t) = -\frac{1}{2}\cos 2\Omega t .$$

Der Bandpaß läßt von seinem Eingangssignal $y(t)$ also nur die Schwingung der Frequenz 2Ω passieren.

Schrifttum

Laplace-Transformation

[1] G. Doetsch: Anleitung zum praktischen Gebrauch der Laplace-Transformation und der Z-Transformation.
R. Oldenbourg-Verlag, 4. Auflage, 1981.

[2] G. Doetsch: Einführung in Theorie und Anwendung der Laplace-Transformation.
Birkhäuser-Verlag, 3. Auflage, 1976.

[3] G. Doetsch: Handbuch der Laplace-Transformation I-III.
Birkhäuser-Verlag, 1950 - 1956.

[4] G. Fodor: Laplace-Transforms in Engineering.
Akademiai Kiado, Budapest, 1965.

[5] D. Voelker - G. Doetsch: Die zweidimensionale Laplace-Transformation.
Birkhäuser-Verlag, 1950.

Außerdem [10], Kapitel IV.

Tabellen zur Laplace-Transformation

[1], [4], [14] sowie

[6] K. Johannsen (Hrg.): AEG-Hilfsbuch, Band 1 (Grundlagen der Elektrotechnik).
AEG-TELEFUNKEN-Firmenverlag, 3. Auflage, 1981.

Fourier-Transformation

[7] G. Doetsch: Funktionaltransformationen.
Abschnitt C in "Mathematische Hilfsmittel des Ingenieurs, Teil I", herausgegeben von R. Sauer und I. Szabo.
Springer-Verlag, 1967.
Kapitel II Fourier-Transformation, Kapitel III Laplace-Transformation, Kapitel IV Zweiseitige Laplace- und Mellin-Transformation, Kapitel V Zweidimensionale Laplace-Transformation (sowie weitere Kapitel).

[8] A. Papoulis: The Fourier Integral and its Applications.
McGraw-Hill, 1962.

Distributionen

[1], [2], [7] sowie

[9] H. Dobesch - H. Sulanke: Zeitfunktionen.
Verlag Technik, 3. Auflage, 1970.
Abschnitt 2.2 Zeitdistributionen.

[10] Manfred Thoma: Theorie linearer Regelungssysteme.
Friedrich Vieweg-Verlag, 1973.
Kapitel V, Abschnitt 1: Verallgemeinerte Funktionen.

Funktionentheorie

[11] H. Behnke - F. Sommer: Theorie der analytischen Funktionen einer komplexen Veränderlichen.
Springer-Verlag, 3. Auflage, 1972.

[12] R. Nevanlinna - V. Paatero: Einführung in die Funktionentheorie.
Birkhäuser-Verlag, 1965.

[13] W.I. Smirnow: Lehrgang der höheren Mathematik. Teil III, 2.
Deutscher Verlag der Wissenschaften, 1964.
Kapitel I, II, III.

Mathematische Nachschlagewerke

[14] J. Dreszer (Hrsg.): Mathematik-Handbuch für Technik und Naturwissenschaft.
Verlag Harri Deutsch, 1975.

[15] I.N. Bronstein - K.A. Semendjajew: Taschenbuch der Mathematik.
Verlag Harri Deutsch, 18. Auflage, 1979.

Systemtheorie

[10] sowie

[16] F.H. Lange: Signale und Systeme. Bd. 1: Spektrale Darstellung.
Friedrich-Vieweg-Verlag, 2. Auflage, 1975.

[17] Rolf Unbehauen: Systemtheorie.
R. Oldenbourg-Verlag, 3. Auflage, 1980.
In Kapitel III wird die Fourier-Transformation behandelt, in Kapitel IV Laplace-Transformation und funktionentheoretische Methoden, im Anhang wird eine kurze Einführung in die Distributionentheorie gegeben.

[18] G. Wunsch: Systemtheorie der Informationstechnik.
Akademische Verlagsgesellschaft Geest und Portig, 1971.

[19] G. Wunsch: Systemanalyse. Bd. 1: Lineare Systeme.
Dr. Alfred-Hüthig-Verlag, 2. Auflage, 1972.
Darin werden unter anderem funktionentheoretische Methoden,
Laplace- und Fourier-Transformation behandelt.

Sachverzeichnis